标准与
标准必要专利研究

国家知识产权局专利局专利审查协作江苏中心 ◎ 组织编写

图书在版编目（CIP）数据

标准与标准必要专利研究/国家知识产权局专利局专利审查协作江苏中心组织编写．—北京：知识产权出版社，2019.1（2019.11 重印）（2021.5 重印）（2023.9 重印）

ISBN 978-7-5130-5970-1

Ⅰ.①标… Ⅱ.①国… Ⅲ.①标准—研究②专利—研究 Ⅳ.①G30

中国版本图书馆 CIP 数据核字（2018）第 270434 号

内容提要

本书以通信领域作为示例贯穿整体，对国内外标准组织的知识产权政策和标准必要专利研究热点进行了梳理，统计分析了通信领域的标准必要专利概况，针对标准与专利的推进关系和对应性详细阐述标准必要专利的产出过程，从申请时间、申请地域、权利要求的撰写以及标准必要专利的诉讼特点等多视角梳理标准相关专利的申请策略，并简要介绍了目前备受热议的标准必要专利的默示许可制度、专利池和技术转移等议题。

责任编辑：王祝兰	**责任校对**：潘凤越
封面设计：久品轩	**责任印制**：刘译文

标准与标准必要专利研究

国家知识产权局专利局专利审查协作江苏中心　组织编写

出版发行：知识产权出版社有限责任公司	网　　址：http://www.ipph.cn
社　　址：北京市海淀区气象路 50 号院	邮　　编：100081
责编电话：010-82000860 转 8555	责编邮箱：wzl@cnipr.com
发行电话：010-82000860 转 8101/8102	发行传真：010-82000893/82005070/82000270
印　　刷：北京九州迅驰传媒文化有限公司	经　　销：各大网上书店、新华书店及相关专业书店
开　　本：720mm×1000mm　1/16	印　　张：19
版　　次：2019 年 1 月第 1 版	印　　次：2023 年 9 月第 4 次印刷
字　　数：360 千字	定　　价：78.00 元
ISBN 978-7-5130-5970-1	

出版权专有　侵权必究

如有印装质量问题，本社负责调换。

编委会

主　任　陈　伟
副主任　闫　娜　崔　峥
主　编　闫　娜
副主编　孙跃飞　张　欣　李　捷
编　委　杨娇瑜　陈　思　唐晓明　刘雅莎
　　　　　 王淑玲　童　雯　易　涛　徐方南

出版说明

《"十三五"国家战略性新兴产业发展规划》中指出,加快发展壮大新一代信息技术、高端装备、新材料、生物、新能源汽车、新能源、节能环保、数字创意等战略性新兴产业。这些战略性新兴产业涉及多项国际和国内标准。标准中涉及专利的现象在某些领域更为突出。近年来,一批具有国际竞争力的中国企业,积极投身于国际标准制定,在标准制定组织中占据一席之地。目前,尽管中国企业在参与标准制定的话语权以及知识产权保护方面都有了大幅提升,但无论是在本土市场还是域外市场,仍然受到拥有大量标准必要专利的国际巨头掣肘,尤其是在标准实施以及专利许可费用谈判中,往往陷入被动局面。

为助力重点产业的创新发展,国家知识产权局专利局专利审查协作江苏中心开展了标准与标准必要专利相关的研究工作,组织编写了《标准与标准必要专利研究》一书。本书以通信领域作为示例贯穿整体,对国内外标准组织的知识产权政策和标准必要专利研究热点进行了梳理,统计分析了通信领域的标准必要专利概况,针对标准与专利的推进关系和对应性详细阐述标准必要专利的产出过程,从申请时间、申请地域、权利要求的撰写以及标准必要专利的诉讼特点等多视角梳理标准相关专利的申请策略,并简要介绍了目前备受热议的标准必要专利的默示许可制度、专利池和技术转移等议题。

参加本书编写的有张欣(第五章,附录 A)、杨娇瑜(第一章第 1.1 节、第 1.2.1~1.2.2 节)、陈思(第一章第 1.2.3 节、第 1.3 节,第三章)、唐晓明(第二章第 2.1~2.4 节)、刘雅莎(第二章第 2.6 节,第四章第 4.4.5 节)、王淑玲(第四章第 4.4.2 节、第 4.4.4 节,附录 B,附录 C)、童雯(第四章第 4.1~4.2 节、第 4.3.1~4.3.2 节、第 4.4.3 节)、易涛(第四章第 4.3.3~4.3.4 节、第 4.4.1 节)、徐方南(第二章第 2.5 节)。全书由张欣、杨娇瑜、陈思审核、校对,闫娜统稿。

本书出版的目的是希望广大的知识产权爱好者、创新主体以及企业更全面、深入地了解标准与标准必要专利,做好知识产权风险防范,对标准必要专利的运营有所帮助。由于水平有限,本书中的内容难免存在偏颇和不足之处,希望读者批评指正。

目 录

第一章 国际标准与专利概论 ······································· 1

1.1 标准与专利 ··· 1
1.1.1 标准 ··· 1
1.1.2 专利 ··· 2
1.1.3 标准必要专利 ·· 3
1.1.4 创新和竞争 ·· 3
1.2 国际和国内标准组织及相关机构概况 ······················· 4
1.2.1 国际标准组织 ·· 4
1.2.2 国内相关机构 ··· 34
1.2.3 专利信息披露政策对比 ······························· 43
1.3 标准必要专利研究热点 ····································· 46
1.3.1 FRAND 原则 ··· 46
1.3.2 标准必要专利热点议题 ······························· 49

第二章 标准必要专利的演进 ······································· 54

2.1 概 述 ··· 54
2.2 标准必要专利概况 ·· 56
2.3 标准必要专利的产出过程 ·································· 61
2.4 标准与专利的推进关系 ····································· 65
2.4.1 标准与专利的时间关系 ································ 67
2.4.2 标准与专利的主体关系 ································ 72
2.4.3 标准与专利技术领域的关系 ·························· 75
2.5 标准与专利的对应性 ·· 95
2.5.1 对应性分析方法 ······································· 95
2.5.2 典型案例——预编码码本技术标准与专利演进关系
         及对应性分析 ·· 98

2.6 标准演进过程中的提案联署 ······ 121
 2.6.1 重要提案人的联署现状 ······ 122
 2.6.2 其他中国企业的联署现状 ······ 133
 2.6.3 提案联署策略 ······ 139

第三章 标准相关专利的申请策略 ······ 142

3.1 概 述 ······ 142
3.2 申请时间策略 ······ 144
 3.2.1 基础型的先导专利申请 ······ 144
 3.2.2 标准改进型的专利申请 ······ 149
3.3 申请地域策略 ······ 150
 3.3.1 主要考虑因素 ······ 150
 3.3.2 高通案例地域策略 ······ 153
 3.3.3 LTE领域标准必要专利地域策略 ······ 155
3.4 权利要求的撰写策略 ······ 156
 3.4.1 权利要求的层次性 ······ 157
 3.4.2 权利要求类型的组合 ······ 160
 3.4.3 计算机程序的保护 ······ 162
 3.4.4 单侧撰写原则 ······ 165
 3.4.5 关键部件与整体产品分别保护 ······ 167
 3.4.6 完善的原始申请文件 ······ 168

第四章 标准必要专利的诉讼 ······ 172

4.1 专利诉讼体制 ······ 172
 4.1.1 美国专利诉讼体制 ······ 172
 4.1.2 欧洲专利诉讼体制 ······ 176
 4.1.3 国内专利诉讼体制 ······ 177
4.2 移动通信领域专利诉讼 ······ 178
 4.2.1 移动通信领域在美专利诉讼整体情况 ······ 178
 4.2.2 移动通信领域中国企业在美国被诉概况 ······ 181
4.3 移动通信领域标准必要专利诉讼 ······ 184
 4.3.1 标准必要专利诉讼概述 ······ 184
 4.3.2 标准必要专利在华诉讼概况 ······ 186
 4.3.3 涉及非专利实施主体的标准必要专利诉讼 ······ 191

4.3.4 涉及标准必要专利诉讼的专利储备 ⋯⋯⋯⋯⋯⋯⋯⋯⋯⋯⋯ 203
4.4 标准必要专利诉讼热点议题 ⋯⋯⋯⋯⋯⋯⋯⋯⋯⋯⋯⋯⋯⋯⋯ 210
  4.4.1 FRAND 原则相关规定 ⋯⋯⋯⋯⋯⋯⋯⋯⋯⋯⋯⋯⋯⋯⋯⋯ 210
  4.4.2 许可使用费 ⋯⋯⋯⋯⋯⋯⋯⋯⋯⋯⋯⋯⋯⋯⋯⋯⋯⋯⋯⋯ 216
  4.4.3 侵权救济 ⋯⋯⋯⋯⋯⋯⋯⋯⋯⋯⋯⋯⋯⋯⋯⋯⋯⋯⋯⋯⋯ 226
  4.4.4 滥用市场支配地位与反垄断 ⋯⋯⋯⋯⋯⋯⋯⋯⋯⋯⋯⋯⋯ 233
  4.4.5 权利要求的解读 ⋯⋯⋯⋯⋯⋯⋯⋯⋯⋯⋯⋯⋯⋯⋯⋯⋯⋯ 239

第五章 标准必要专利的许可与技术转移 ⋯⋯⋯⋯⋯⋯⋯⋯⋯⋯⋯⋯ 261

5.1 默示许可 ⋯⋯⋯⋯⋯⋯⋯⋯⋯⋯⋯⋯⋯⋯⋯⋯⋯⋯⋯⋯⋯⋯⋯ 261
  5.1.1 法律法规 ⋯⋯⋯⋯⋯⋯⋯⋯⋯⋯⋯⋯⋯⋯⋯⋯⋯⋯⋯⋯⋯ 261
  5.1.2 经典案例 ⋯⋯⋯⋯⋯⋯⋯⋯⋯⋯⋯⋯⋯⋯⋯⋯⋯⋯⋯⋯⋯ 262
5.2 专利池 ⋯⋯⋯⋯⋯⋯⋯⋯⋯⋯⋯⋯⋯⋯⋯⋯⋯⋯⋯⋯⋯⋯⋯⋯ 267
  5.2.1 专利池与技术标准 ⋯⋯⋯⋯⋯⋯⋯⋯⋯⋯⋯⋯⋯⋯⋯⋯⋯ 267
  5.2.2 通信领域专利池现状 ⋯⋯⋯⋯⋯⋯⋯⋯⋯⋯⋯⋯⋯⋯⋯⋯ 268
5.3 技术转移 ⋯⋯⋯⋯⋯⋯⋯⋯⋯⋯⋯⋯⋯⋯⋯⋯⋯⋯⋯⋯⋯⋯⋯ 274
  5.3.1 技术转移的概念 ⋯⋯⋯⋯⋯⋯⋯⋯⋯⋯⋯⋯⋯⋯⋯⋯⋯⋯ 274
  5.3.2 标准必要专利的技术转移现状 ⋯⋯⋯⋯⋯⋯⋯⋯⋯⋯⋯⋯ 274

附录 A 关键概念思维导图 ⋯⋯⋯⋯⋯⋯⋯⋯⋯⋯⋯⋯⋯⋯⋯⋯⋯⋯ 277

附录 B 本书分析的诉讼案例清单 ⋯⋯⋯⋯⋯⋯⋯⋯⋯⋯⋯⋯⋯⋯⋯ 282

附录 C 重要图表 ⋯⋯⋯⋯⋯⋯⋯⋯⋯⋯⋯⋯⋯⋯⋯⋯⋯⋯⋯⋯⋯⋯ 283

第一章　国际标准与专利概论

> **本章提示**：从标准和专利的不同角度出发，梳理两者间的关联性，介绍标准化组织、机构及其知识产权政策，并概述目前标准必要专利相关研究热点，帮助读者明确标准必要专利内涵，把握 SEP 发展现状，熟悉标准必要专利相关议题。

企业为了增强自身的核心竞争力，不仅要强调科技创新，集中力量攻克核心技术，还要力争掌握更多关键技术的自主知识产权，通过拥有专利来强化对技术的保护，抢占市场。手上握有专利只是企业的基本标配，更进一步地，持有标准必要专利（Standards Essential Patents，SEP），才能有机会争取到更多的话语权，在市场竞争中拥有更多的优势。标准必要专利作为一种重要的战略资源，结合了技术标准与专利，已经在诸如通信领域等领域呈现出重要的优势地位。

1.1 标准与专利

在企业布局运营过程中，标准必要专利会为企业带来较大的利益，因而有很多值得研究的方面。在探讨标准必要专利的实际效用之前，有必要先对相关术语的内涵和现状进行梳理。

1.1.1 标准

通常，标准（也可称为技术标准）是指重复性的技术事项在一定范围内的统一规定，它以科学、技术和实践经验的综合成果为基础，反映了当时该领域科技发展的水平。其中，某些标准对于进入特定市场是强制性的，而另外一些标准则是推荐性的标准。

不论自身是否意识到，我们的生活都被技术标准深刻地影响。以智能手机为例，为了通过交互操作达到相互通信的目的，手机涉及了多种技术标准，比如 4G/5G 标准、WiFi、蓝牙等。这些标准可以保证来自不同生产厂商的手机之间也可以顺畅地相互通信。

标准在产品互通性、规范化等方面发挥着重要作用，尤其对于信息通信技术（Information and Communication Technology，ICT）产业来说尤为重要。标准的制定以及相关争端的解决，大部分是由标准制定组织来负责的。标准的制定需要竞争公司间基于形成工业技术规范的目的在研发程度上进行合作，这是一个复杂的过程，通常需要花费很长的时间。然而，随着全球化的深入，在巨大的经济利益驱动下，发达国家的企业在研发创新上越来越关注国际标准的制定，大部分具有较强研发实力的大公司都非常积极地参与标准的制定工作。目前我国部分企业也已积极参与其中，比如华为、中兴等通信企业均参与了 3G、4G 和 5G 通信协议的制定工作。

对于标准的定义，各标准化组织都有着自己的解读。以国际标准化组织（International Organization for Standardization，ISO）为例，1983 年发布的 ISO 第二号指南（第四版）对"标准"的定义是："由有关各方根据科学技术成就与先进经验，共同合作起草，一致或基本上同意的技术规范或其他公开文件，其目的在于促进最佳的公众利益，并由标准化团体批准。"也就是说，技术标准属于一种公共品，代表公共利益。

1.1.2 专利

从法律意义上讲，专利是专利权的简称，它是国家按专利法的有关规定授予专利权人在一定期限内对其发明创造成果所享有独占、使用和处分的权利。我国于 1984 年公布《专利法》，1985 年公布《专利法实施细则》，对有关事项作出规定。

专利权的性质主要体现在三个方面：排他性、时间性和地域性。专利赋予专利权人在所声称的产品或者方法上在一定时间范围和一定地域范围内的排他性的权利。该排他性的权利在不同的国家或地区定义基本相同。以中国为例，发明和实用新型专利权被授予后，除法律另有规定的以外，任何单位或者个人未经专利权人许可，都不能实施其专利，即不能为生产经营目的制造、使用、许诺销售、销售、进口其专利产品，或者使用其专利方法以及使用、许诺销售、销售、进口依照专利方法直接获得的产品。

专利权人对其拥有的专利权享有独占或排他的权利，即若未出现法律规定的特殊情况，则专利的实施，需要得到专利权人的许可。专利侵权是指未经专利权人允许实施与该发明有关的被禁止的行为。

专利是受国家认可并在公开的基础上进行法律保护的技术。它是一种财产权，是运用法律保护手段独占现有市场、抢占潜在市场的有力武器。因此，专利体现的是一种私有利益。

1.1.3　标准必要专利

标准必要专利源于英文词组"Standards Essential Patents"（SEP），在某些技术文献中也翻译为标准基本专利、标准基础专利、标准核心专利等。标准必要专利是专利与标准的深度融合。

根据一些国际上的标准化组织的定义，标准必要专利是指"经技术标准体系认定是该技术标准体系所必不可少的一项技术，且该技术是一项专利技术而被专利权人所独占"。2013年12月底，我国《国家标准涉及专利的管理规定（暂行）》出台，其中规定标准必要专利是指实施该项标准必不可少的专利。

虽然标准必要专利在不同国际标准制定组织或地区的定义略有差异，但是基本上可将其理解为实施一项标准必然会使用的专利。由于标准必要专利所涉及的技术包含在标准中，标准的实施者为了实施标准必须使用该技术而无法避开该专利。操作中也可能存在某些可替代的技术用来规避该专利，但考虑到研发成本和市场对于标准产品的接受程度，在标准之外另行研发通常是不太经济的选择。

目前，大多数标准制定组织都高度依赖于专利权人主动披露其可能被纳入标准的专利信息。要求专利权人披露所涉专利，可以使标准制定组织不至于过度被动。事先披露的规则有助于在标准制定前建立透明的技术竞争市场，能够保证标准制定组织从技术和成本两个方面对可能被纳入标准的技术方案进行评估。但是，也有观点认为其存在弊端。如何准确看待披露规则的价值与弊端，是业界一直争论的话题。

1.1.4　创新和竞争

标准和专利的融合是一把双刃剑，标准的形成能够有效推广专利技术，专利技术的创新也能促进标准的发展，但是标准和专利在促进创新和发展的同时，也存在可能阻碍创新的风险。

在价值层面，专利对技术标准化进程有着推进作用。掌握标准相关的核心技术专利使得部分企业在标准推进过程中占有优势地位、占据关键位置点，例如高通。也就是说，创新企业所从事的先进创新活动推动了标准化升级。

相应地，标准化能够为消费者和生产制造商带来巨大的利益。例如，"对于消费者来说，标准可以减少产品和服务的成本，使得不同的设备相互交互，并且能够促进安全以及对环境造成最小的影响"❶,"标准可以使得厂商花费的成本显著减少并且对于消费者变得更有价值。标准可以增加创新、有效性,增加消费者的选择,促进健康和安全,并为国际贸易奠定基础"❷,标准几乎可以使得我们在现代社会中赖以生存的所有产品,包括机械、电子、信息、电信以及其他系统实现交互。

然而,标准在促进技术创新的同时,也可能造成对创新的阻碍。❸ 在合作进行标准制定的过程中可能存在潜在的危害,例如标准化组织或其成员采用标准制定过程来排除市场上的竞争对手。美国联邦最高法院谴责上述行为违反了Sherman法案的第一节。

当纳入标准的技术拥有知识产权时,竞争的利害关系也需要考虑。标准必要专利持有者可能会利用从标准取得的新市场优势来阻拦标准的实施。例如,提出高额的侵权索赔,或者以明显高于该专利成为标准之前的价钱来收取许可费用以实施该发明,从市场上排除竞争者。

现阶段,因专利标准化过程引起的诉讼案件频发,已经引发业界对创新和竞争关系的高度重视和热烈讨论。

1.2 国际和国内标准组织及相关机构概况

随着改革进程的加快和产业的迅猛发展,现阶段国内一些企业开始主动参与国际标准的制定,同时有意识地将自主专利纳入了国际、国家和行业标准,积极拓展国内外市场。本节主要讨论国际和国内主流标准组织和相关机构。

1.2.1 国际标准组织

欧盟在2016年底发布了一份报告《Landscaping Study on Standard Essential Patents》,报告中统计了全球主要标准组织关于标准必要专利的披露情况。截至2015年底,全球有超过500个标准制定机构(SSO)披露超过20万件标准

---

❶ FREILISH J, KESAN J P. Towards Patent Standardization[J]. Harvard Journal of Law & Technology, 2016, 30 (1): 233-256.

❷ INTELLECTUAL PROPERTY AND STANDARD SETTING, DAF/COMP/WD (2014) 116, December 2014, 17-18.

❸ LI R, WANG R L-D. Reforming and Specifying Intellectual Property Rights Policies of Standard-Setting Organizations: Towards Fair and Efficient Patent Licensing and Dispute Resolution[J]. University of Illinois Journal of Law, Technology and Policy, 2017, 2017 (1): 48.

必要专利。就 1992~2015 年披露的标准必要专利来看，大部分都集中在数字通信和电信的领域，其次是影音技术及计算机技术。

图 1-1 显示，超过 70% 的 SEP 披露集中在欧洲电信标准协会（European Telecommunications Standards Institude，ETSI）。ETSI 是包括 GSM、UMTS 及 LTE 等移动通信标准的主要制定组织，从最初的 2G、3G、4G，一直到现在的 5G，甚至是物联网，其涉足了通信领域很多重要的通信标准，相应地，也累积了数量可观的标准必要专利。ISO 作为世界上最大的非政府性标准化专门机构，在国际标准化中占据了主导地位，涉及范围广，美欧中日韩五大局均有一定数量的专利被该组织披露为标准必要专利。国际电信联盟电信标准化部（ITU-T）主要研究制定电信网络的接口、音/视频通信编码等标准，电气与电子工程师协会（IEEE）主要研究制定无线局域网/城域网的相关通信标准，二者所涉及的均属于近年来发展较快并且重要的标准。互联网工程任务组（The Internet Engineering Task Force，IETF）作为互联网领域的主要标准化组织，同样涉及一定的重要标准。蓝光光盘协会（The BluRay Disc Ass.，BDA）和 DVD 论坛（DVD Forum）均是涉及影音技术相关标准的组织，其在日本的专利披露数量较多，可能与日本企业在该产业发展过程中起到了一定的引导作用有关。

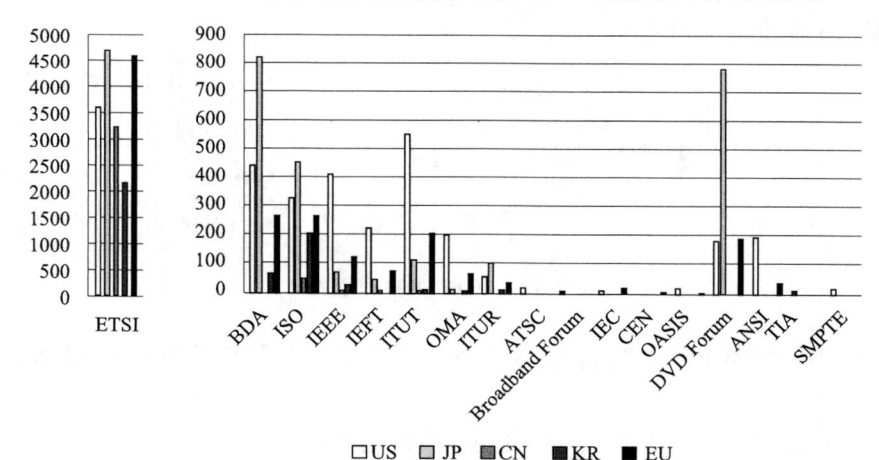

图 1-1　各专利局及各标准制定机构所披露的 SEP 家族数目❶

数据来源：Landscaping Study on Standard Essential Patents（SEPs），1992-2015.

下面将主要针对数据通信及电信领域的主要标准组织，按照声明量依次进

---

❶ 李淑莲. 标准必要专利（SEP）分布：通讯技术领域当道，亚洲 SEP 持有人崛起[J/OL]. http://www.naipo.com/Portals/1/web_tw/Knowledge_Center/Industry_Economy/IPNC_170712_0701.htm.

行介绍。在介绍 ETSI 之前，考虑到在 ETSI 声明的专利与 3GPP/3GPP2 技术规范相关，本节首先介绍 3GPP/3GPP2 组织。

1.2.1.1　3GPP 与 3GPP2

（1）组织介绍

1）3GPP

3GPP 是第三代合作伙伴计划（3rd Generation Partnership Project）的英文缩写，该组织是目前最主要的对移动无线通信系统标准发展进行规划的组织，初始成员有欧洲的 ETSI、日本的无线工业及商贸联合会（ARIB）和电信技术委员会（TTC）、韩国的电信技术协会（TTA）以及美国的 T1 标准委员会（T1），其中美国的 T1 发展成为电信工业一体化联盟（ATIS）。其标准演进经历了从第二代的基于时分和频分多址的接入技术、第三代的码分多址技术，到后来的 LTE 采用的正交频分复用（OFDM）技术。在 LTE 标准化的同时，第二代和第三代移动通信技术也在进一步发展。中国的无线通信标准组（CWTS）于 1999 年加入 3GPP，后更名为 CCSA。上述多个组织间以"合作伙伴"的形式结合。现阶段 3GPP 的操作模式如图 1-2 所示，除了初始成员外，还加入了印度的电信标准开发协会（TSDSI）。

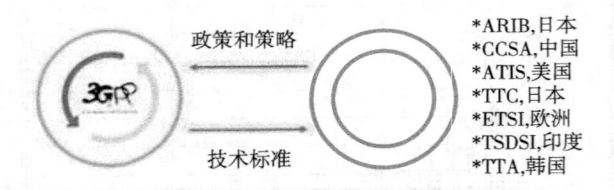

图 1-2　3GPP 的操作模式❶

中国参与 3GPP 的成员包括运营商、设备商和科研院所等共计 45 家，如下所示：

- 运营商：中国移动、中国联通、中国电信；
- 设备商：华为、中兴、大唐、TCL、维沃、阿里巴巴、爱立信熊猫、晨思电子、鼎桥、烽火通信、海能达、海信、华硕、酷派、联想、魅族、南京泰通科技、欧珀、普天、奇虎360、三川智慧、上海泰捷、小米、信威、星河亮点、展讯、中磊电子（苏州）；

---

❶ 一文详解你不知道的 3GPP［EB/OL］.［2017-08-30］. http://www.21ic.com/news/rf/201708/736199.htm.

● 科研院所：电信研究院、北京大学、北京邮电大学、电子科技大学、复旦大学、国家无线电监测中心检测中心、山东信息通信技术研究院、上海交通大学、同济大学、西安电子科技大学、西南交通大学、浙江大学、中国科学院沈阳自动化研究所、中国信息通信研究院华东分院、重庆大学。

2）3GPP2

3GPP2 是第三代合作伙伴计划 2（3rd Generation Partnership Project 2）的英文缩写，该组织的早期标准为"IS95"，该标准是美国第一个使用码分多址（CDMA）技术的移动蜂窝通信系统。其后的 CDMA 2000 技术主要在美国、韩国和日本部署和发展。中国的 CCSA 也加入 3GPP2。目前 3GPP2 基本处于发展停滞状态。

（2）组织架构

1）3GPP

3GPP 的组织机构分为项目合作和技术规范两大职能部门。项目合作组（Project Co-ordination Group，PCG）是 3GPP 的最高管理机构，负责全面协调工作；技术规范组（Technical Specification Group，TSG）负责技术规范制定工作，受 PCG 的管理，TSG 可在需要时建立工作组（Working Group，WG）。

TSG 的架构主要包括 TSG RAN、TSG SA 和 TSG CT，如图 1-3 所示。

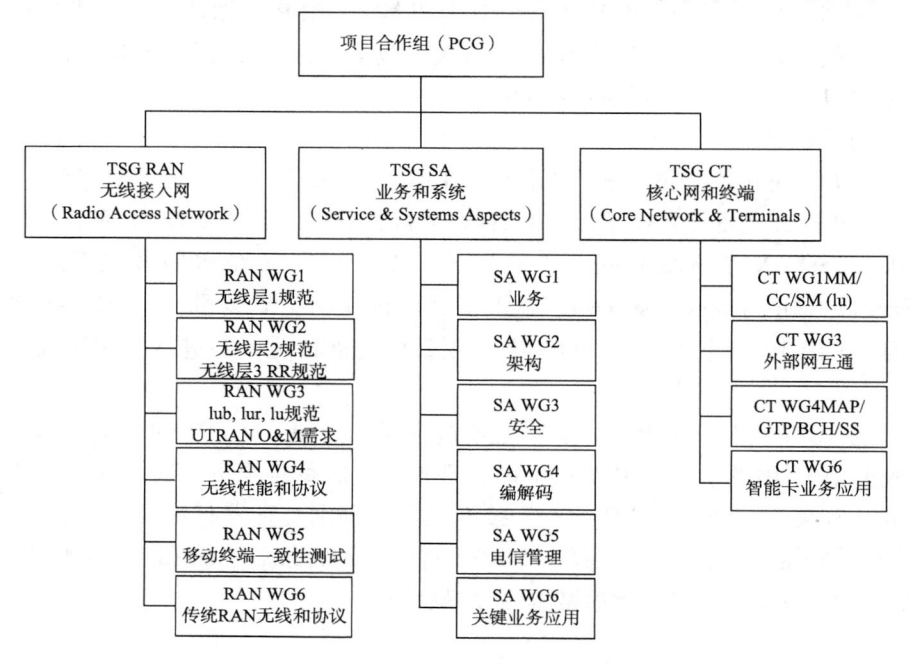

图 1-3　TSG 的架构

每个 TSG/WG 负责的内容在图中进行了简要的标注。其中 TSG RAN 负责无线接入网络（Radio Access Networks），TSG SA 负责业务和系统（Services and Systems Aspects），TSG CT 负责核心网和终端（Core Network and Terminals）。经过多次调整，有些 TSG/WG 目前已经关闭，但是 3GPP 网站仍然保留了它们的会议文档，例如 TSG GERAN，曾负责 GSM 的无线接入网（GSM EDGE Radio Access Network）。关于 3GPP 组织架构的详细信息可以通过 3GPP 网站的 specification groups home 页面获得。❶

3GPP 工作是通过会议和提案来推动的，并通过投票决定写入最终的 3GPP 协议。每个 TSG/WG 通常一年召开 4 次会议。在需要的时候，可以在相邻两次会议之间增加一次附加会议，例如，RAN1#46 次会议与 RAN1#47 次会议之间的附加会议，命名为 RAN1#46 – bis。除了上述常规会议之外，TSG/WG 还召开一些讨论特殊议题的特殊会议，上述会议仅用于讨论，不进行投票，通常不与常规会议统一编号。

每一次会议的详细信息都可以在 3GPP 网站中对应的各 TSG/WG 主页找到。其中列出了全部的会议文档，包括会议日程、提案、会议报告、提案列表等文件。

3GPP 网站上和 3GPP FTP 服务器上提供了 3GPP 工作计划。在工作计划中，详细地记载了各个 Work Item 的信息，包括名称、负责的 TSG/WG、涉及的协议以及工作开始和结束的时间等。

2）3GPP2

3GPP2 下设 4 个技术规范工作组：TSG – A、TSG – C、TSG – S、TSG – X，其中 TSG – A 负责接入网接口（Access Network Interface），TSG – C 负责 CDMA 2000，TSG – X 负责核心网（Core Network），TSG – S 负责服务和系统方面（Services and Systems Aspects）。这些工作组向项目指导委员会（SC）报告本工作组的工作进展情况。SC 负责管理项目的进展情况，并进行一些协调管理工作。

与 3GPP 类似，3GPP2 的工作也通过会议来开展。3GPP2 的 4 个技术工作组每年召开 10 次会议，其中在中国、日本、韩国每年至少一次，其他会议在加拿大和美国召开。3GPP2 的 4 个技术工作组分别负责发布各自领域的标准，各个领域的标准独立编号。根据 3GPP2 官网显示，最后一次 CDMA 2000 的相关会议是 2013 年 6 月，此后基本为停滞状态。

---

❶ http：//www.3gpp.org/specifications – groups/specifications – groups.

（3）研究方向

1）3GPP

3GPP 的主要研究方向如表 1-1 所示。

表 1-1 3GPP 的主要研究方向

无线接口	核心网	业务层
2G：GSM, GPRS, EDGE 3G：WCDMA, HSPA 4G：LTE, LTE Advanced 5G：IMT-2020	2G/3G：GSM 核心网 3G/4G：演进分组核心网 5G：研究进行中	GSM 业务 IP 多媒体子系统（IMS） 多媒体电话（MMTel） 支持消息或其他 OM 功能 其他业务

目前，3GPP 是移动通信标准化的主流机构。2017 年 12 月 3 日，3GPP 第一个 5G 版本——Rel. 15 正式冻结，即非独立组网（NSA）核心标准冻结。根据计划，2018 年 6 月完成独立组网（SA）标准冻结，到 2019 年底，完成完整版的 Rel. 16 标准。5G 的标准制定中，来自中国的力量发挥了重要的作用。据悉，中国通信企业贡献给 3GPP 的关于 5G 的提案，占到全部提案的 40%，中国专家在各个 5G 工作组中也占有一定的比重。随着研究不断深入，未来中国会在 5G 标准方面扮演更重要的角色。

2）3GPP2

3GPP2 的研究方向是针对 CDMA 2000 标准的研究制定。随着 CDMA 2000 的逐渐退网，以及 4G 标准向 LTE 的融合的趋势，3GPP2 的工作逐渐被边缘化。

为了便于读者获取各个研究方向的标准及相关文献，本书主要针对 3GPP 组织进行简要介绍。如果已获知规范编号或提案编号，可以在 3GPP 官方网站❶或者 FTP 服务器❷直接检索获取文档。3GPP FTP 服务器存储了所有的 3GPP 协议、历次会议提案及其他会议文件等，并随着会议的开展不断更新。3GPP FTP 服务器根目录包括多个子目录。其中，3GPP 规范以及提案分别存储在 Specs 和各个技术规范组目录下。以规范的页面检索为例，在主页面给出了对该规范负责的工作组、该规范隶属的 Work Item 的连接，点击页面下方的版本号，即可直接下载。实际使用中，可以根据公开的时间，选择合适的版本进行下载。

3GPP 将规范分为不同的版本（Release），新的版本通常通过添加功能性来区别于前一版本。一般地，对于某一具体规范，可通过查看在后的版本来获得较全的技术内容。

❶ http：www.3gpp.org.

❷ http：//www.3gpp.org/ftp 或 http：//ftp.3gpp.org.

3GPP 官方网站还提供了高级 FTP 检索页面，入口在网站右侧的搜索栏。可以通过关键词简单运算、时间限制或 FTP 目录选择等多种方式结合，还可以基于检索的结果二次筛选，以期准确高效地获取目标文档。

Google 网页检索也支持 3GPP 文档的检索。可以通过直接输入协议号的方式检索，也可以在关键词后输入"site：3gpp.org"将检索结果限定在 3GPP 网络的域；还可以将检索结果限定在相关的工作组，例如，工作组为 TSG RAN，则 site 命令为"site：3gpp.org/ftp/tsg_ran/"。

（4）知识产权政策

3GPP 不是一个法律实体。加入 3GPP 的多个区域性标准组织通过《3GPP 协议》相互合作，将 3GPP 技术规范转化为技术标准。因而，3GPP 的知识产权（Intellcetual Property Rights，IPR）政策是根据上述多个区域性标准化组织的知识产权政策决定的。PCG 具体负责 3GPP 知识产权声明的相关维护。在 3GPP 网站❶上可以直接获取相关组织的知识产权政策，如图 1-4 所示。

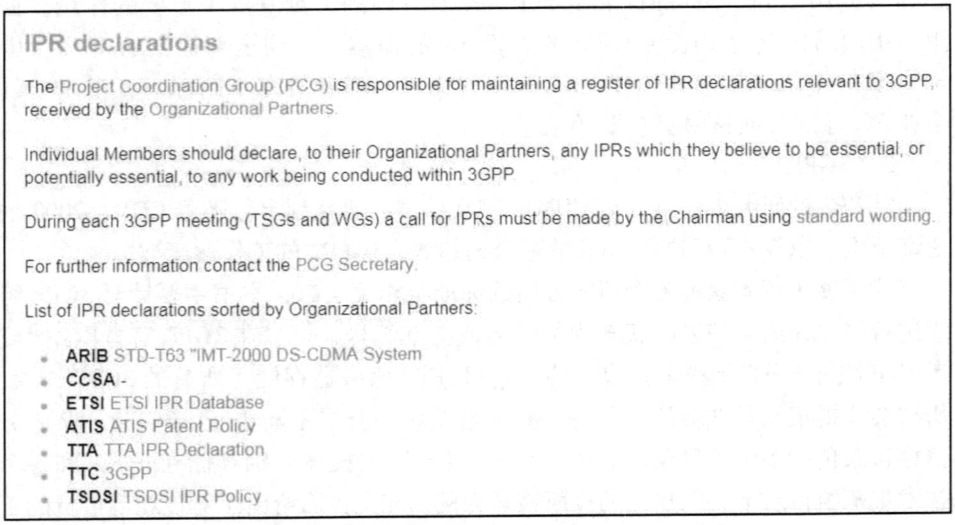

```
IPR declarations

The Project Coordination Group (PCG) is responsible for maintaining a register of IPR declarations relevant to 3GPP,
received by the Organizational Partners.

Individual Members should declare, to their Organizational Partners, any IPRs which they believe to be essential, or
potentially essential, to any work being conducted within 3GPP

During each 3GPP meeting (TSGs and WGs) a call for IPRs must be made by the Chairman using standard wording.

For further information contact the PCG Secretary.

List of IPR declarations sorted by Organizational Partners:
  • ARIB STD-T63 "IMT-2000 DS-CDMA System
  • CCSA -
  • ETSI ETSI IPR Database
  • ATIS ATIS Patent Policy
  • TTA TTA IPR Declaration
  • TTC 3GPP
  • TSDSI TSDSI IPR Policy
```

图 1-4　3GPP 合作伙伴知识产权政策的相关信息

《3GPP 协议》第 3 条第 1 款规定：应当尊重各组织合作伙伴自己的知识产权政策，并鼓励这些组织各自的成员声明其愿意依据 FRAND 原则授予许可。❷

---

❶　http：//www.3gpp.org/about-3gpp/legal-matters.

❷　The Generation Partnership Project Agreement ［EB/OL］. http：//www.3gpp.org/ftp/Inbox/2008_web_files/3gppagre.pdf.

《3GPP 技术工作规程》（3GPP Technical Working Producedures）第 55 条进一步反映了上述原则，要求各组织成员应当尽早声明所有知识产权政策，该知识产权政策是组织成员认为对 3GPP 内正在进行的工作是至关重要或潜在关键的。❶

与 3GPP 基本一致，3GPP2 中成员的相关行为也受到各组织伙伴的知识产权政策的制约，提倡每个成员应尽可能早地披露其与 3GPP2 相关的必要专利，以及可能的必要专利。

各成员在 3GPP 和 3GPP2 中还就以下原则取得共识：①鼓励其成员宣布其愿意在公平、合理、非歧视的基础上发放许可的意愿，并与各个组织的知识产权政策保持一致；②鼓励其各自占有必要或者可能的必要知识产权，并且不愿发放许可的成员尽快向其各自的组织表明态度；③必要专利是指与 3GPP 所有内容相关的必要专利；④建议成立在各组织间交换与专利声明相关信息的机构，使得这些信息能在每个组织采用相应的标准时起作用。❷

1.2.1.2 ETSI

（1）组织介绍

ETSI 是由欧共体委员会于 1988 年批准建立的一个非营利性的电信标准化组织，是欧洲三大标准化机构之一。ETSI 负责制定发布欧洲电信标准（ETS）、暂行标准（CI-ETS）和技术报告（ETR）。ETSI 在信息通信技术领域同欧洲标准化委员会（CCEN）和欧洲电工标准化委员会（CENELEC）保持密切合作与协调关系，在广播电视领域同欧洲广播联盟（EBU）进行合作。在欧盟和欧洲自由贸易联盟的资助下，ETSI 目前承担的项目有 1000 多项。

ETSI 对全社会开放，其成员来自管制机构、网络运营公司、设备厂商、研究机构，甚至用户。如图 1-5 所示，ETSI 成员分为四种：全权会员 694 名、准会员 137 名、观察员和顾问共 17 名。

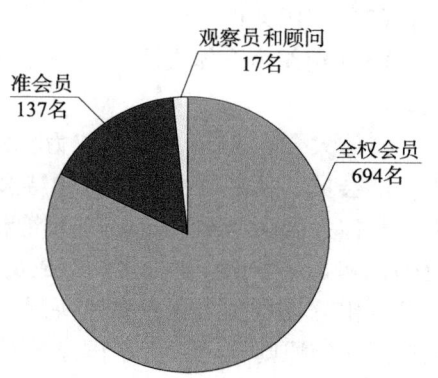

ETSI 全权会员只向欧洲国家的电信

图 1-5　ETSI 成员组成

---

❶　http://www.3gpp.org/contact/3gpp-faqs#L6.
❷　张平，张小林，何怀文. 技术标准化中知识产权披露机制研究：以 3G 产业为背景[G]//张平. 网络法律评论：第 9 卷. 北京：北京大学出版社，2008：3-20.

公司和组织开放，凡自愿申请入会、按年收入比例向 ETSI 缴纳年费者，经全会批准均可成为全权会员。在 ETSI 标准的制订活动中，全权会员享有发言权、投票权和各项标准、技术报告等的使用权。为了平衡各国在 ETSI 的利益，ETSI 采取对各成员国投票采取加权计票方式。

ETSI 的准会员是为非欧洲国家电信组织或公司而设。希望成为 ETSI 准会员的组织或公司需要与 ETSI 签署正式协议，经全会批准方可。准会员可以自由参加会议，有发言权但无表决权，可享用与全权会员同样的文件。准会员支持 ETSI 标准作为世界电信标准的基础并尽可能采用 ETSI 标准，缴纳年费。

ETSI 的观察员只授予被邀请的电信组织的代表。顾问只授予欧盟和欧洲自由贸易协会的代表。

目前，ETSI 有来自欧洲和其他地区共 66 个国家的 800 余名成员，其中包括：制造商、网络运营商、政府、服务提供商、研究实体以及用户等信息通信技术（ICT）领域内的重要成员。ETSI 作为欧洲对世界 ICT 标准化工作的贡献，在制定一系列标准和其他技术文件的过程中发挥了十分重要的作用。互用性测试服务和其他专门服务共同构成了 ETSI 的活动。其中，中国成员包括 6 位准会员——华为、中兴、大唐、海能达、中国电信和电信研究院，以及 1 位观察员——握奇。

ETSI 的成员决定协会的工作计划，分配财力并批准其标准和其他技术文件。因此，ETSI 的所有活动都与市场的需要有着密切的联系，这就使得其产品有了很广泛的市场。

（2）组织架构

ETSI 组织由全体大会、常务委员会、秘书处、技术委员会和特殊委员会组成。

全体大会是 ETSI 的最高权力机构，每年至少召开两次会议。除全权会员外，准会员、观察员、咨询员和特邀贵宾都可以参加全会并发言，但不能投票。全体大会决定 ETSI 的所有政策和管理决策，选举产生大会主席和副主席、秘书长和副秘书长，讨论接纳新成员，批准预算、决算，通过年度报告等。当决策发生分歧需要大会投票表决时，为平衡各国权益，ETSI 将各国参加的成员按照一定原则合并，每个国家选派代表进行投票，一般同意票需超过 71% 决议才能通过。

常务委员会受全会委托负责全会休会期间 ETSI 日常工作的正常运转。其主要工作如下：就 ETSI 总的标准化策略向全会提出建议；定期对标准化程序的效率、时效性及质量等进行审议、修改；建议成立或终止技术委员会、分技术委员会，确定技术委员会、分技术委员会的工作计划，并对其工作进度等进行检查；向全会提出应进行研究的项目，并根据全会的决定确定技术委员会应承担的工作；推荐或任命（只有一个候选人时）技术委员会主席和 ETSI 项目的负责人；建议并起草与其他机构之间合作的框架协议；决定内部财政计划，管理全会专款和其他组织的捐款；协调解决标准草案起草阶段出现的各技术委员会不能解决的问题；向全会提交工作进展报告等。

秘书处是 ETSI 的常设机构，由全会任命其秘书长和副秘书长，秘书长是 ETSI 的法定代表人。秘书处主要负责协助技术大会作好标准协调工作，包括欧洲以外国家和标准化组织之间的协调和技术委员会、项目组之间的协调。

ETSI 技术委员会的设立是根据研究领域和研究内容来划分和确定的。技术委员会对标准的范畴进行划分，确定其准确的题目，委派专家起草标准草案。技术委员会下面再按专业设立分技术委员会进行对口研究。分技术委员会下再设项目组进行专项研究。各位专家以参加分技术委员会、报告人小组、ETSI 专家工作组等形式参与工作。

技术委员会及其分委会、ETSI 项目组和 ETSI 合作项目组三者构成 ETSI 的技术机构。

ETSI 还有特殊委员会，包括财经委员会、欧洲电信标准观察组、工作协调组、专家安全算法组、全球移动多媒体合作组、用户组、新观点以及 ETSI 和 ECMA 协调组 8 个委员会。

要特别提出的是，ETSI 有一类工作组称专家工作组，这是 ETSI 对于一些重要且紧急的课题采取的成立专门课题组，聘请专家集中进行研究的一种方式，使得标准的制定程序加快。专家工作组须由欧洲标准化委员会和欧洲自由贸易协会提出建议，经技术委员会通过方能成立，由 ETSI 秘书处按照规定的程序进行管理，专家工作组的成员是从 ETSI 成员组织中招聘的。

（3）研究方向

ETSI 下设 13 个技术委员会，他们的代号、名称和分工如下。

- TC EE（Environmental Engineering）环境工程技术委员会。定义那些（包含安装在用户端的）电信设备的关于环境和基础方面的标准，主要包括环境条件和环境测试、供电问题和机械结构三个领域。
- TC ERM（EMC and Radio）无线及电磁兼容技术委员会。直接负责 ETSI 关于无线频谱和电磁兼容方面的技术工作，包括研究 EMC 参数和测试方法，协调无线频谱的利用和分配，为相关无线和电磁设备的标准提供关于 EMC 和无线频率方面的专家意见。
- JTC Broadcasting（EBU/CENELEC/ETSI Joint Technical Commission）播送联合技术委员会。为电视、无线电、数据和其他小卫星提供的新业务、有线

电视、交互型传输的播送系统提供标准，为实现统一技术模型框架而与 DVD、EBU、CENELEC 组织进行合作。

  • ECMA TC32（Communication, Networks & Systems Interconnection）通信网络和系统的交互型连接技术委员会。该委员会是一个 ETSI 和 ECMC 合作的机构，在该领域起草 ECMA 标准和技术报告。该领域包括专业电信网的结构、业务、管理、窄带或宽带专用综合业务网的协议、用于通信的计算机等。

  • TC HF（Human Factors）人机因素技术委员会。为电信设备和电信业务提供关于人机接口方面的标准和规范，包括人的特殊需求（例如年长者或残疾人）。

  • TC MTS（Methods for Testing & Specification）测试方法和指标技术委员会。为测试方法和测试参数的准确一致性制定标准，为评价性能指标提供可实现的方法和手段，支持 ETSI 关于实验一致性所作的研究。

  • TC SEC（SECuiry）安全技术委员会。为使 ETSI 的技术工作能考虑到安全问题，ETSI 设立安全技术委员会，负责提供关于安全方面的 ETSI 技术报告和标准，向其他技术委员会提供关于安全方面的建议和援助。

  • TC SES（Satellites Earth Stations & System）卫星地面站和系统技术委员会。负责所有与卫星通信相关的技术工作，包含各类卫星通信系统（移动的和广播式的）、地面站和设备的无线频率接口和网络用户接口，卫星和地面系统的协议。

  • TC SPS（Signalling Protocol & Switching）信令协议和交换技术委员会。负责定义信息流、公众网的呼叫处理序列和信令，包括传送用户到用户信息的技术、用户到节点和节点间的通信。

  • TC STQ（Speech Processing, Transmission & Quality）语音处理传输质量技术委员会。确保协调相关设备的端到端语音质量的生产和维护，促进开发适时且经济的设备，为网络运营商利用现有的和将来的固定或移动网提供通信业务。

  • TC TM（Telecommunication Multiplexing）传输和复用技术委员会。负责传送网和其组成部分（包含无线中继不包括卫星系统）的全方面标准化工作以及传送网接口的传输特性，定义传送网组成部分的功能和实现规范，例如传送路由、路由器、分段、系统、功能命名、天线、电缆光纤等。

  • TC TMN（Telecommunication Management Networks）电信管理网技术委员会。TMN 技术委员会的目的是使得分散在很多技术委员会和技术委员会工作组的电信网络管理工作更有组织化，能更快地就电信管理网的相关要求和规范进行交流和统一。

ETSI 的标准制定工作是开放式的。关于 ETSI 的信息可以通过 ETSI 的官方网站❶进行查询。如果想要获取各个研究方向的文献，ETSI 为用户提供了免费下载标准的服务，此处给出一个 PDF 文档的入口：http：//www.etsi.org/standards‐search#Pre‐defined collections，可以通过搜索获取需要的标准。

由于 ETSI 是 3GPP 的重要成员，在上述入口同样可以检索到与 3GPP 文档对应的 ETSI 文档，二者版本号对应。以 3GPP TS 36.001 为例，检索界面如图1‐6 所示。

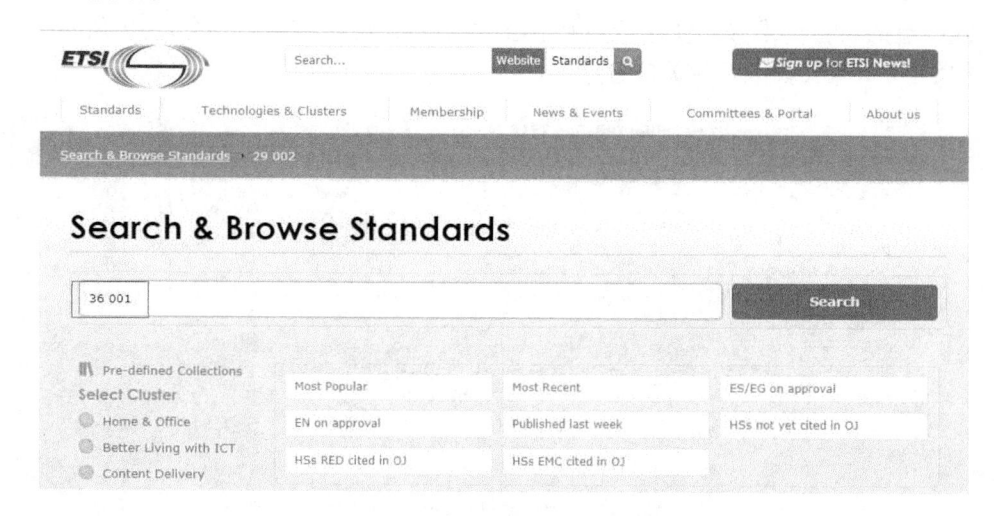

图 1‐6 ETSI 标准检索界面

百度、Google 等搜索网站也是很好的获取文档的来源。3GPP 文档的其他获取方式，已在上一节中介绍，这里不再赘述。

（4）知识产权政策

通过 ETSI 官网可以获得对标准必要专利的定义❷：如果技术上在不侵犯专利权的情况下无法制造或操作符合 ETSI 标准的设备或方法，即需要使用一个或多个专利权所覆盖的方案范围来使其符合 ETSI 标准，则将专利权描述为标准必要专利。

ETSI 充分认识到专利披露的必要性和重要性，其知识产权政策《ETSI Intellectual Property Rights Policy》第4.1 则规定："各成员应尽其可能地及时将

---

❶ http：//www.etsi.org.

❷ http：//www.etsi.org/about/how‐we‐work/intellectual‐property‐rights‐iprs.

必要知识产权通报 ETSI，特别是在其所参与的标准或技术规范的发展阶段。为标准或技术规范提交技术建议的成员，尤其应真诚地提请 ETSI 注意，如果提案获得通过，该成员的知识产权可能是必要知识产权。"同时，第6.1则进一步规定："如果与特定标准或者技术规范有关的必要知识产权已经引起 ETSI 的注意，ETSI 的总干事长应当立即要求必要知识产权人在三个月内以书面形式承诺，至少在以下范围内，它已经作好以公平、合理、非歧视的条件授予不可撤回使用许可的准备：制造，不可制造或者代工用于制造符合被许可人自行设计标准的定制组件或者子系统；出售、出租或者以其他方式处置按照上述方式制造的设备；维修、使用或者操作上述设备；使用方法。"图 1-7 所示为 ETSI 知识产权政策的相关信息。

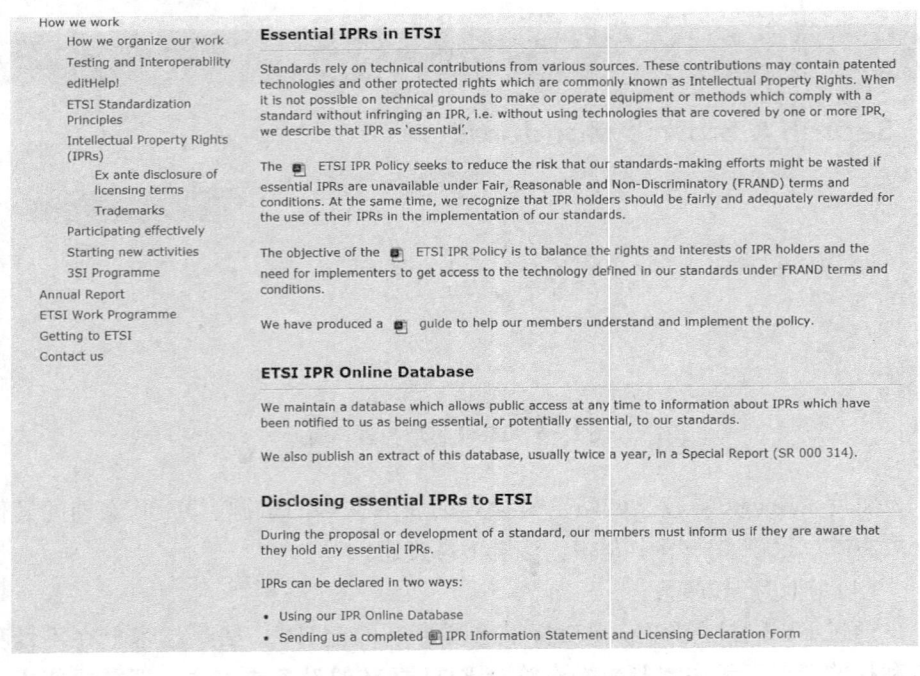

图 1-7　ETSI 知识产权政策的相关信息

可以看出，ETSI 希望任何成员都能及时披露存在必要专利权利要求，不管该成员是否参与了某项技术标准的制定。当然，某成员如果参与了一项具体标准的制定，则更应当尽其可能地披露必要专利权利要求。

ETSI 官方网站的首页列出的 800 余名成员名单构成了在 ETSI 主动披露的标准必要专利的专利权人。在 ETSI 有两种途径申明标准必要专利：①通过使用在线数据库声明；❶ ②通过发送专利声明表至 ETSI 来声明其标准必要专利。

ETSI 通过在线数据库的方式来提供涉及 ETSI 标准的标准必要专利的检索服务，可通过 "Declaring companies" "Work item no. /Standard no. /Specification no." "Declaration date" 和 "ETSI Projects" 等字段进行检索。

需要注意的是，这些在 ETSI 主动披露的标准必要专利是专利权人/专利申请人声称的，并未得到权威认证，同时，ETSI 和 ETSI 成员均没有义务进行专利检索，以确认拟议的技术标准中是否存在必要专利权利要求。现行 ETSI 专利披露政策的最大问题就是没有规定有效的救济手段。如果 ETSI 成员没有遵守相关规定，没有尽可能地及时向 ETSI 通报存在相关必要专利权利要求，根据 ETSI 知识产权政策所能采取的手段是非常有限的。

1.2.1.3 ISO

（1）组织介绍

ISO 是国际标准化组织（Internatonal Organization for Standardization）的英文缩写，其前身是国际标准化协会（ISA），成立于 1926 年。由于第二次世界大战的影响，1946 年 10 月 14～26 日，来自中国、英国、法国、美国等 25 个国家的 64 名代表聚会伦敦，组织一个新的国际标准化机构。参会的国家成为创始成员国。会议讨论了 ISO 组织章程和议事规则（1993 年修订），并经 10 月 24 日召开的临时全体大会一致通过。1947 年 2 月 23 日，ISO 宣告正式成立。组织总部设于瑞士日内瓦，成员包括 162 个会员国。截至 2018 年，ISO 总共与 700 多个国际、地区和国家组织合作。

（2）组织架构

ISO 是世界上最大的国际标准化机构，是非政府性国际组织，是由各国标准化机构组成的世界范围的联合会。ISO 不属于联合国，但与联合国许多组织和专业机构保持密切联系，如欧洲经济委员会、粮食及农业组织、国际劳工组织、教科文组织、国际民航组织等，是联合国的甲级咨询机构。其中，同国际电工委员会（IEC）和国际电信联盟（ITU）的关系最为密切。2001 年，ISO、IEC 和 ITU 成立了世界标准合作组织（WSC），以加强这三个组织的标准体系。

ISO 的组织机构分为非常设机构和常设机构。ISO 的最高权力机构是 ISO 全体大会（General Assembly），是 ISO 的非常设机构。1994 年以前，全体大会每 3 年召开一次。自 1994 年开始根据 ISO 新章程，ISO 全体大会改为每年召开

---

❶ https：//ipr.etsi.org/.

一次。

ISO 的主要官员有 5 位,他们是 ISO 主席(President)、ISO 副主席(政策)(Vice President,Policy)、ISO 副主席(技术管理)(Vice President,Technical Management)、ISO 司库(Treasurer)和 ISO 秘书长(Secretary-General),所有主要官员由理事会任命,享有终身任期,ISO 秘书长负责主持 ISO 的日常工作。

ISO 的主要机构有全体大会(General Assembly)、理事会(Council)、技术管理委员会(TMB)和中央秘书处(Central Secretariat),如图 1-8 所示。

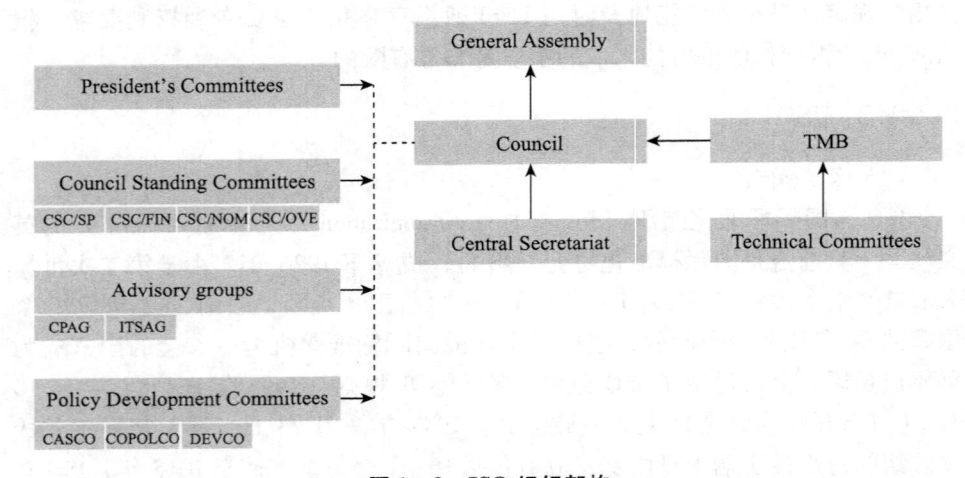

图 1-8 ISO 组织架构

ISO 理事会是 ISO 组织的核心治理机构,由官员和选举出的成员团体组成,由 ISO 主席主持,通常每年召开 3 次会议。以下是直接负责向理事会报告的一些机构:

①理事会常务委员会:负责处理与财务(CSC/FIN)、战略和政策(CSC/SP)、治理职位提名(CSC/NOM)以及监督本组织治理实践(CSC/OVE)有关的事宜;

②咨询小组:就与 ISO 商业政策(CPAG)和信息技术(ITSAG)有关的事宜提供建议;

③合格评定委员会(CASCO):提供合格评估指导;

④消费者政策委员会(COPOLCO):提供有关消费者问题的指导;

⑤发展中国家政策委员会(DEVCO):就与发展中国家有关的问题提供指导。

技术工作的管理由技术管理委员会(TMB)负责,并向理事会通报,该机构还负责领导标准制定的技术委员会和任何在技术问题上建立的战略咨询委员会。

根据组织章程，每个国家只能有一个最具代表性的标准化团体作为其成员。ISO 成员包括正式成员、通信成员和注册成员。在 ISO 组织的官方页面❶可以获得各成员信息。

①正式成员。在各国具有最广泛的代表性并按照议事规则被接纳为本组织成员的国家标准化团体，可以参加 ISO 的各项活动，有投票权。现有正式成员团体 120 名。

②通信成员或注册成员。对标准化感兴趣而本国又没有成员团体的国家团体，可以按照理事会规定的程序，登记为无投票权的通信成员或注册成员，它们只需缴纳少量会费。其中，通信成员可以作为观察员参加 ISO 会议并得到其感兴趣的信息，在全国范围内销售和采用 ISO 国际标准，而注册成员仅限了解、不能参与 ISO 的工作，也不能销售或采用 ISO 国际标准。ISO 现有通信成员 39 名、注册成员 3 名。

（3）研究方向

ISO 国际标准由技术委员会（TC）和分技术委员会（SC）经过六个阶段形成（见图 1-9）。

图 1-9 ISO 国际标准的形成过程

根据技术管理委员会下属的各技术委员会职责可以了解到，具体由 ISO/IEC JTC 1 负责信息技术方面的技术制定。根据 2017 年 2 月 25 日的数据统计，已发布 21304 个 ISO 标准，其中 3002 个标准由 ISO/IEC JTC 1 负责，占比 14%，可见信息技术是活跃度最高的领域。截至 2018 年 2 月，该领域已发布的标准增加至 3112 个，有 523 个处于制定中。

目前，ISO/IEC JTC 1 委员会共分 5 个工作小组和 22 个小组委员会，涉及参与成员 34 名，观察成员 63 名。如表 1-2 所示。

---

❶ https://www.iso.org/members.html.

表 1-2 ISO/IEC JTC 1 委员会

名称	负责工作	类别
ISO/IEC JTC 1/JAG	JTC 1 咨询小组	工作小组
ISO/IEC JTC 1/SG 3	3D 打印和扫描	
ISO/IEC JTC 1/SWG 7	JTC 1 JAG 集团新兴技术和创新（JETI）	
ISO/IEC JTC 1/WG 9	大数据	
ISO/IEC JTC 1/WG 11	智慧城市	
ISO/IEC JTC 1/SC 2	编码的字符集	小组委员会
ISO/IEC JTC 1/SC 6	电信和系统之间的信息交换	
ISO/IEC JTC 1/SC 7	软件和系统工程	
ISO/IEC JTC 1/SC 17	用于个人识别的卡和安全设备	
ISO/IEC JTC 1/SC 22	编程语言，它们的环境和系统软件接口	
ISO/IEC JTC 1/SC 23	数字记录介质用于信息交换和存储	小组委员会
ISO/IEC JTC 1/SC 24	计算机图形学、图像处理和环境数据表示	
ISO/IEC JTC 1/SC 25	信息技术设备的互连	
ISO/IEC JTC 1/SC 27	IT 安全技术	
ISO/IEC JTC 1/SC 28	办公用品	
ISO/IEC JTC 1/SC 29	音频、图片、多媒体和超媒体信息的编码	
ISO/IEC JTC 1/SC 31	自动识别和数据捕获技术	
ISO/IEC JTC 1/SC 32	数据管理和交换	
ISO/IEC JTC 1/SC 34	文档描述和处理语言	
ISO/IEC JTC 1/SC 35	用户界面	
ISO/IEC JTC 1/SC 36	用于学习、教育和培训的信息技术	
ISO/IEC JTC 1/SC 37	生物识别技术	
ISO/IEC JTC 1/SC 38	云计算和分布式平台	
ISO/IEC JTC 1/SC 39	信息技术的可持续性	
ISO/IEC JTC 1/SC 40	IT 服务管理和 IT 治理	
ISO/IEC JTC 1/SC 41	物联网和相关技术	
ISO/IEC JTC 1/SC 42	人工智能	

关于 ISO 标准各研究方向的相关信息，均可以通过官方网站❶获取。

---

❶ https://www.iso.org/standards.html.

(4) 知识产权政策

在 2006 年 3 月的会议上，理事会批准了 ISO、IEC 和 ITU 之间的统一的知识产权政策——《ITU－T/ITU－R/ISO/IEC 共同专利政策》，并要求通过共同的实施指南、共同的专利声明和许可声明表格来补充这一点。2007 年 2 月，ISO 技术管理委员会和 IEC、ITU 的相应机构批准该政策。

共同知识产权政策涉及不同程度的 ITU 建议书、ISO 可交付成果和 IEC 可交付成果。鉴于推荐/可交付成果由技术专家制定，而非专利专家制定，因此，他们可能不一定非常熟悉专利等知识产权的复杂国际法律情况。规范如下：

A. 国际电联电信标准化局（TSB）、国际电联无线电通信局（BR）、ISO 和 IEC 首席执行官办公室无法提供关于证据、专利或类似权利的证据、有效性或范围的权威性或综合性信息，但应该公开最充分的可用信息。因此，尽管 ITU、ISO 或 IEC 并不能验证专利信息的有效性，但参加 ITU、ISO 或 IEC 工作的任何一方仍应当从一开始就分别告知 ITU－TSB 主任、ITU－BR 主任或 ISO/IEC 首席执行官办公室任何已知的专利或任何已知的未决专利申请，无论该专利是它们自己的还是其他组织的。

B. 如果推荐/可交付成果已经制定，A 款所提及的信息已经被披露，可能出现三种不同的情况：

i. 专利持有人愿意按照合理的条款和条件在非歧视性的基础上与其他方免费协商许可。这种谈判留给有关各方在 ITU－T/ITU－R/ISO/IEC 之外进行。

ii. 专利持有人愿意以合理的条款和条件与其他方进行非歧视性的谈判。这种谈判留给有关各方在 ITU－T/ITU－R/ISO/IEC 之外进行。

iii. 专利权人不愿意遵守第 i 项或第 ii 项的规定，在这种情况下，建议书/交付物不得包括取决于专利的条款。

C. 无论适用何种情况（B 中包括的三种情况），专利持有人都必须分别向 ITU－TSB、ITU－BR 或 ISO 首席执行官办公室提交书面声明，并填写适当的"专利声明和许可声明"表格。该声明不得包含额外的规定、条件或任何其他排除条款，超出表格相应框中每个案件的规定。

官方页面记载了包括上述规范的 ISO 知识产权政策的相关信息，如图 1－10 所示。可以看出，规范对披露者未进行具体限定，参与者或其他主体均可完成披露工作，该工作在标准制定工作伊始即开展。

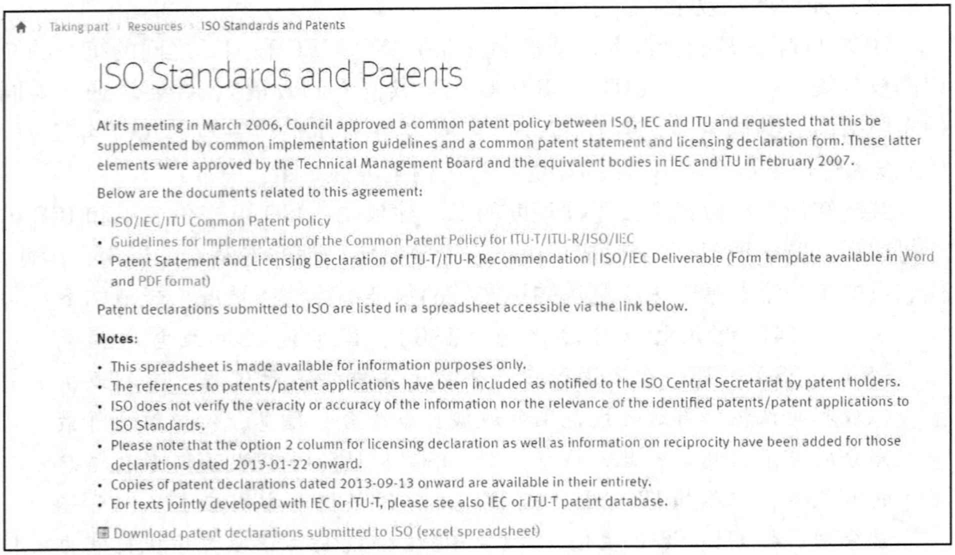

ISO Standards and Patents

At its meeting in March 2006, Council approved a common patent policy between ISO, IEC and ITU and requested that this be supplemented by common implementation guidelines and a common patent statement and licensing declaration form. These latter elements were approved by the Technical Management Board and the equivalent bodies in IEC and ITU in February 2007.

Below are the documents related to this agreement:

- ISO/IEC/ITU Common Patent policy
- Guidelines for Implementation of the Common Patent Policy for ITU-T/ITU-R/ISO/IEC
- Patent Statement and Licensing Declaration of ITU-T/ITU-R Recommendation | ISO/IEC Deliverable (Form template available in Word and PDF format)

Patent declarations submitted to ISO are listed in a spreadsheet accessible via the link below.

Notes:
- This spreadsheet is made available for information purposes only.
- The references to patents/patent applications have been included as notified to the ISO Central Secretariat by patent holders.
- ISO does not verify the veracity or accuracy of the information nor the relevance of the identified patents/patent applications to ISO Standards.
- Please note that the option 2 column for licensing declaration as well as information on reciprocity have been added for those declarations dated 2013-01-22 onward.
- Copies of patent declarations dated 2013-09-13 onward are available in their entirety.
- For texts jointly developed with IEC or ITU-T, please see also IEC or ITU-T patent database.

Download patent declarations submitted to ISO (excel spreadsheet)

图 1 – 10　ISO 知识产权政策的相关信息

ISO 通过专利权人/专利申请人提交专利申明电子表格的方式来披露涉及 ISO 标准的标准必要专利，分为 Word 格式和 PDF 格式。这些标准必要专利是由专利权人/专利申请人向 ISO 中央秘书处通报有关专利/专利申请的内容，ISO 并不核实信息的准确性，也不验证已确定的专利/专利申请与 ISO 标准的相关性。也就是说，这些 ISO 披露的标准必要专利是专利权人/专利申请人声称的，并未得到权威验证。通过 ISO 网页可查询披露当前已声明的标准必要专利的 Excel 表格，并提供下载服务。

1.2.1.4　ITU

（1）组织介绍

ITU 是国际电信联盟（International Telecommunication Union）的英文缩写。该组织是为了全球各成员国或地区之间进行电信事业发展和通信合理使用的合作而成立的，是主管信息通信技术事务的联合国机构。ITU 成员资格既向政府开放，也向民间组织开放，如公司、设备制造商、金融机构、研究与发展组织等。各国政府可作为成员国加入 ITU，民间组织可作为 ITU 下属各部的成员加入 ITU。

（2）组织架构

ITU 的最高权力机构是全权代表大会。全权代表大会每 4 年召开一次会议，主要任务是制定政策，实现 ITU 的宗旨。大会闭会期间，由 ITU 理事会行使大会赋予的职权。总秘书处主持日常工作，主要职责是拟定战略方针与策略，管理各种资源，协调各部门的活动等。

全权代表大会组建了一个专家委员会，其任务是修改推荐书，以保证 ITU 能持续有效地满足其成员的需求。

1992 年在日内瓦召开的附加的全权代表大会上，对 ITU 机构进行了较大改革，针对 ITU 的 3 个活动领域，将其划分为 3 个部门：电信标准化部（ITU–T）、无线电通信部（ITU–R）和电信发展部（ITU–D）。

①ITU–R 负责协调内容广泛且日益扩展的无线电业务，并在国际层面进行无线电频谱和卫星轨道的管理。工作目的是确保合理、公平、有效、经济地使用频谱和卫星轨道资源。

在发挥频谱协调员作用中，ITU–R 研制并采纳若干无线电法规。这些法规起着约束作用，控制全世界 40 个不同机构对无线电频谱的使用。它还作为国际频谱使用登记、记录和维护国际频率总登记簿。此外，ITU 负责协调工作，确保在空中的通信、广播和气象卫星能够共存。

ITU–R 的一个最重要的业绩是制定并验收了蜂窝电话 IMT–2000 全球标准。这是一个全世界单一协调现今不兼容的区域蜂窝电话系统的标准，IMT–2000 将提供一个全球平台，在这一平台上建立一个所谓"第三代"业务，以新的交互业务形式的数据快速存取，统一标准的信息传输和宽带的多媒体。该标准于 2000 年实施。

②ITU–T 由原来的国际电报咨询委员会（CCIT）和国际无线电咨询委员会（CCIR）从事标准化工作的部门合并而成。其主要职责是：继续承担 CCIT 的所有工作，研究技术、操作资费问题，就这些问题制定标准化建议，研究制定统一电信网络标准，其中包括与无线电系统的接口标准，以促进并实现全球的电信标准化。

ITU–T 的工作由设在 ITU 总部的电信标准化局进行管理和协调。下设 17 个研究委员会。有近 500 个国际和区域性组织、科研机构、电信主管部门参与 ITU–T 的工作。ITU–T 通常每 4 年召开一次世界电信标准化大会，主要任务是审议与电信标准化有关的具体问题，审议并通过标准化建议。第一次世界电信标准化大会于 1993 年 3 月 1~12 日在芬兰赫尔辛基召开，大会讨论并审议了 ITU–T 的组织机构、议事规则、工作程序方法等。目前，ITU–T 每年制定约 210 个建议书，相当于每个工作日产生 1 个新的或修订的标准。

ITU–T 成立了由来自政府、民间组织等成员组成的研究组，具体由研究组的专家起草建议书，制定技术规范、设备和系统的运行参数。例如，世界各地通过远程服务器访问实时视频信号，这过程中就涉及多项 ITU－T 标准，例如 H.324、低比特速率多媒体、H.245 规定的多媒体通信的控制协议等。此外，ITU－T 研究组积极研制安全系统，因特网上的安全商务交易使用了基于 ITU－TX.509 建议书的"公钥"电子系统。

ITU－T 在过去 10 年中，全面调整了标准制定程序，缩短了平均制定时间 80%，直观地说，10 年前平均 4 年制定 2 项标准，现在只需 9 个月即可完成。

③ITU－D 的主要职责是在电信领域内促进和提供对发展中国家的技术援助。

ITU 的 189 个成员中有一大部分"不能"充分可靠地利用基本的电信服务，因此，帮助发展中国家发展电信基础设施是 ITU－D 的主要任务。

1998 年世界电信发展大会在马耳他首都瓦莱塔召开。会上通过了瓦莱塔行动计划，规定了发展的六点框架，这一计划作为 ITU－D 的工作大纲。计划的目的在于真正且快速解决阻碍世界上贫穷国家中电信发展的长期困难。

ITU－D 的活动包括：政策和法规咨询、电信金融和低成本技术选择方面的咨询、人力资源管理方面的援助以及发展以乡村和通用存取为目标的倡议项目。在这些活动中，ITU－D 强调发展与民营部门的伙伴关系，利用工业的商业驱动满足发展中国家的需求。

ITU－D 还提供全球电信行业发展动向分析的权威性信息资源。其中包括世界信息发展报告（WTDR）和电信管理调查等。

ITU－D 在非洲、阿拉伯国家、亚洲和拉丁美洲设置了 11 个办公室。召开有关电信发展的世界和区域性例行会议，讨论并提出以快速、持续改进对电信服务的利用为目标的倡议。

（3）研究方向

ITU 的大量工作是由各领域的专家组成的研究组进行的。每个研究组都有其侧重的研究重点，其成员共同制定工作框架，确保所有现有和未来的业务都处于最佳的运行状态。制定技术标准或指导原则是研究组的主要工作成果。ITU 举办的研讨会吸引高级别演讲者，同时提供了深入了解特定议题的有利机会；ITU 的讲习班则是在同行间交流思想的有效论坛，讲习班的工作成果可以为研究组提供意见。

ITU 会议所产生的文献有：会议录、建议书、会议文稿、手册、导则等。ITU－T 的建议是集中有关意见，由各相关部门自愿接受标准。ITU－R 的建议是命令，由各主权国家在法律上接受。与 ITU－R 建议保持一致，是国际法的要求。ITU－D 的建议则是提供成功的经验，供发展中国家参考。

下面结合 ITU－T 的常用压缩编码标准 H.26x 进行介绍。H.26x 系列是由

ITU-T 主导的编码系列，主要应用于会议电视等实时通信领域，包括 H.261、H.263、H.264、H.265 等。❶

①H.261 最初是针对可视电话、视频会议等双向声像业务提出的，是最早的运动图像编码标准，其详细制定了压缩编码涉及的多项技术的具体实现方案。H.261 是恒定码流可变质量编码，在编码时占用很少的 CPU 资源。为了优化带宽占用量，该标准在图像质量与运动幅度之间采用了平衡折中的原则。

②H.263 相比于 H.261 标准有着显著的提高，可以进一步划分为 H.263、H.263+、H.263++ 等一系列标准。H.263 可以应用于基于 H.324、H.323、H.320、RTSP 和 SIP 的系统。H.263+ 通过在 H.263 的基础上引入许多新技术，进一步扩展了 H.263 的应用范围。而 H.263++ 则又在 H.263+ 的基础上增加了选项 U、V 和 W，进一步提高了抗误码性能，增强了编码效率。

③H.264 是在 H.263 之后由 ITU-T 组织制定的下一代编解码器，也叫作 AVC 或者 MPEG-4 Part10，它与 MPEG-4 的第 10 部分相同，在性能上超越 H.263 很多。H.264 是一种高压缩技术，集中体现了当今国际编码解码技术的最新成果。其采用帧内预测编码技术，在相同的重建图像质量下，能够提供更高的压缩比和更好的网络信道适应性。H.264 可工作于多种速率，划分为基本档次、主要档次和扩展档次三档，适用于多媒体流服务、实时多媒体监控、交互式多媒体应用、可视游戏、视频点播、数字电视等应用场景。

④H.265 是 ITU-T 继 H.264 之后所制定的新的压缩编码标准，在 H.264 的基础上，采用新技术以平衡码流、延时、编码质量和算法复杂度之间的关系，从而实现最优化设置。具体的研究内容包括：提高压缩效率、减少实时的时延、减少信道获取时间和随机接入时延、提高鲁棒性和错误恢复能力、降低复杂度等。H.265 可在低于 1.5Mbit/s 的传输带宽下，实现 1080p 全高清视频传输。

关于 ITU-T 各个研究方向的标准，可以在 ITU 的官方网站❷找寻电信标准化 ITU-T 分组，在"标准的"（英文 Standards）下根据协议名称进行查询。网站可以选择显示的语言，其中包括中文，便于中国的研究人员查阅，如图 1-11 所示。

查找结果中，文档的命名规则是"协议名称和该协议发布时间"，选择合适的协议点击，可以选择协议的版本号、语言等。需要注意的是，存在部分版本的协议不能下载的情况，选择可下载的版本进行下载即可。

---

❶ 何琳琳. 音/视频压缩编码技术及专利性分析[J]. 电信网技术，2016（5）：23-26.
❷ http://www.itu.int/zh/Pages/default.aspx.

图1-11 ITU-T标准检索界面

另外，还可以通过百度、Google 等搜索网站链接到该网站进行检索。

（4）知识产权政策

ITU 对标准必要专利的定义与 ISO 相同：如果专利/专利申请的权利要求的技术方案为实施标准文件内容所必需的，那么该专利/专利申请为标准必要专利。

ITU 与 ISO 具有共同知识产权政策（见本章第 1.2.1.3 节第 4 部分），此处不再赘述，其中涉及 ITU 的建议书包括 ITU-R 建议书和 ITU-T 建议书。

ITU 的专利声明方式也与 ISO 类似。同时，ITU 可以通过在线数据库[1]检索的方式来披露标准必要专利。检索字段包括"Patent holder/organization""Licensing option""Recommendation""Patent country""Patent number"以及"Patent application number"等。

1.2.1.5 IEEE

（1）组织介绍

IEEE 是电气与电子工程师协会（Institute of Electrical and Electronics Engineers）的英文缩写，又称为局域网/城域网标准委员会（LAN/MAN Standards Committee，LMSC），于 1963 年 1 月 1 日由美国电气工程师学会（AIEE）和美

---

[1] https：//www.itu.int/net4/ipr/search.aspx? sector = ITU&class = PS.

国无线电工程师学会（IRE）合并而成，是美国规模最大的专业学会。IEEE 是一个非营利性科技学会，拥有全球近 175 个国家 36 万多名会员。在电气及电子工程、计算机及控制技术领域中，IEEE 发表的文献占了全球将近 30%。IEEE 每年也会主办或协办 300 多场技术会议，致力于研究局域网和城域网的物理层和 MAC 层中定义的服务和协议。IEEE 大多数成员是电子工程师、计算机工程师和计算机科学家。

（2）组织架构

IEEE 专门设有 IEEE 标准协会（IEEE Standard Association，IEEE – SA），负责标准化工作。IEEE – SA 下设标准局，标准局下又设置两个分委员会，即新标准制定委员会（New Standards Committees）和标准审查委员会（Standards Review Committees）。IEEE 的标准制定内容包括电气与电子设备、试验方法、元器件、符号、定义以及测试方法等多个领域。

IEEE 现有 42 个主持标准化工作的专业学会或者委员会。为了获得主持标准化工作的资格，每个专业学会必须向 IEEE – SA 提交一份文件，描述该学会选择候选建议提交给 IEEE – SA 的过程和用来监督工作组的方法。当前有 25 个学会正在积极参与制定标准，每个学会又会根据自身领域设立若干个委员会进行实际标准的制定。例如，我们熟悉的 IEEE 802.11 等系列标准，就是 IEEE 计算机专业学会下设的 802 委员会负责主持的。

IEEE 802 委员会成立于 1980 年 2 月，它的任务是制定局域网和城域网标准。IEEE 802 中定义的服务和协议限定在开放系统互连参考（Open System Interconnect，OSI）模型的最低两层（物理层和数据链路层）。该委员会分成 3 个分会：①传输介质分会——研究局域网物理层协议；②信号访问控制分会——研究数据链路层协议；③高层接口分会——研究从网络层到应用层的有关协议。

（3）研究方向

IEEE 标准中最为人熟知的是 802 系列标准，这是 IEEE 802 LAN/MAN 标准委员会制定的局域网、城域网技术标准。现有工作组及其标准如下：

- IEEE 802.1：高层局域网协议工作组，涉及局域网 LAN 的体系结构、寻址、网络互联等

  IEEE 802.1A：概述和系统结构

  IEEE 802.1B：网络管理和网络互连

- IEEE 802.2（解散）：逻辑链路控制子层（LLC）的定义
- IEEE 802.3：以太网工作组，涉及以太网介质访问控制协议（CSMA/CD）和物理层技术规范

- IEEE 802.4（解散）：令牌总线（Token – Bus）工作组，涉及令牌总线网的介质访问控制协议和物理层技术规范
- IEEE 802.5（解散）：令牌环（Token – Ring）工作组，涉及令牌环网的介质访问控制协议和物理层技术规范
- IEEE 802.6（解散）：大都市区域网络工作组，涉及城域网介质访问控制协议 DQDB（Distributed Queue Dual Bus，分布式队列双总线）和物理层技术规范
- IEEE 802.7（解散）：宽带技术（TAG），涉及有关宽带联网的技术
- IEEE 802.8（解散）：光纤技术（TAG），涉及有关光纤联网的技术
- IEEE 802.9（解散）：综合业务局域网（IVD LAN）工作组，涉及有关介质访问控制协议和物理层技术规范
- IEEE 802.10（解散）：网络安全工作组，定义网络互操作的认证和加密方法等
- IEEE 802.11：无线局域网（WLAN）工作组，涉及无线局域网的介质访问控制协议和物理层技术规范
- IEEE 802.12（解散）：需求优先工作组，涉及相关的介质访问控制协议（100VG AnyLAN）
- IEEE 802.13：（未使用）
- IEEE 802.14（解散）：电缆调制解调器工作组，涉及采用线缆调制解调器（Cable Modem）的交互式电视介质访问控制协议和网络层技术规范
- IEEE 802.15：无线个域网（Wireless Personal Area Networks，WPAN）工作组，涉及相关技术规范

  IEEE 802.15.1：无线蓝牙个人网络

  IEEE 802.15.4：低速无线个人网络

- IEEE 802.16：宽频标准无线，开发 2~66GHz 的无线接入系统空中接口
- IEEE 802.17（解散）：弹性分组环工作组，涉及有关单性分组环网访问控制协议和有关标准
- IEEE 802.18：无线电管理标签
- IEEE 802.19：无线电共存工作组，涉及多重虚拟局域网共存（Coexistence）技术
- IEEE 802.20（解散）：移动宽带无线接入（Mobile Broadband Wireless Access，MBWA）技术，涉及宽带无线接入网的解决
- IEEE 802.21：媒介独立移交（Media Independent Handover）服务工作组
- IEEE 802.22：无线区域网（Wireless Regional Area Network）

- IEEE 802.23（解散）：紧急服务工作组（Emergency Service Work Group）
- IEEE 802.24：垂直应用技术（TAG）

其中，在无线或移动通信领域中，应用最广泛的标准有 3 个，分别是 IEEE 802.11（无线局域网 WLAN）、IEEE 802.15（无线个人网 WPAN）和 IEEE 802.16（宽带无线接入 WiMAX）。

对于 IEEE 802 系列各研究方向的标准文件，可以在 IEEE 标准网站检索获取，也可以在 Google 网页检索获取。在 Google 网页检索时，主要利用文档编号和关键词检索，属于常规的检索方式。下面主要介绍 IEEE 标准网站的检索。

基于 IEEE 标准网站的检索有两种方式，一种是在文档浏览界面通过筛选的方式得到目标文档，另一种是在关键词检索界面通过输入关键词进行检索得到目标文档。

IEEE 802 系列标准的网址是在官网网站❶的网址之后加上对应的编号，例如：802.11 系列为 http：//www.ieee802.org/11/，802.15 系列为 http：//www.ieee802.org/15/，802.16 系列为 http：//www.ieee802.org/16/，等等。通过文档的编号、标题或作者等信息即可进行检索。如果知道文档对应的 DCN 编号，可直接查找到该文档。另外，可以通过年份或工作组限定来缩小范围，还可以排序，最终通过浏览来获取目标文档。需要提醒注意的是，上述方法中关键词只能在 title 检索，且将输入的多个关键词视为短语，不能进行多单词检索，文档流量界面仅收录了部分工作组提交的文档。IEEE 802 系列标准具有统一的关键词检索入口❷，在该界面可通过关键词进行检索，如图 1-12 所示。

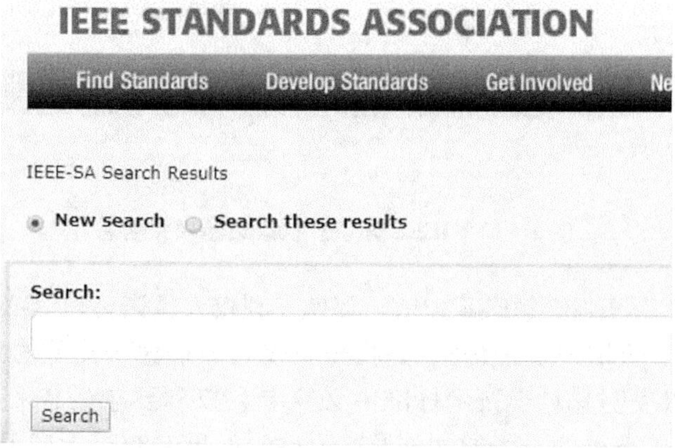

图 1-12 IEEE 关键词检索界面

---

❶ http：//www.ieee802.org.
❷ http：//odysseus.ieee.org/query.html.

（4）知识产权政策

值得一提的是，IEEE 于 2015 年 3 月发布了新修订的知识产权政策，提高了政策的清晰度。其中，对"合理许可费率"进行定义，通过定义"合标实施方案"，对实施者的非歧视性加以澄清，说明了禁令的使用情况，对交叉许可允许提哪些方面的要求进行界定。

在 IEEE–SA 标准委员会附则❶中可以获得 IEEE 对标准必要专利的定义：专利的权利要求是实施已经通过的 IEEE 标准规范性条款的强制性或可选部分所必需的方案，没有其他在商业和技术上可行的非侵权的其他方案能够代替，那么该专利为标准必要专利。图 1–13 所示为 IEEE 知识产权政策的相关信息。

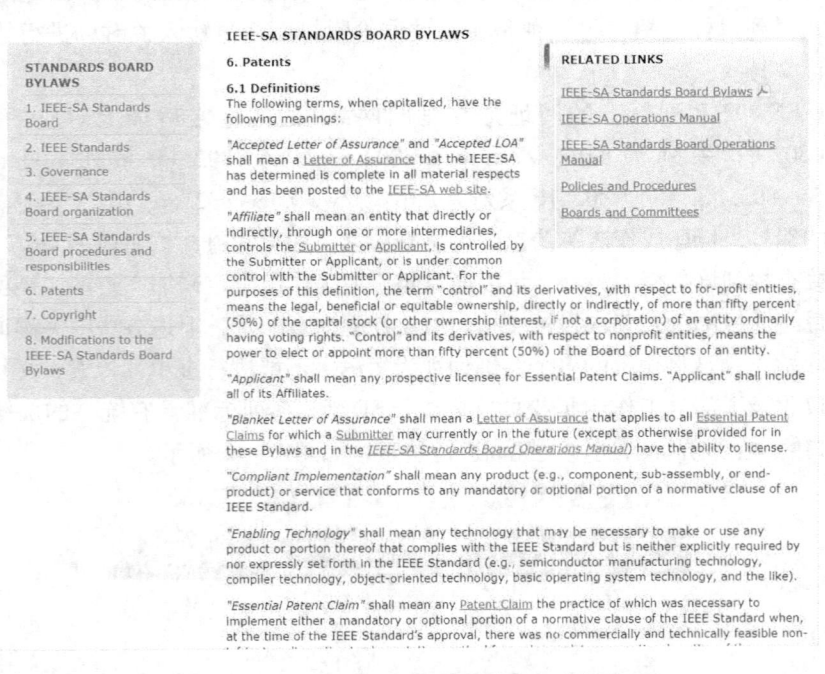

图 1–13 IEEE 知识产权政策的相关信息

"保证信"是 IEEE（IEEE–SA）促使专利权人承诺许可其必要专利权利要求的主要手段。所谓"保证信"，是指专利权人以某种可接受的方式向 IEEE–SA 提交的用以表明其对于技术标准中必要专利权利要求的权利拥有、权利行使或权利许可等事项的立场的文件及其附件。如果专利权人向 IEEE–SA 提交保证信，则应当在拟议中的相关标准被批准以前提交。

---

❶ http://standards.ieee.org/develop/policies/bylaws/sect6-7.html#6.

IEEE 鼓励标准制定参与者应当（should）披露任何潜在的标准必要专利，可以在标准制定过程中的任何阶段进行。IEEE 是通过专利权人/专利申请人或者其他提交者提出声明的方式来统计 IEEE 标准相关的标准必要专利，申明途径是通过发送声明表格至 IEEE－SA 来声明标准必要专利，相关信息 URL：http://standards.ieee.org/develop/policies/bylaws/sect6－7.html#6。IEEE 通过在线网页❶表格的方式披露 IEEE 各标准对应的标准必要专利。

与其他标准化组织类似，IEEE－SA 同样拒绝鉴定相关的必要专利权利要求、专利的有效性及范围。

1.2.1.6 IETF

（1）组织介绍

IETF 是互联网工程工作组（The Internet Engineering Task Force）的英文缩写，于 1986 年成立，主要任务是研发和推动互联网相关基础技术规范。目前绝大多数国际互联网技术标准出自 IETF。

在 ISOC（互联网协会）于 1992 年 1 月建立之后，下属机构 IAB（旧称互联网活动理事会，现称互联网结构理事会）最终整合了所有同类组织，并只保留了两个组织：IETF 和 IRTF（互联网研究任务组），IETF 现由 IAB 监督，IAB 即为 ISOC 的技术顾问。

IETF 是全球互联网领域最具权威的技术标准化组织，它负责定义并管理互联网技术的所有方面，包括用于数据传输的 IP 协议、使域名与 IP 地址匹配的域名系统（DNS）、用于发送邮件的简单邮件传输协议（SMTP）等。据悉，目前 IETF 正在推动的两大标准是互联网协议 IPv6 和增加一个加密层的 DNSSEC。

IETF 是一个公开性质的大型民间国际团体，汇集了与互联网架构和互联网顺利运作相关的网络设计者、运营者、投资人和研究人员。IETF 每年召开 3 次会议，其余工作主要通过电子邮件进行。该组织对所有该行业感兴趣的人群开放，任何人都可以注册参加 IETF 会议，并对当前制定中的标准阐述个人观点。

（2）组织架构

在 IAB 的管理下，IETF 的组织架构如图 1－14 所示。其中，IETF 内部的职能机构包括：互联网工程指导组（Internet Engineering Steering Group，IESG）、RFC 编辑（RFC Editors）、IETF 秘书处（IETF Secretariat）和 IETF 工作组（IETF Working groups）。

①IESG 负责 IETF 活动和标准制定程序的技术管理工作，核准或纠正

---

❶ http://standards.ieee.org/about/sasb/patcom/patents.html.

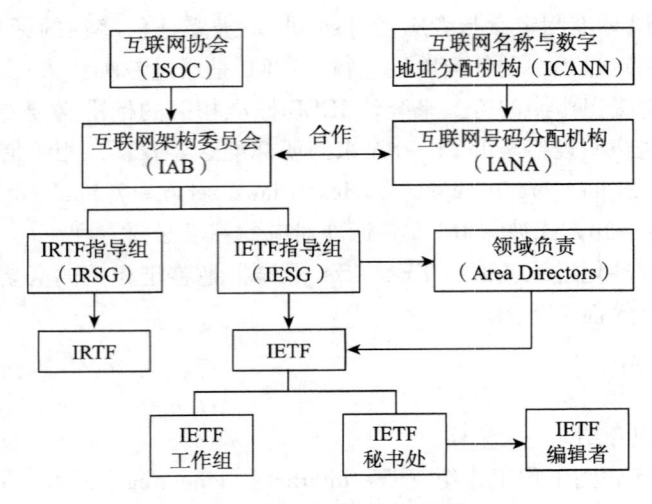

```
          互联网协会              互联网名称与数字
          （ISOC）              地址分配机构（ICANN）
              │                        │
              ▼         合作           ▼
          互联网架构委员会  ◄────►  互联网号码分配机构
          （IAB）                  （IANA）
              │
      ┌───────┴───────┐
      ▼               ▼
  IRTF指导组       IETF指导组  ────►  领域负责
  （IRSG）        （IESG）           （Area Directors）
      │               │
      ▼        ┌──────┼──────┐
    IRTF       ▼      ▼      ▼
            IETF   IETF    IETF
            工作组  秘书处   编辑者
```

图1-14 IETF组织架构

IETF各工作组的研究成果，有对工作组的设立终结权，确保非工作组草案在成为请求注解文件（RFC）时的准确性。作为ISOC的一部分，它依据ISOC理事会认可的条例规程进行管理，可以认为IESG是IETF的实施决策机构。

②RFC编辑主要职责是与IESG协同工作，编辑、排版和发表RFC。RFC一旦发表就不能更改。如果标准在叙述上有变，则必须重新发表新的RFC并替换掉原先版本。

③IETF秘书处负责会务及一些特殊邮件组的维护，并负责更新和规整官方互联网草案目录，维护IETF网站，辅助IESG的日常工作。

另外，IRTF由众多专业研究小组构成，主要对促进互联网发展重要性的主题进行研究，包括互联网协议、应用、架构和技术等。其中多数是长期运作的小组，也存在少量临时的短期研究小组。各成员均为个人代表，并不代表任何组织的利益。

(3) 研究方向

IETF共包括8个研究领域，131个处于活动状态的工作组。

- 应用研究领域（app—Applications Area），含15个工作组（Work Group）
- 通用研究领域（gen—General Area）
- 网际互联研究领域（int—Internet Area），含25个工作组
- 操作与管理研究领域（ops—Operationsand Management Area），含16个工作组
- 实时应用与基础设施领域（rai—Real-time Applications and Infrastruc-

ture Area），含 28 个工作组
- 路由研究领域（rtg—Routing Area），含 17 个工作组
- 安全研究领域（sec—Security Area），含 13 个工作组
- 传输研究领域（tsv—Transport Area），含 17 个工作组

IETF 组织维护的文档共有 3 类：征求意见书（Request for Comments，RFC）、互联网草案（Internet Draft，I-D）和电子邮件存档（Email Archives），其中，RFC 和 I-D 是记载了详细技术方案的技术文档，通过互联网公开并可以免费获取。

有 3 种途径通过检索可获得 IETF 各研究方向的文献，包括 IETF 官方网站、通信标准信息服务网和 Google 网页检索。

IETF 官方网站❶上有多个检索入口。首页中部有快速检索入口，左上角有全文检索入口，可以根据关键词对 RFC 和 I-D 进行检索。其中，快速检索入口仅可进行单个关键词的简单检索；全文检索入口可以通过逻辑算符构造检索式，实现高级检索。RFC Editor 主页❷分为 RFC 索引检索引擎和 I-D 索引检索引擎，需要分别进行检索。网站还可以提供 RFC 编号检索入口，分为 RFC 编号地图❸和 RFC 索引❹，可以对 RFC 文献进行检索。

通信标准信息服务网是中国通信标准化协会建立的有偿提供通信标准信息服务的交流平台，目前已成为国内通信标准最齐全的网站。IETF 的 RFC 属于该网提供的标准协议之一，可以对 RFC 编号、名称、标准状态、专利分类和发布时间进行限定查询。

在 Google 网页进行检索时，在检索词后增加"site：ietf. org"进行限定，可实现只针对 IETF 官网网站的全文检索。检索结果与官方网站的全文检索入口获得的基本一致。

（4）知识产权政策

IETF 文档 RFC8719❺中对标准必要专利进行定义：涵盖实现 IETF 规范或标准的专利为标准必要专利。类似的，IETF 也是通过专利权人/专利申请人或他人提出申请的方式来披露相应的标准必要专利，并要求技术被列入互联网标准草案（Internet Draft）后，尽可能早地进行披露。

---

❶ http：//www. ietf. org.
❷ http：//www. rfc - editor. org/.
❸ http：//tools. ietf. org/rfc/mini - index.
❹ http：tools. ietf. org/rfc/.
❺ Intellectual Property Rights in IETF Technology.

33

IETF 提供的标准必要专利声明❶分为 3 种，包括：提交有关自己与特定 IETF 贡献相关的标准必要专利的披露信息、提交与特定 IETF 贡献无关的标准必要专利披露信息和通知 IETF 其他专利权人/申请人的标准必要专利。

IETF 通过网页❷的形式披露相应的标准必要专利，其披露的种类与声明标准必要专利的种类相对应。图 1－15 为 IETF 的知识产权政策的相关信息。

IETF 提供了标准必要专利检索服务❸，可通过标准文件相关信息检索，或者标准必要专利相关信息检索，包括“Draft name”“RFC number”“Words in document title”“Working group”“Name of patent owner/applicant”“Words in IPR disclosure title”和“Text in patent information”字段检索。

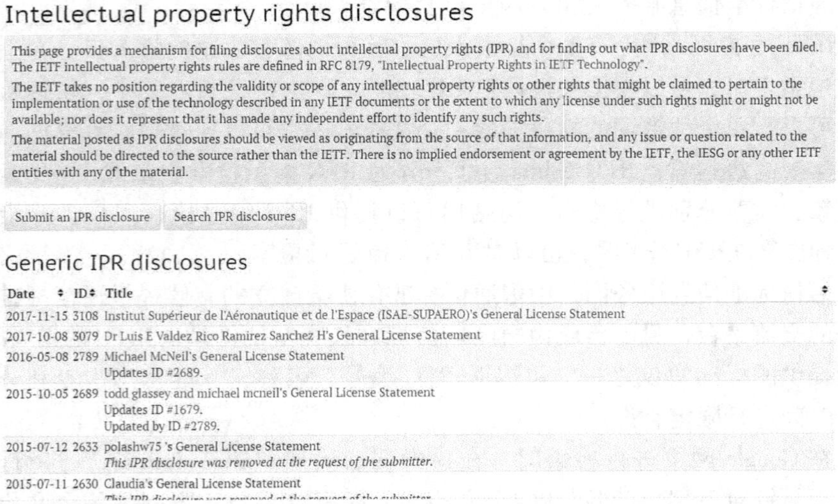
Intellectual property rights disclosures

This page provides a mechanism for filing disclosures about intellectual property rights (IPR) and for finding out what IPR disclosures have been filed. The IETF intellectual property rights rules are defined in RFC 8179, "Intellectual Property Rights in IETF Technology".

The IETF takes no position regarding the validity or scope of any intellectual property rights or other rights that might be claimed to pertain to the implementation or use of the technology described in any IETF documents or the extent to which any license under such rights might or might not be available; nor does it represent that it has made any independent effort to identify any such rights.

The material posted as IPR disclosures should be viewed as originating from the source of that information, and any issue or question related to the material should be directed to the source rather than the IETF. There is no implied endorsement or agreement by the IETF, the IESG or any other IETF entities with any of the material.

Submit an IPR disclosure | Search IPR disclosures

Generic IPR disclosures

Date	ID	Title
2017-11-15	3108	Institut Supérieur de l'Aéronautique et de l'Espace (ISAE-SUPAERO)'s General License Statement
2017-10-08	3079	Dr Luis E Valdez Rico Ramirez Sanchez H's General License Statement
2016-05-08	2789	Michael McNeil's General License Statement Updates ID #2689.
2015-10-05	2689	todd glassey and michael mcneil's General License Statement Updates ID #1679. Updated by ID #2789.
2015-07-12	2633	polashw75 's General License Statement *This IPR disclosure was removed at the request of the submitter.*
2015-07-11	2630	Claudia's General License Statement

图 1－15　IETF 知识产权政策的相关信息

与其他标准化组织相同，这些 IETF 披露的标准必要专利是专利权人/专利申请人或他人声称的，成员没有检索核实的义务。但是，其规定了如果知晓其专利范围覆盖了标准而不进行披露，则不能参与 IETF 组织中该技术标准的活动。因而，该组织的披露方式较为强制。

1.2.2　国内相关机构

在标准推进与技术创新过程中，我国主要通过以下机构维护二者之间的平

---

❶ https：//datatracker. ietf. org/ipr/about/.

❷ https：//datatracker. ietf. org/ipr/.

❸ https：//datatracker. ietf. org/ipr/search/.

衡，其中，包括政府相关机构，也包括非营利性社会团体。

1.2.2.1 国家标准化管理委员会（SAC）

国家标准化管理委员会（以下简称"国家标准委"）是国务院授权的履行行政管理职能，统一管理全国标准化工作的主管机构，成立于 2001 年 10 月。其主要职能包括（节选）：参与起草、修订国家标准化法律、法规的工作；拟定和贯彻执行国家标准化工作的方针、政策；拟定全国标准化管理规章，制定相关制度；组织实施标准化法律、法规和规章、制度；负责协调和管理全国标准化技术委员会的有关工作；代表国家参加国际标准化组织（ISO）、国际电工委员会（IEC）和其他国际或区域性标准化组织，负责组织 ISO、IEC 中国国家委员会的工作等。

关于如何助推创新型国家建设，国家标准委认为，2018 年要落实《"十三五"技术标准科技创新规划》，促进科技成果向技术标准转化；推进智慧城市、车联网、电子商务、电子政务等关键领域标准化工作；全面优化知识产权标准体系，支撑知识产权强国建设。

国家标准委认为，要发挥 ISO/IEC 常任理事国的作用，积极关注、影响国际标准组织治理新模式、重大政策新发展和规则程序新变化；深入参与质量基础设施国际交流合作网络搭建，加强与相关国家和地区标准体系对接兼容，为第二届"一带一路"国际合作高峰论坛积累共识和成果；深化与"一带一路"沿线国家标准化务实合作与交流，继续加强与主要贸易国家和地区在双多边经贸合作机制下的标准化合作，提升与东盟、东北亚、南亚、拉美、非洲、金砖等国家标准化机构交流与合作水平。❶

新修订的《中华人民共和国标准化法》（以下简称《标准化法》）现已颁布，并于 2018 年 1 月 1 日正式实施。其中，新修订的《标准化法》第 31 条规定了开展全国范围内标准化试点示范组织与实施工作的相关内容。

2018 年 3 月，经国务院机构改革，国家标准委职责划入新成立的、直属国务院的国家市场监督管理总局管理，对外保留牌子。

1.2.2.2 国家知识产权局（CNIPA）

原国家知识产权局是国务院主管专利工作和统筹协调涉外知识产权事宜的直属机构，成立于 1980 年。2018 年 3 月，经国务院机构改革，重新组建的国家

---

❶ 国家标准委关于印发《2018 年全国标准化工作要点的通知 [EB/OL].（2018-02-28）. http://www.sac.gov.cn/sbgs/sytz/201802/t20180228_341674.htm.

知识产权局由国家市场监督管理总局管理，并对国家知识产权局的职责范围进行重新划分，整合原国家知识产权局的职责、原国家工商行政管理总局的商标管理职责和原国家质量监督检验检疫总局的原产地地理标志管理职责。目前，国家知识产权局的主要职责是，负责保护知识产权工作，推动知识产权保护体系建设，负责商标、专利、原产地地理标志的注册登记和行政裁决，指导商标、专利执法工作等。商标、专利执法职责交由市场监管综合执法队伍承担。

本书一开始所提及的《国家标准涉及专利的管理规定（暂行）》就是由国家标准委和国家知识产权局历时10年联合制定的部门规范性文件，其于2013年12月底发布，2014年1月1日正式施行。从全球来看，它也是国际上首个由标准化管理部门与专利管理部门联合发布的标准与知识产权政策，这对我国国家标准中涉及专利问题的处理、促进国家标准合理采用新技术起到了重要作用。

1.2.2.3 中国通信标准化协会（CCSA）

（1）组织介绍

中国通信标准化协会（CCSA）是国内企事业单位自愿联合组织起来，经业务主管部门批准，国家社团登记管理机构登记，开展信息通信技术领域标准化活动的非营利性法人社会团体，于2002年12月18日在北京成立。

协会的主要任务是为了更好地开展通信标准研究工作，把通信运营单位、制造企业、研究单位、大学等关心标准的企事业单位组织起来，按照公平、公正、公开的原则制定标准，进行标准的协调、把关，将高技术、高水平、高质量的标准推荐给政府，将具有我国自主知识产权的标准推向世界，支撑我国的通信产业，为世界通信作出贡献。

（2）组织架构

中国通信标准化协会采用会员制，现有会员单位近400家，包括中国电信、中国移动、中国联通等基础运营商，工信部电信研究院、中国科学院、武汉邮科院、中讯邮电设计院、清华大学和北京邮电大学等国内知名科研院所、大学，华为、中兴、大唐、中国普天、上海贝尔、南京爱立信熊猫、诺基亚西门子、摩托罗拉和三星等设备制造商，以及众多中小企业，发挥着重要标准研发的作用。此外，微软、高通、英特尔、思科、苹果、黑莓、索尼、法国电信和德国电信等单位，也以观察员的身份参与协会标准化工作。

协会下设10个技术工作委员会（简称IC）：
- TC1：IP与多媒体通信；
- TC2：移动互联网应用协议；
- TC3：网络与交换；

- TC4：通信电源和通信局工作环境；
- TC5：无线通信；
- TC6：传输网与接入网；
- TC7：网络管理与运营支撑；
- TC8：网络与信息安全；
- TC9：电磁环境与安全防护；
- TC10：泛在网。

协会还根据技术发展方向和政策需要，成立特设工作组（简称ST），目前有6个：ST1（家庭网络）、ST2（通信设备节能与综合利用）、ST3（应急通信）、ST4（电信基础设施共享共建）、ST7（量子通信与信息技术）、ST8（工业互联网）、ST9（导航与位置服务）。

（3）研究方向

中国通信标准化协会针对负责无线通信的TC5，主要的研究领域包括：移动通信，涉及无线接口及核心网中与移动性相关的部分，微波、无线接入、无线局域网、3G网络安全与加密、B3G、移动业务与应用，各类无线电业务的频率需求特性等标准研究工作，与国际上的标准化组织主要对口ITU-R、3GPP、3GPP2、IEEE和OMA等国际标准组织的研究工作（见表1-3）。

表1-3 TC5工作组划分

工作组	职责与研究范围	与国际组织对口关系
WG3	负责无线局域网和无线接入的标准化研究工作	IEEE、WiMAX
WG4	负责CDMA和CDMA 2000无线及网络的标准化研究工作	TIA、3GPP2
WG5	第三代移动通信加密与网络安全研究	3GPP、3GPP2、OMA等与安全部分相关组
WG6	超3G标准的研究	ITU-R WP5D、CJK B3G及国际上有关B3G研究的相关组织
WG7	负责移动业务和应用方面标准的研究和制定	OMA、3GPP、3GPP2相关内容
WG8	超前研究各类无线电业务的频谱需求特性，研究无线电业务系统内的电磁兼容，研究无线电业务系统间的电磁兼容，对口研究ITU-R WRC大会和ITU-R与无线电业务频率相关的问题	ITU-R
WG9	负责GSM/GPRS的标准研究，负责WCDMA和TD-SCDMA无线及网络相关标准研究，负责全IP核心网有关标准研究	3GPP、ITU-T SG 19

作为3GPP组织的成员，中国通信标准化协会负责3GPP技术规范的中国区域标准化工作，与其他6个区域标准组织（见图1-2）一起，在技术推进与技术的落地方面发挥了相当的作用。

（4）知识产权政策

中国通信标准化协会于2007年推出试行的知识产权政策，该政策规定了专利披露和专利许可指南，但在某种程度上不够具体。❶

1.2.2.4 中国产业技术创新战略联盟（CITISA）

在介绍该组织之前，需要先了解产业标准联盟的概念。产业标准联盟是指以拥有较强研究与发展（Research & Development，R&D）实力和关键技术知识产权的企业为核心，以推动某种技术标准的主流化为目标的企业成员组织。产业标准联盟组建的影响因素主要有技术创新因素和非技术的管理创新因素，其中技术创新因素主要指内嵌在技术标准中的知识产权，而管理创新因素主要指产业标准联盟的组织管理。

产业标准联盟主要有两种形式：一是与供应商组成的纵向联盟，二是与竞争对手组成的横向联盟。纵向联盟的主要目标是扩大并形成稳定的互补产品供给来源，以此影响消费者对未来市场的预期。横向联盟是企业间"竞合"关系的一种体现，主要表现为两种形式：一是拥有不同技术标准的企业为了避免直接对抗、缩短产业标准确立的周期并降低技术开发风险，而将双方的技术取长补短，合而为一；二是某一技术标准的拥有者以特许授权的方式允许其他企业使用自己的技术而形成的技术联盟，其目的是扩大产业中使用该技术的企业数量，削弱那些实力雄厚的企业开发、完善自己技术标准的积极性。❷

为深化联盟试点工作，共同探索可持续发展的产学研合作组织模式和运行机制，进一步构建和完善产业技术创新链；推动联盟之间的沟通、交流、合作以及开展重大技术创新活动；推动联盟认真贯彻落实国家相关政策和法规，形成联盟良性发展的自律机制，成为支撑和引领产业技术创新的骨干力量，由钢铁可循环流程、再生资源、半导体照明、TD、农业装备、新一代煤化工、化纤产业、汽车轻量化、抗生素、存储等产业技术创新战略联盟倡议，广大联盟

---

❶ 杨晓丽，等. 中国标准化策略与知识产权政策评价：从美国国家科学院的视角看中国[J]. 电子知识产权，2014（3）：42-48.

❷ 胡武捷. 中国信息通信产业技术标准竞争与策略研究[D]. 北京：北京邮电大学，2010.

积极响应，在科技部等部门的指导支持之下，产业技术创新战略联盟试点工作联络组（以下简称"联盟联络组"）于 2011 年 5 月成立。❶

联盟联络组设有相应的组织架构（如图 1-16 所示），以维持日常的工作。

```
中国产业技术创新战略联盟
    │
产业技术创新战略联盟试点工作联络组
    │
联盟联络组办公室
    │
┌────┬────┬────┬────┐
网络  日常  政策  简报
工作  工作  研究  工作
组    组    组    组
```

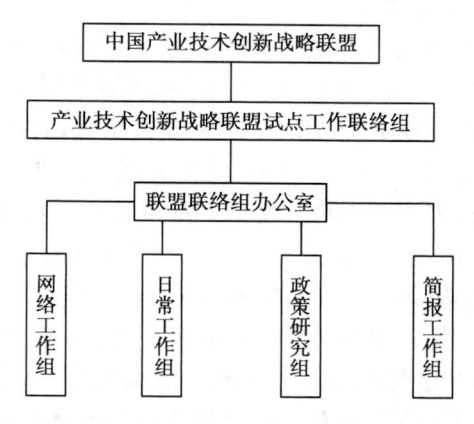

图 1-16　联盟联络组组织结构

截至 2018 年 10 月，联盟联络组共有联盟 150 家，通过官网网站❷可以直接点击相关各联盟的网站链接以便查看。表 1-4 为我国通信领域部分标准联盟的情况。

表 1-4　国内通信领域部分标准联盟情况

联盟名称	成立时间	发起主体企业	组织架构	专利政策
TD-SCDMA 联盟	2002 年 1 月	大唐等 8 家	专利、产业、行政和宣传等工作组	统一专利管理政策、内部分层次共享专利
闪联联盟	2003 年 7 月	联想、TCL、康佳等 5 家	专利、产业、策略谈判和宣传等工作组	内部贯彻统一的专利管理政策
AVS 联盟	2005 年 5 月	联合信源等 12 家	法律、市场、标准、技术等工作组	由专利池管理委员会进行管理
RFID 联盟	2005 年 11 月	实华开公司倡议	软硬件、应用、标准与检测、专利等工作组	为国内相关企业提供有关 RFID 知识产权的咨询服务
WAPI 联盟	2006 年 3 月	西电捷通等 22 家	联盟大会、理事会、秘书处及工作组	协调联盟成员之间的专利技术许可

---

❶ [EB/OL]. http://www.citisa.org/lianluozujieshao/task.html.
❷ http://www.citisa.org/lianmenglianjie/.

下文进一步介绍在国内通信发展过程中具有重要意义的 TD – SCDMA 联盟和 WAPI 联盟。

(1) TD – SCDMA 联盟

从 1998 年中国提出拥有自主知识产权的 TD – SCDMA 标准，到 2000 年该标准被 ITU 接受为国际 3G 标准，再到建设成覆盖全国的 TD – SCDMA 商用网络、中国移动关闭 TD – SCDMA 网络，其间走过了艰难的发展历程。

为了更快地推进 TD – SCDMA 的产业化进程，促进 TD – LTE 开发，早日形成完整的产业链和多厂家供货环境，并推进企业平稳顺利进入第三代移动通信市场，2002 年 10 月 30 日，电信科学技术研究院（大唐电信科技产业集团）、华立集团有限公司、华为技术有限公司、联想（北京）有限公司、中兴通讯股份有限公司、宁波波导股份有限公司、中国电子信息产业集团公司和中国普天信息产业集团公司自愿联合发起成立 TD 产业联盟（TDIA）。这 8 家知名企业作为联盟发起人，拟定并签署了体现紧密合作关系的《联盟章程》《发起人协议》和《专利许可协议》三份核心文件，同时，在 TD – SCDMA 知识产权方面作出了重大承诺：TD – SCDMA 技术专利在联盟内部许可使用。

在组织机构方面，联盟成员大会是联盟最高权力机构，由全体成员组成，每年召开一次正式会议；理事会是成员大会的常设机构，对成员大会负责；秘书处是联盟的日常办事机构，下设产业协调部、市场部、知识产权部和业务发展部。各部门根据产业与技术发展的情况和阶段，采取秘书处牵头、联盟企业参与的方式，根据产业链环节在联盟内部设立了十余个工作组。联盟统一规划发展方向，成员企业分工协作，分步实施，有效保证产业协调、技术研发和市场推广等工作的有序开展。

2008 年 7 月，理事会成员新增中国移动通信集团公司。截至 2011 年，TDIA 成员总数增加到 90 家。与此同时，TD – SCDMA 的研发进程也不断进行着：2001 年 3 月 TD – SCDMA 标准确立，进入开发阶段；2002 年 2 月至 2003 年 8 月，验证技术方案获得国内专家一致认可；2002 年 10 月，国家为 TD – SCDMA 规划 155MHz 频谱；2004 年完成 MTNet 二阶段测试，初步奠定了商用基础；2005 年 6 月设备达到商用水平，并于 2006 年开展大规模试验网建设，进一步验证了 TD – SCDMA 技术的可行性；2009 年，国家颁布 3G 牌照，TD – SCDMA 实现大规模商用。

表 1 – 5 为 TD – SCDMA 关键技术和 TDIA 主要工作对照表。

表 1-5 TD-SCDMA 关键技术和 TDIA 主要工作对照表

产业链环节	关键技术	主要成绩
系统设备	TD 大规模组网	推动企业投入，产业规模从小到大
	GSM/TD 双模联合组网	协调系统和芯片联调
	多频段组网	推送测试仪表和系统联调
	智能天线	推动自主知识产权建设
终端芯片	双模切换	产业从无到有
	多频段组网	协调系统和芯片联调
	HSDPA/HSPA+	协调测试仪表和芯片联调
	45nm 工艺	推动自主知识产权建设
终端	OMS	推动产业从大变强
	Windows Mobile 手机	推动众多终端企业投入
	56 项 3G 业务	协调终端一致性测试
	TD+CMMB 三网融合	高中低端系列化发展
测试仪表	标准/协议的发展	
	RRM	从无到有建立了测试仪表产业链
	射频一致性测试	协调测试仪表和系统、芯片联调
	TD 综测仪	

TD-SCDMA 标准是我国首次提出并被国际认可的完整通信系统标准，对提高我国移动通信产业的自主创新能力和核心竞争力，实现我国从通信大国向通信强国的转变具有十分重要的意义。虽然由于技术更迭，中国移动逐步关闭网络，因而 TD-SCDMA 网络可能会很快退出历史舞台，但其对 TD-LTE 技术发展的推进是影响巨大的。

（2）WAPI 联盟

WAPI 联盟是国内首家专注于网络安全且目标最具规模的产业联盟。[1] 我国在无线局域网领域推出具有自主知识产权的 WAPI 标准，已经由 ISO/IEC 授权的机构——IEEE 注册权威机构（IEEE Registration Authority）正式批准发布。目前，作为中国无线局域网安全强制性标准，这也是中国在该领域唯一获得批准的协议，诱发的 WAIP 案例也受到了国内外的广泛关注。

WAPI 是 WLAN Authentication and Privacy Infrastructure 的英文缩写，即无线局域网鉴别与保密基础结构。它由中国宽带无线 IP 标准工作组（ChinaB-

---

[1] http://www.wapia.org/.

WIPS)负责起草,针对 IEEE 802.11 中 WEP 协议安全问题,经多方参加,反复论证,充分考虑各种应用模式,在中国无线局域网国家标准 GB 15629.11 中提出的 WLAN 安全解决方案。

截至 2017 年 6 月,WAPI 联盟成员已发展到 93 家,包括三大电信运营商和 ICT 领域骨干企业。在联盟和各方的共同努力下,目前已开展了近百项标准的制定或修订,为构建最基础最共性的网络安全架构体系提供有效支撑。在产业化方面,WAPI 已经成为全球无线局域网芯片的标准配置,截至 2016 年底,相关芯片已达 350 多个型号,全球累计出货量超过 80 亿颗;网络侧设备达到 4000 余款,累计出货量超过 2000 万台/套;WAPI 智能移动终端(包括手机、平板电脑、笔记本、可穿戴设备等)累计超过 10000 款型号,累计出货量达到 28 亿部。在市场应用方面,电信运营商已将 WAPI 作为集采网络设备支持的基本功能。

WAPI 联盟成员可以分为理事成员和普通成员。图 1-17 为 WAPI 联盟部分成员信息。

图 1-17 WAPI 联盟部分成员信息

这 93 家联盟成员组成了丰富的产业链❶,以保证 WAPI 工作的顺利推进。具体包括运营商、标准/研发、芯片制造、生产制造、终端及解决方案、网络设备、增值服务、标准检测平台、检测机构和其他方面。

---

❶ http://www.wapia.org/about/aboutunion/default.shtml.

1.2.3 专利信息披露政策对比

1.2.3.1 国际标准组织专利信息披露政策

本书第1.2.1节已经对标准组织ESTI、ISO、ITU及其知识产权政策进行多方面的介绍。此外，国际标准组织还包括欧洲标准化委员会（CEN）、美国国家标准学会（ANSI）、日本工业标准调查会（JISC）等。下面结合各组织的专利信息披露政策进行对比分析。

ISO、IEC、ITU等标准组织很早就制定有各自的知识产权政策，遵守《ITU-T/ITU-R/ISO/IEC共同专利政策》的约束。2007年3月发布并于2012年4月修订的《ITU-T/ITU-R/ISO/IEC共同专利政策实施指南》进一步解释了"专利"的含义，限定为"必要专利"（包括专利申请），并指出，"从一开始"意味着应在制定标准期间尽早披露这些专利信息，无论该专利是其自己的还是第三方的。这些专利信息应该在真诚和尽最大努力的基础上提供，但是不要求进行专利检索。任何未参与标准制定的机构，可以披露任何已知的必要专利。

欧洲标准化委员会（CEN）和欧洲电工标准化委员会（CENELEC）在2008年决定采用ISO、IEC和ITU制定的"共同专利政策"，并在2009年11月发布了修订并更名的《CEN/CENELEC指南8：CEN-CENELEC共同知识产权政策实施细则》，该细则在专利披露、承诺许可和合理无歧视原则等方面与ISO、IEC和ITU的"实施指南"保持了高度一致。

欧洲电信标准学会（ETSI）的《ETSI知识产权政策》和《ETSI知识产权指南》关注进入标准的专利信息披露问题，要求ETSI会员、准会员及其关联公司必须尽可能地及时向ETSI披露必要专利，如果参与某项标准或技术规范的制定过程，则更应该履行上述义务。

美国国家标准学会（ANSI）的专利政策，同样鼓励参与标准制定的成员披露专利信息，并在合理非歧视原则的基础上进行许可。

英国标准协会（BSI）的专利政策要求其技术委员会成员应该尽可能地将其所知悉的与正在制定的标准相关的任何第三方专利或第三方专利权利要求通报技术委员会。

日本工业标准调查会（JISC）在2000年提出了《制定使用受专利权保护的技术的日本工业标准的程序》，并于2012年1月发布了修订后的专利政策。JISC的专利政策规定了日本工业标准（JIS）项目承包人、提交JIS草案的申请人的披露义务。但有所不同的是，JIS项目承包人或提交

JIS 草案的申请人在向 JISC 提交 JIS 草案之前，须对 JIS 草案相关的专利进行检索，但没有要求将专利检索的范围扩展到 JIS 草案制定者所知悉的范围之外。

各国际标准组织的专利信息披露政策如表 1-6 所示。

表 1-6 各国际标准组织的专利信息披露政策

国际标准组织		信息披露态度	信息披露主体	披露内容和范围	披露期间	专利检索和调查政策
ITU/ISO/IEC		鼓励	标准组织成员或其他主体	标准中任何包含必要专利主张的已公开的专利和潜在公开的专利申请	尽早披露，没有具体规定时间	不必负担专利检索和调查义务
美国	ANSI	鼓励披露	标准制定中的所有参与者	以"知悉作为判断标准"来确定	推断包括标准制定整个过程	不必负担专利检索和调查义务
美国	IEEE	应当披露	所有标准制定的参与者	已经知道的或怀疑其是否确实存在的专利	没有具体规定	不必负担专利检索和调查义务
欧洲	ETSI	应当尽合理的努力	所有成员（特别是正在为某一标准提供技术性建议的成员）	在合理的范围内（相关专利权可能使用的情况和相关必要专利的所有人）	没有具体规定	一般由欧洲标准制定机关自行检索，特殊情况由专利权人检索
欧洲	CENELEC/CEN	希望披露	与该标准存在利害关系的人	任何有可能被意识到具有专利冲突的	没有具体规定	不必负担专利检索和调查义务
日本	JISC	鼓励	利害关系人	范围不超出标准制定参加人所规范的专利权	没有具体规定	国家标准制定组织负有有限的调查和检索义务
韩国	KATS	鼓励	标准申请人	对已知的专利在专利许可范围内披露	没有具体规定	国家标准制定组织负有有限的调查和检索义务

1.2.3.2 国内机构专利信息披露政策

根据1989年4月4日起施行的《标准化法》的规定，对需要在全国范围内统一的技术要求，应当制定国家标准。国家标准分为强制性标准和推荐性标准。保障人体健康、人身、财产安全的标准、法律和行政法规规定强制执行的标准是强制性标准，其他标准是推荐性标准。制定标准应当有利于推广科学技术成果，做到技术上先进。

事实上，很多先进技术往往是受《专利法》保护的专利技术。因此，如果要通过国家标准的制定和实施来实现先进技术在全国范围内的推广和应用，必然会面临着将他人享有专利权的技术纳入国家标准的问题。为此，国家标准委和国家知识产权局依据《标准化法》《专利法》和《国家标准管理办法》等相关法律法规和规章，联合发布《国家标准涉及专利的管理规定（暂行）》，于2014年1月1日正式实施。

《国家标准涉及专利的管理规定（暂行）》第5条和第6条首次明确了国家标准制定和修订中的专利信息披露问题："在国家标准制修订的任何阶段，参与标准制修订的组织或者个人应当尽早向相关全国专业标准化技术委员会或者归口单位披露其拥有和知悉的必要专利，同时提供有关专利信息及相应证明材料，并对所提供证明材料的真实性负责。参与标准制定的组织或者个人未按要求披露其拥有的专利，违反诚实信用原则的，应当承担相应的法律责任。鼓励没有参与国家标准制修订的组织或者个人在标准制修订的任何阶段披露其拥有和知悉的必要专利，同时将有关专利信息及相应证明材料提交给相关全国专业标准化技术委员会或者归口单位，并对所提供证明材料的真实性负责。"由此主要明晰了以下内容：

①专利信息披露主体：参与国家标准制定（包括修订）的组织或个人。

②专利信息披露时间：国家标准制定或修订的任何阶段，但原则上应该是标准发布前。

③专利信息披露内容：披露主体拥有或知悉的必要专利（专利申请亦包括在内）。所谓"必要专利"是指"实施该项标准必不可少的专利"，这里排除了非必要专利。

④法律责任：如果违反诚信原则，未按要求披露其拥有的专利，应当承担法律责任。

但是所谓的"法律责任"并不清晰。对于怎样的未披露行为才是"违反诚实信用原则"，尤其是，"承担相应的法律责任"究竟是什么样的责任，如何承担该责任，《国家标准涉及专利的管理规定（暂行）》没有作出任何规定和解释，也无法在其他法律法规中找到"承担相应的法律责任"的依据。

另外，对于参与国家标准制定的主体没有披露所知悉（不包括其拥有的）的必要专利，以及未参与国家标准制定的主体没有披露其拥有或知悉的必要专利（当然亦包括非必要专利），未规定有法律责任。

1.3 标准必要专利研究热点

根据学者 Richard 的统计分析❶，在 2000～2014 年这 15 年的美国联邦法院以及各州法院中，合并相同争议的案件后，一共有 46 件关于标准必要专利的争端案件。Richard 对这些争端的潜在原因作了分析，如图 1-18 所示，一半以上的争端包括知识产权政策，其中，有 25 件案件涉及标准必要专利持有人和专利实施者之间对 FRAND 的相关争议。

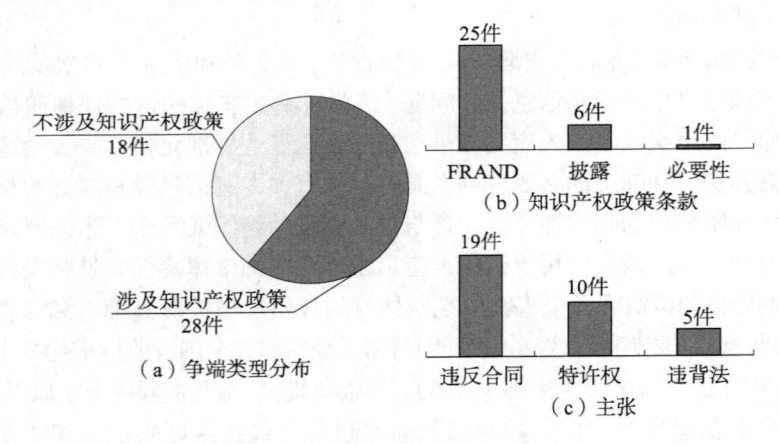

图 1-18 知识产权政策争端分布

在对标准必要专利议题进行介绍之前，有必要先了解 FRAND 原则。

1.3.1 FRAND 原则

1.3.1.1 FRAND 原则的基本概念

出于寻求因公共使用目的而进行的技术标准化和专利权保护之间的平衡，

---

❶ LI R, WANG R L-D. Reforming and Specifying Intellectual Property Rights Policies of Standard-Setting Organizations: Towards Fair and Efficient Patent Licensing and Dispute Resolution[J]. University of Illinois of Law, Technology and Policy, 2017, 2017 (1): 48.

标准组织在其相关知识产权政策中，不仅要求标准参与者及时向标准组织披露其拥有或者实际控制的专利，而且要求其承诺以公平（Fair）、合理（Reasonable）和无歧视性（Non-discriminatory）条件许可所有标准实施者利用其专利。这就是通常所说的标准必要专利许可使用中标准必要专利权人必须遵守的"FRAND 原则"。FRAND 原则现已作为规范技术标准中专利许可行为的基本原则。在实践中，欧洲倾向于使用 FRAND 一词，北美更习惯使用 RAND 一词，中国学界一般将二者等同，本书也不作区分，统一采用"FRAND"描述。

以平衡标准必要专利权人与专利实施者之间的利益为主要目的，FRAND 原则得到了二者的广泛认同。相应地，几乎所有的标准组织在其知识产权政策中均指出，专利权人按照其标准收取专利许可费时，承诺需以 FRAND 要求为基本原则。

1.3.1.2 FRAND 原则的解析

（1）专利的权利要求

事实上，标准实施中所涉及的未必是该标准必要专利的全部包含范围，可能仅涉及其中一项或几项权利要求。也就是说，"标准必要专利权利要求"更能确切地表述出标准和专利的关系。相应地，"公平、合理、无歧视性"的许可就是针对技术标准中"必要专利权利要求"的许可。那些"非必要"专利本来就不应当包含在技术标准中，专利权人不应当利用标准化的力量为自己的"非必要"专利寻求最大化的许可市场。这也是包括标准组织、专利权人等在内的所有的标准化活动参与者都认可的市场准则。所有的标准组织都在其专利政策文件中明确技术标准中包含的专利技术只能是"标准必要专利权利要求"。因此，如果技术标准中包含了"非必要"专利，则标准的实施者将为此付出本不应有的许可费用。上述情况属于不公平、不合理，违反了技术标准化的基本规则。可以看出，FRAND 承诺的对象是标准必要专利，或者说标准必要专利的权利要求。所以，对专利权利要求保护范围的判断把握，是处理纠纷中关键的一环。

（2）专利的许可

从专利法的角度来看，专利权人的专利许可权来源于专利法对专利权的规定，使得专利权人有权"处置"自己的专利许可权，表现为许可与拒绝许可。标准必要专利许可本质上仍然是专利许可，只不过许可的对象为已经纳入标准中的专利，专利权人的排他性权利受到一定的限制，例如在标准实施者愿意以 FRAND 条件达成许可协议时，标准必要专利的专利权人不能任意拒绝许可。专利许可权是 FRAND 条款产生的权利基础。

在专利权人在加入相关的标准组织时，通常需要作出 FRAND 许可承诺，即专利权人要作出约定，一旦其专利被纳入技术标准，成为标准必要专利，那么专利权人需要向潜在的被许可人以公平、合理、无歧视性的条件作出专利许可，允许其实施专利技术，并且不得拒绝他们的许可请求。即使该潜在被许可人并不属于该标准组织，专利权人也不得拒绝许可。专利权人的这种许可承诺虽然使其丧失了对于专利许可和被许可人进行选择的自由，但却为标准的推广和应用作出了贡献。值得注意的一点就是专利权人因为选择受限而造成的损失，其实能够在标准推行后得到相应的补偿。

(3) "公平、合理和无歧视性"原则

1) 公平原则

通常情况下，在专利许可过程中，专利权人和被许可人为了自己的利益进行谈判，如果无法达成一致，当事人还有另外选择的机会和目标，此时双方地位相对平等，利益分配较为公平。但是，当专利与标准结合后，相对平等的地位被打破，专利实施者想要进入市场，必须获得专利权人的许可，可谓"予索予求"，利益分配明显会向标准必要专利权人倾斜。因此，FRAND 原则的"公平"，指对所有标准实施者公正和平等地分配利益，专利权人和被许可人双方在专利许可谈判中地位平等，还有就是当事人之间公平地分配权利、义务和风险。

2) 合理原则

对合理的讨论总是伴随着专利的许可费。技术标准使用者支付给专利权人的许可费是否合理是衡量两者是否达成利益平衡的关键。但是，专利许可费率该如何具体计算成了商业和司法上的难题。各国的不同判例中对此提出了许多计算方法，如美国在司法实践中形成了以 15 项因素确定许可费的共识，❶ 即著名的"Georgia‐Pacific"因素，我国司法实践中产生了许可使用费自身合理与相比较合理的观点。❷ 至今无论是全世界还是一个国家内部，都没有一个统一的计算方法。所以，对于许可费率合理与否的判断，侧重于结果合理而非程序合理。对于其计算结果是否合理的判断上，主要是专利权人不获得额外收益，即专利权人不能因为专利被纳入标准而获得额外的收益。

3) 无歧视性原则

在标准必要专利许可中，对该条款有两种解释。一种解释认为该条款是指不应拒绝许可权利人的竞争对手，即任何人都应获得专利许可。另一种解释认

---

❶ Georgia‐Pacific v. U.S. Plywood, 318 F. Supp. 1116 (S.D.N.Y. 1970).
❷ 广东省高级人民法院 (2013) 粤高法民三终字第 306 号民事判决书。

为该条款要求权利人应当对每个申请授权者提出相同的许可条件，特别是许可费率上每个被许可人都要相同。❶ 第一种解释要求专利权人不得拒绝许可，对于专利权人的要求十分低，无法对索要高昂专利许可费的现象进行规制。而第二种解释中要求统一许可费率又不够现实。除了同等条件的被许可人可以给予同等待遇外，绝大多数标准专利实施者的生产规模、专利使用情况、交易环境等都应当纳入到许可费率的考虑因素中，许可费率之间的差异是市场的正常现象。

无歧视性是指交易条件基本相同的被许可人的许可条件应大致相同，不应对同一领域内的交易条件基本相同的标准实施者提出歧视性的许可条件，其应是建立在合理的专利许可费的基础之上。相反，若确定的专利许可费本来就非常合理，鉴于市场环境的复杂性和交易对象的不同，普通产品尚难以做到以绝对一致的价格销售，更何况是知识产权许可。因此，即使专利许可费存在一定的差异，也应属于市场竞争的正常现象，不应认为是法律意义上的歧视。

可见，公平、合理、无歧视性作为 FRAND 原则的三个方面是相辅相成的，不能割裂开来。合理原则是公平原则和无歧视性原则的基础，公平原则与无歧视原则是合理原则的表现，在对合理原则进行认定时可以结合"公平""无歧视性"原则。另外，在确定标准必要专利许可费时，FRAND 原则应具有以下要求：①标准必要专利权人须与其专利的实施者之间谈判地位平等；②同领域交易条件基本相同,许可费也应大致相同；③许可费应以专利被纳入标准前的价值为确定基础，且不能超过已使用该专利的产品利润的一定比例；④允许在市场正当竞争范围内合理的许可费差别。

1.3.2 标准必要专利热点议题

标准必要专利涉及众多复杂议题，其中与 FRAND 相关的，主要包括标准制定组织的规范义务、标准必要专利的披露、模糊不清的 FRAND 原则以及 FRAND 费率的确定、反垄断、反不正当竞争、禁令的滥用、专利劫持和反劫持以及标准必要专利持有者和标准实施者之间的争端解决机制等。

1.3.2.1 模糊不清的 FRAND 承诺

虽然当前国内外主流标准制定组织都鼓励或者要求标准必要专利的持有人遵守 FRAND 许可原则，但并没有对 FRAND 许可的具体操作进行规定，因而造成了标准持有人和实施者两者之间的诸多纠纷。

---

❶ 杨诗怡. 标准必要专利权滥用规制的 FRAND 原则研究[D]. 武汉：华中师范大学，2017.

争议主要集中在两大方面，分别是基于 FRAND 原则进行许可的承诺的含义不清，以及 FRAND 承诺是否可强制执行。在美国，法院将标准必要专利的持有者向标准制定组织作出的 FRAND 承诺认为是具有法律约束力的合同。既然 FRAND 承诺是具有法律约束力的合同，如果持有者违反 FRAND 义务，就是违反合同，从而会导致对标准必要专利实施者造成损害。在欧洲，FRAND 议题通常适用反不正当竞争法。

此外，FRAND 承诺的义务是否随着标准必要专利的持有者的变化而发生转移，也是备受争议的话题。在 Innovatio 案❶中，双方并未就 Innovatio 接管的前公司向 IEEE 和其成员所作出的承诺是否具有合同约束力发生争议。

当企业之间发生并购时，FRAND 承诺也是被关心的话题。值得一提的是，2014 年备受关注的微软收购诺基亚案，在中国接受了商务部和垄断主管机关的审核。商务部基于限制条件批准了该并购，不论诺基亚还是微软，其作为标准必要专利的持有者，都需要坚持现有的 FRAND 原则，并被禁止针对其专利实施者寻求侵权禁令。

1.3.2.2 FRAND 费用的确定

当前大部分的技术标准都是国际性的，在将兼容性作为重要因素考虑的信息产业尤其如此。在不同的市场以及政策的背景下，专利权利人以及被许可人可能会基于各自对于市场价值的判断来计算基于 FRAND 原则的标准必要专利许可费用。

其中，法院采用的 FRAND 费率计算的原则可为标准参与者提供指导。整体来说，需要考虑几方面的重要因素：第一，假设双方进行谈判，需要考虑在一些不同情况下的时机和不确定性，在美国，经过修正的 15 项 Georgia – Pacific factors❷ 被广泛地用来分析合理的 FRAND 许可费；第二，"最小可销售专利实施单元"（SSPPU）通常作为费用计算的基础，其中，整体市场原则是某些时候需要考虑的例外因素；第三，考虑标准的价值以及标准必要专利对标准作出的贡献来计算其占比；此外，如果存在可比较的 FRAND 许可，也可能被纳入考虑因素。

通过对涉及 FRAND 费用的标准必要专利的案例对比研究发现，美国诸多判例具有较大的参考价值，而欧洲相关案例相对来说较为缺乏指导性。美国若

---

❶ In re Innovatio IP Ventures, LLC, 2013 U. S. Dist. LEXIS 144061, at ＊47（N. D. Ill. 2013）.

❷ 王益谊，朱翔华，等. 标准涉及专利的处置规则：《国家标准涉及专利的管理规定（暂行）》和相关标准实施指南[M]. 北京：中国标准出版社，2014.

干重要判例，诸如 Microsoft Corp. v. Motorola, Inc、Ericsson, Inc. v. D‐Link Sys 以及 In re Innovatio IP Venture，涉及上述不同因素的综合考虑、运用和计算均具有较好的参考价值。

同时，标准化组织也在试图改进其知识产权策略，为许可费的确定给出参考。以 2015 年新修改的 IEEE 专利策略为例，其作出了一些澄清，比如，对于标准必要专利的合理许可费，修改后的 IEEE 专利策略给出了一些确定合理费用的方式。

1.3.2.3　标准必要专利的侵权禁令

在大部分主要国家或地区，专利权人可以针对专利侵权申请禁令以制止侵权，我国也不例外。然而，考虑到标准的特殊性，如标准必要专利的持有者滥用禁令，会阻碍标准实施，抬高许可谈判价码。因而，在 FRAND 承诺下，标准必要专利的侵权禁令是否合理仍是广泛争议的话题。此外，标准必要专利持有者在什么情况下寻求侵权禁令不违反其向标准制定组织作出的承诺，也是争议的话题之一。

尽管标准必要专利有其特殊性，当前大部分国家和地区并不会由于其为标准必要专利而直接排除申请禁令的可能。

在美国，专利权人可以向地方法院或者美国联邦贸易委员会（Federal Trade Commission，FTC）申请禁令救济。当前，美国仍以 eBay Test 作为是否允许禁令救济的基本判断原则。在欧洲，德国法院的橙皮书标准认为，申请禁令实际是拒绝许可，因此可能构成滥用市场支配地位，但其最终判决仍偏向于标准必要专利持有人。而欧盟委员会确定了"安全港"原则，即善意被许可人在愿意遵守 FRAND 原则基础上进行谈判并愿意接受法院判决或者仲裁裁决时，权利人不得申请禁令救济。而最近的华为诉中兴案件中欧洲法院确定的规则进一步平衡了标准必要专利案件中谈判双方的地位。

1.3.2.4　"专利劫持"和"专利反劫持"

当标准必要专利持有者保留其许可的权利，直至专利实施者同意为其专利支付较高许可费时，可能会发生"专利劫持"的情况。❶ 为了阻止标准必要专利持有者进行"专利劫持"，大部分标准制定组织需要其成员或者标准制定参与者作出以 FRAND 原则来许可其标准必要专利的承诺。然而，专利权人基于

---

❶　LEE J‐A. Implementing the FRAND Standard in China [J]. Vanderbilt Journal of Entertainment & Technology Law，2016，19（1）：86.

FRAND 原则作出许可专利的承诺并不意味着专利已经被许可。既然标准必要专利是执行标准所必需的专利，如果潜在的标准实施者不能从标准必要专利的专利权人得到实施该专利的许可，也就意味着该潜在的标准实施者无法实施该标准。反过来，也会发生"专利持有者不能获得使用有效的可实施的专利的合理许可费用"的情况。❶ 这种情况通常被归类为"专利反劫持"。当标准实施者（潜在的被许可人）使用该标准必要专利，但利用 FRAND 原则来拖后专利许可谈判或者将其作为延迟付费的借口，标准必要专利的专利权人将会遭受损失。

为了阻止标准必要专利的专利权人的专利劫持以及潜在的被许可人的专利反劫持，法院必须慎重地权衡，以保持标准必要专利的专利权人和标准的实施者之间的平衡。

表 1-7 是国际上涉及专利劫持和反劫持的若干热点案例比对分析。❷ 部分案件的具体细节将在后续展开讨论。

表 1-7 专利劫持和反劫持的若干热点案例比对分析

国家/地区	适用的法律法规	是否允许赔偿或处罚	禁令是否允许
美国	合同法	是 （微软 v. 摩托罗拉❸）	基于 eBay test 做判断 （苹果 v. 摩托罗拉❹）
欧洲	反不正当竞争法	是 （华为 v. 中兴）	特定条件下允许禁令 （华为 v. 中兴）
中国	反垄断法	是 （华为 v. 交互数字；高通罚款）	特定条件下允许禁令 （西电捷通 v. 索尼）
日本	反托拉斯法	是 （三星 v. 苹果）	是

1.3.2.5 反垄断以及不正当竞争法

标准化的过程在美国由反垄断法规范，而在欧洲则由竞争法来规范。其

---

❶ INTELLECTUAL PROPERTY AND STANDARD SETTING, DAF/COMP/WD (2014) 116, December 2014, 17-18.

❷ LI B C. The Global Convergence of FRAND Licensing Practices: Towards Interoperable Legal Standards [J]. Berkeley Technology Law of Journal, 2016, 31 (2): 429.

❸ Microsoft Corp. v. Motorola, Inc., No. C10-1823JLR, 2013 U.S. Dist. LEXIS 60233 (W.D. Wash. Apr. 25, 2013).

❹ Apple Inc. v. Motorola, Inc., 757 F.3d 1286 (Fed. Cir. 2014).

中，以为市场提供普遍的技术结构为目标（比如标准），标准化的过程贯穿于技术被发展之前、发展期间以及发展之后的不同阶段。

在美国，反垄断法律主要涉及3部：1890年颁布的《谢尔曼反托拉斯法》（*Sherman Antitrust Act*）、1914年颁布的《联邦贸易委员会法》（*Federal Trade Commission Act*）和《克莱顿法》（*Clayton Antitrust Act*）。《谢尔曼反托拉斯法》主要内容是禁止垄断协议和独占行为，此后制定的另两部法律则是对这一法律的补充和完善。《克莱顿法》的主要内容是限制集中、合并等行为。《联邦贸易委员会法》则增加了消费者权益保护和禁止不正当竞争行为等内容。基于《联邦贸易委员会法》的设立，美国FTC成立，FTC和美国司法部（U.S. Department of Justice，DOJ）的反垄断机构一同提出知识产权政策相关意见。❶

在欧洲，不正当竞争法尤其强调对于市场垄断地位的滥用。❷ 欧盟《反不正当竞争指令》（以下简称《指令》）在欧盟层面对针对消费者的竞争行为进行完全协调，各成员国相应立法以转化该《指令》。以德国为例，2015年修改的《德国反不正当竞争法》第1条规定："本法旨在保护竞争者、消费者和其他市场参与者不受不正当商业行为的损害，同时保护正当竞争的公共利益。"美国和欧洲对于反垄断采用了不同的政策工具。

在中国，《反垄断法》于2007年8月30日通过，并于2008年8月1日起施行。《反垄断法》第3条规定了3种垄断行为。另外，2016年6月14日国务院颁布的《关于在市场体系建设中建立公平竞争审查制度的意见》反映了现阶段如《反垄断法》展现的竞争政策的重要地位。国家发展和改革委员会对美国高通公司作出罚款60.88亿元人民币的决定，主要原因就是高通公司对其标准必要专利收取不公平的高价许可费。商务部作为反垄断执法机关也审理过多起涉及标准必要专利的案件。韩国的公平贸易委员会也对高通作出了因收取不合理许可费用而违反了反垄断法的罚款。

---

❶ LOPEZ – GALDOS M. Antitrust Policy Tools & IP Rights：U.S.，Transatlantic and International Effects[J]. Chicago – Kent Journal of Intellectual Property，2016，15（2）.

❷ HENNINGSSON, K. Injunctions for Standard Essential Patents Under FRAND Commitment：A Balanced，Royalty – Oriented Approach [J]. IIC – International Review of Intellectual Property and Competition Law，2016，47（4）：438 – 469.

第二章 标准必要专利的演进

> **本章提示**：分析了标准必要专利的产出过程，并从标准与专利的时间关系、主体关系以及技术领域的关系3个维度，探究标准推进过程中的专利申请行为特征，并以预编码码本技术为例给出了判断标准与专利是否对应的分析方法。

2.1 概 述

专利与技术标准的结合，使专利与技术标准间的知识流动受到关注。技术标准可以通过形成新技术生产的基准来直接促进专利申请，❶ 基于专利制定的技术标准是一种显性知识（专利）向另一种显性知识（技术标准）的溢出。❷ 技术标准蕴含的知识存量为企业的技术研发提供了技术来源，企业通过专利纳入技术标准对技术标准的创立与产业化产生了重要影响。❸

技术标准的演进是专利申请与技术标准创立不断互动的过程。技术标准是以技术为基础创立的，技术创新是技术标准发展的动力；专利是技术创新的结果，专利申请促进了技术标准的创立。专利代表了发明过程的产出，特别是那些可能产生商业利益的发明。因此，在技术标准的创立过程中，不仅技术提案的研发需要专利的支撑，而且专利持有人为利用技术标准实现市场竞争中的标

---

❶ ALLEN R H, SRIRAM R D. The Role of Standards in Innovation[J]. Technological Forecasting and Social Change, 2000, 64 (2-3): 171-181.

❷ 马胜男, 孙翊. 标准知识溢出及其前沿问题[J]. 科学学与科学技术管理, 2010 (10): 112-118.

❸ 毕克新, 王晓红, 葛晶. 技术标准对我国中小企业技术创新的影响及对策研究[J]. 管理世界, 2007 (12): 164-165.

准垄断，也会主动将专利纳入技术标准。❶ 专利申请促进技术标准创立的另一原因在于专利的产业化促进了技术标准的扩散，只有实现了技术标准的后续产业化，技术标准才能真正地创立。例如，在 LTE（Long Term Evolution，长期演进）标准的创立过程中，企业围绕 3GPP 标准进行的研发成果积极申请专利，并通过专利授权等方式与其他厂商合作，通过对专利的产业化推动 LTE 标准的创立。专利的产业化提高了对相应技术标准的消费者预期，进而推动技术标准的最终确立。❷ 在技术标准的创立过程中，技术标准同样促进了专利申请。技术标准为专利申请提供了技术知识来源与机会窗口，有利于企业进行专利申请。技术标准及其相应的技术提案，是将积累的技术经验以及隐性知识编码化，经过反复研究、试验的结果。技术标准包含的丰富技术信息，形成了新技术产生的基准，间接促进技术创新与专利申请。技术标准促进专利申请的原因还在于，标准的确立明确了技术发展的方向，减少了市场不确定性，降低了厂商与用户进行研发、生产与产品选择的市场风险。❸ 例如，在 TD - SCDMA 标准的创立之初，各大厂商、运营商等均持观望态度，随着我国政府支持自有标准 TD - SCDMA 的态度日益明朗，用户、电信设备供应商、手机供应商、内容提供商以及应用软件供应商等均从最初的观望状态转向积极参与。可见，核心技术标准的制定将影响技术发展的方向，并对技术创新具有导向作用。

学术界已有很多关于专利与技术标准之间关系的研究，这些研究主要采用的是经验分析或简单的统计分析。❹ 基于统计分析的研究方法中，所选取的研究样本通常应当满足以下条件：一是选择具有代表性的技术领域，专利更新迅速，技术标准成熟规范；二是专利与技术标准的发展经历了完整的演进周期，以便获得完整的时间序列数据；三是能够获得准确可靠的专利和技术标准的数据信息。为了满足第一点和第二点的要求，现有的研究大多选择通信领域的某个技术标准作为研究对象，例如《标准与专利之间的冲突与协调》一文中选取了 GSM 标准作为研究领域。ETSI 数据库记载的披露数据最多，涵盖全球多个专利机构且研究方向较为热门，给出的信息类型全面，因而为了满足第三点要求，现有的研究大多以 ETSI 披露的标准必要专利数据作为专利的数据来源

---

❶ 李玉剑，宜国良. 标准与专利之间的冲突与协调：以 GSM 为例[J]. 科学学与科学技术管理，2005（2）：43 - 47.

❷ 毕克新，王晓红，葛晶. 技术标准对我国中小企业技术创新的影响及对策研究[J]. 管理世界，2007（12）：164 - 165.

❸ FUNK J L, METHE D T. Market - and Committee - Based Mechanisms in the Creation and Diffusion of Global Industry Standards：the Case of Mobile Communication[J]. Research Policy，2001，30（4）：589 - 610.

❹ 张米尔，国伟. 技术专利与技术标准相互作用的实证研究[J]. 科研管理，2013（4）：68 - 73.

进行研究，对掌握通信领域的标准必要专利动态有一定的指导意义。

然而现有的研究样本的选取存在以下问题：一是领域选取过大，只能从大数据统计分析的角度得到技术与标准之间的关系，而不能更进一步从技术演进出发了解技术与标准之间的关联关系；二是 ETSI 中披露的数据并未经过核实，专利申请人在披露过程中可能会将一些与标准并无关系的专利披露为标准必要专利，因此，样本数据的可靠性并不强。

基于以上考虑，本章首先对 ETSI 披露的标准必要专利数据进行了统计分析，为了进一步研究标准与专利的演进关系，选择了多输入多输出（Multiple - Input - Multiple - Output，LTE MIMO）技术作为研究领域，并通过对 ETSI 披露的数据进行标引得到了专利数据样本。此外，在现有的研究中大多仅从专利视角进行统计分析，尽管现有研究已考虑了标准的启动时间以及冻结时间等信息[1]，然而仅有标准的启动和冻结时间很难全面地反映出标准制定过程。因此，本章除了从专利角度进行统计分析之外，还对 LTE MIMO 技术领域的提案数据进行了对比分析，解析通信领域中标准提案与标准必要专利的关系，以及如何推进提案并形成相关的标准必要专利。

2.2 标准必要专利概况

由于大多数标准制定组织对其披露的专利不承担审查与核实的义务，很难保证披露专利的准确性和完整性，会造成专利重复披露、专利信息披露不全等问题。因此，为了协助业者准确了解通信领域的标准必要专利动态，对现有的标准必要专利数据进行研究是很有必要的。本节选择对 ETSI 数据库 2017 年公开的标准必要专利披露数据进行研究，以期对掌握通信领域的标准必要专利动态有一定的指导意义。

首先我们关注披露标准必要专利的申请人分布情况。

以件数统计，结合国际市场专利申请趋势对标准必要专利现状进行分析（见图 2 - 1）。高通、LG、三星、英特尔等企业在 PCT 申请、在美国专利商标局专利授权量方面均处于国际领先地位，同样，其标准必要专利披露量位于前列，其中高通遥遥领先，可以看出，标准必要专利披露量与整体专利申请量有一定关联。从图 2 - 1 中也可以看出，通信领域的标准必要专利主要掌握在老

---

[1] 王博，刘则渊. 产业技术标准和产业技术发展关系研究：基于专利内容分析的视角[J]. 科学学研究，2016（2）：194 - 202.

牌通信巨头手中，国内企业在标准必要专利方面仍显薄弱，华为、中兴作为国内 PCT 申请量位居前列的申请人，其披露的标准必要专利总量与排名前列的巨头公司仍存在一定差距。另外，PCT 申请量中排名较前的京东方，以及专利授权量中排名较前的腾讯、联想等均不属于 ETSI 成员，因此没有在 ETSI 披露标准必要专利。

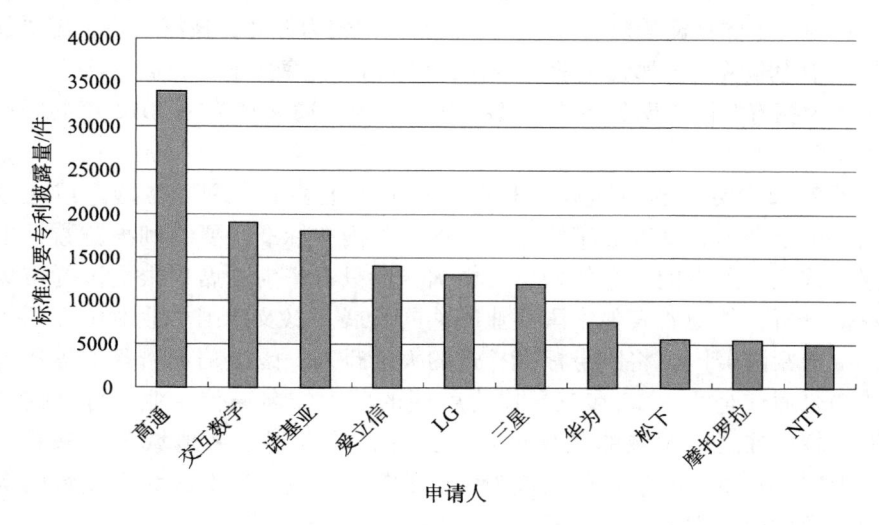

图 2-1　通信领域标准必要专利重要申请人

从企业标准必要专利的声明情况，利于把握企业专利与技术标准战略路线。为了准确地了解国内外企业在标准必要专利披露方面的情况，选择高通作为国际企业的代表、华为作为国内企业的代表，对 2006～2016 年的标准必要专利披露情况进行统计分析，得到图 2-2。

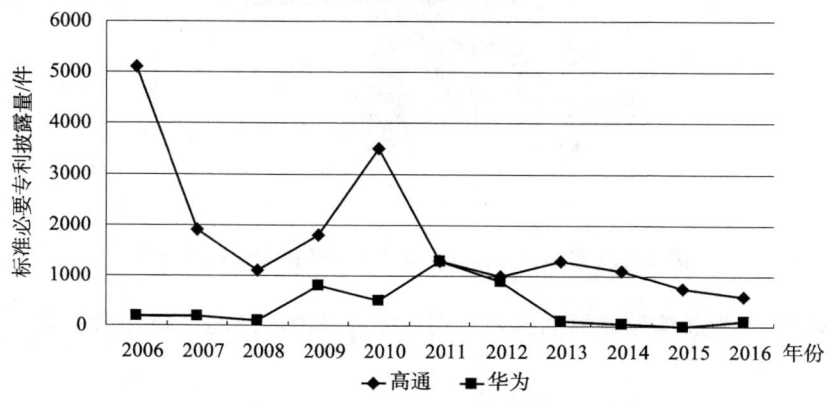

图 2-2　通信领域标准必要专利重要申请人声明趋势

从总量来看，华为的标准必要专利披露数量远低于高通。具体而言，高通拥有的标准必要专利中有很大一部分是在2008年以前披露的，2010年再度出现一个波峰，这与高通在3G阶段具备绝对优势并积极参与4G标准制定是吻合的。华为从2008年开始逐渐崭露头角，与国内企业进入国际标准制定工作较晚的现状相符。2013年后华为的披露量呈现低开并且高通的数量也逐渐下降，这与二者的披露策略相关，国内企业通常较为保守，披露偏晚。需要强调的是，华为非常重视加强企业间合作，例如LG、摩托罗拉、高通等众多企业均与华为拥有共同声明的标准必要专利，其中高通和华为在2012年共同声明6件标准必要专利。

图2-3所示为标准必要专利披露数据中主要的专利来源国家或地区的信息。由于高通、交互数字等企业支撑，美国在标准必要专利披露数据中也占据了首位，虽然前十名的榜单中中国企业只有华为列席，根据国际市场专利数据分析，伴随着其他中国企业的共同发展，以及跨国企业对中国区域重视，中国紧随美国，将跻身标准推进的大国行列。爱立信和诺基亚等作为欧洲的知名通信企业、LG和三星作为韩国的两大知名通信企业，分别支撑了欧洲、韩国在通信领域的领先地位。另外，从专利申请地域角度来看，美国、中国、日本、欧洲、韩国成为主要的专利市场，PCT成为企业跨国实施专利的常用申请方式。

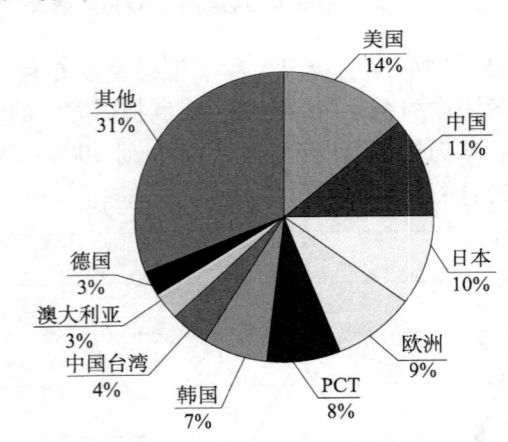

图2-3 通信领域标准必要专利来源国家或地区分布

表2-1为通信领域标准必要专利披露数据中涉及的主要技术领域。

第二章 标准必要专利的演进

表 2-1 SEP 整体数据涉及技术领域

技术领域	披露占比
LTE	56.93%
UMTS	50.94%
GSM	29.18%
GPRS	2.60%
DVB	1.96%
AMRWB	0.75%
M2M	0.20%
IMS	0.19%
HSPA	0.06%

全球移动通信系统（GSM）技术作为 2G 标准技术，是应用最为广泛的移动电话标准，通用分组无线服务（GRPS）技术作为 GSM 技术的延伸，其研究为实现向 3G 平滑过度奠定基础。随着 3G～4G 的飞速推进，对 LTE 技术和通用移动通信系统（UMTS）技术的研究占据了移动通信的大半壁江山。伴随着网络带宽频增、速度加快，数字视频广播（DVB）、宽带语音解码（AMRWB）等解决性问题被提出，点对点通信（M2M）技术和高速分组接入（HSPA）技术等作为衍生问题被讨论。而 IP 多媒体子系统（IMS）技术已逐渐发展成熟。

下面对 ETSI 专利数据库 2017 年披露的标准必要专利中在华申请数据进行统计、去噪处理。图 2-4 至图 2-6 是基于该标准必要专利数据形成的统计分析图表。

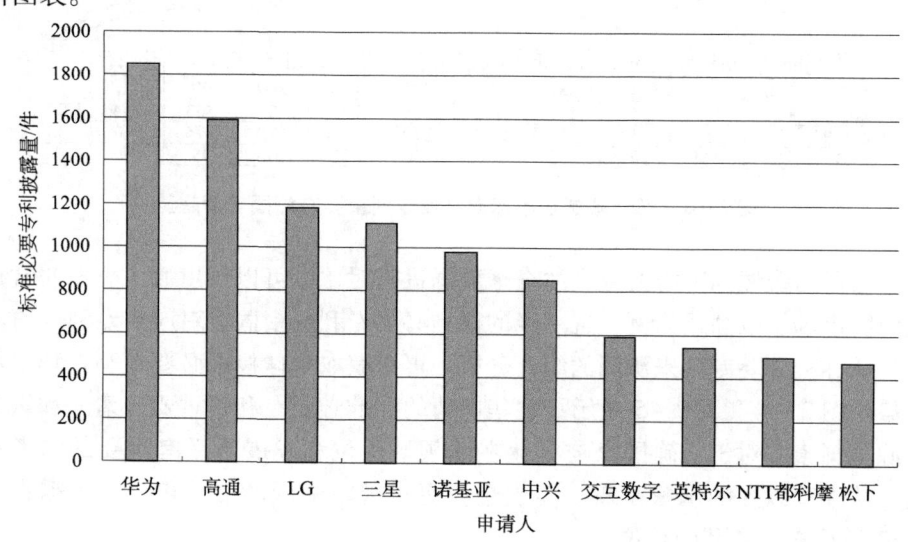

图 2-4 通信领域在华标准必要专利重要申请人

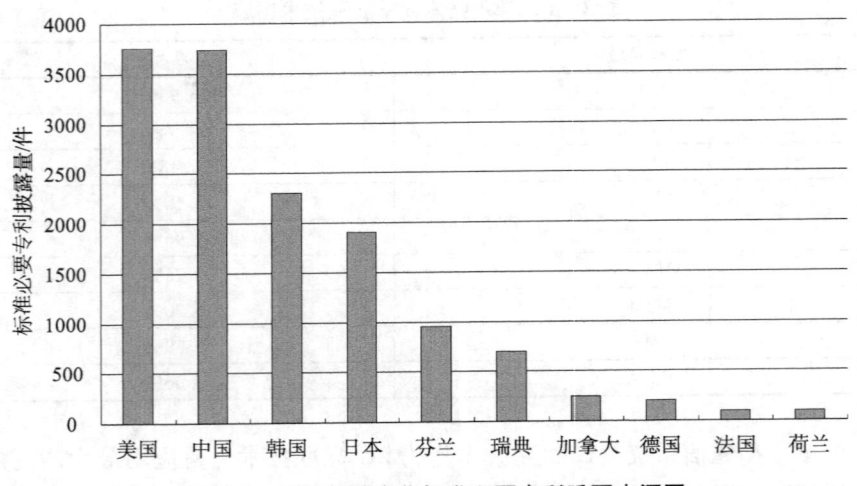

图 2-5 通信领域在华标准必要专利重要来源国

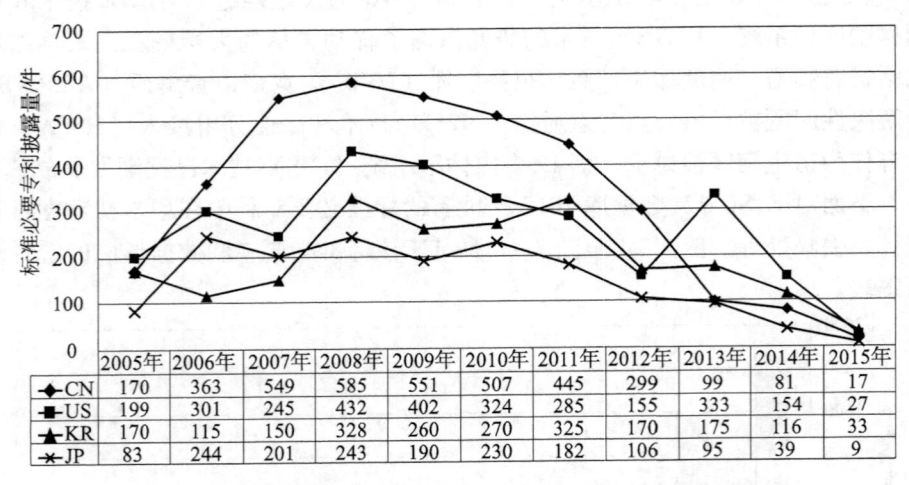

图 2-6 通信领域在华标准必要专利重要来源国申请趋势

	2005年	2006年	2007年	2008年	2009年	2010年	2011年	2012年	2013年	2014年	2015年
CN	170	363	549	585	551	507	445	299	99	81	17
US	199	301	245	432	402	324	285	155	333	154	27
KR	170	115	150	328	260	270	325	170	175	116	33
JP	83	244	201	243	190	230	182	106	95	39	9

与通信领域标准必要专利的全球数据进行对比，可以看出通信公司非常重视中国市场。以高通为例，近一半的标准必要专利在中国有对应的专利申请。

从标准必要专利来源国的统计分析，可以获取全球标准必要专利在华申请态势。图2-4和图2-5显示了在华申请的标准必要专利的重要申请人和重要来源国国家，对于明确国家与企业在该领域地位和发展水平有重要的参考价值。从中国以外的国家来看，美国企业更重视在中国的专利申请，占据在华ETSI标准必要专利的首位。

从标准必要专利分布的国家和地区，可以了解技术标准的推广应用及市场趋势。图 2-5 和图 2-6 显示了 ETSI 中标准必要专利在华申请的国家和地区分布。除中国外，美国是在华申请中标准必要专利数量最为庞大的国家，各国走势基本相同。可以看出，对于大部分标准必要专利，出于市场竞争与标准实施的考虑，申请人需要利用专利同族的形式在中国申请，以期达到经济利益最大化。

利用标准必要专利数据库中的数据信息，还方便了解标准化组织的相关行为。《ETSI Guide on Intellectual Property Rights》于 2005 年发布了新修订的版本，首次将标准制定过程中的"专利埋伏"现象及其风险写入知识产权政策条款，进一步规范和强化了其成员披露标准必要专利的相关义务。从 2005 年起，技术标准的数量稳步增加，并于 2009 年趋于平稳。标准必要专利数量受到通信领域技术演进周期的影响，呈现小幅的波动。2010~2012 年通信行业处于缓慢增长期，3G 的标准化工作已完成，4G 关键技术的演进也已经进行到一个相对成熟的阶段，标准必要专利的数量不断动荡。2013 年之后，随着多年来技术的积累，宽带移动通信系统的性能已经达到了前所未有的新高度，很难涌现出能够引领增长的新技术方向，标准必要专利数量随之减少。

2.3 标准必要专利的产出过程

通常，一个发明构思要演变成为标准必要专利，需要经历两个并行的过程，一个是标准制定过程，另一个是专利申请过程。图 2-7 示出了 3GPP 标准必要专利的产出过程。在该图中，上面一条时间轴为 3GPP 标准的制定过程，下面一条时间轴为对于涉及标准的技术方案，专利申请人的专利申请行为。

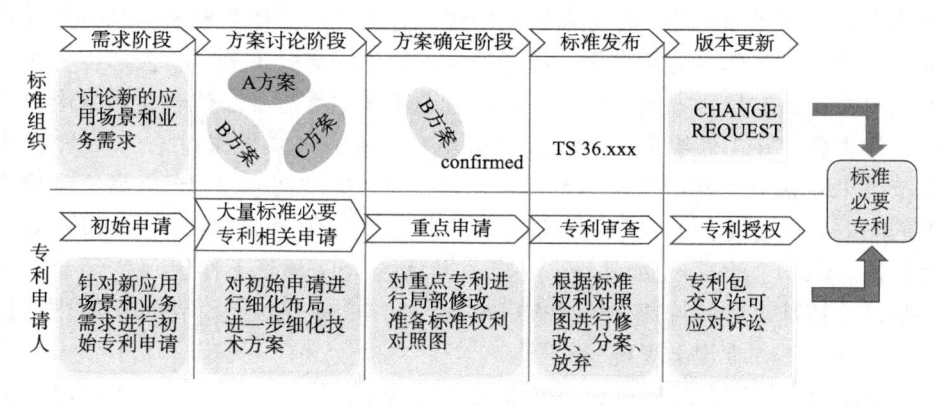

图 2-7 3GPP 标准必要专利的产出过程

从理论角度看，技术标准制定过程分为可行性分析阶段和技术阶段。在可行性分析阶段，主要从技术和商业角度对技术标准的需求进行汇总与核查，如所需资源、时效性、竞争情况等，从而确定制定技术标准的机会窗口是否已打开；在技术阶段，主要是在综合企业、用户、技术专家等利益相关者需求的基础上，制定并颁布技术标准；之后，在供应商、运营商和用户等利益相关者积极配合下实施技术标准；在实施标准的过程中，标准组织对技术标准进行周期性评价，及时修订技术标准。

从实践角度看，各标准组织制定了不同的程序。如图 2-7 所示的 3GPP 标准组织的标准制定程序大致分为需求阶段、方案讨论阶段、方案确定阶段、标准发布阶段以及标准的维护及版本更新阶段，直至版本冻结，标准化工作完成。各个公司如果想向 3GPP 提交提案，参与 3GPP 通信标准的制定过程，首先必须成为 3GPP 的成员。

在需求阶段，主要工作包括讨论新的应用场景以及新的业务需求，3GPP 每开展一个项目，首先要制定 SI（Study Item），主要是针对新的应用场景和新的业务需求确定新增的功能，并对新增的功能进行可行性分析研究。这种研究通常会定义新的功能特征（Feature），所谓的功能特征是指为现有的系统增加有价值的新的或者实质性的功能增强。一个功能特征通常会被分解为多个 Building Block，而每个 Building Block 则又被分解为多个 Work Task，Work Task 几乎都是由一个单独的工作组（WG）来负责完成。上述 Study Item、Building Block 和 Work Task 统称为 Work Items。3GPP 通过 Work Items 来管理各个研究项目，而各个 Work Item 实际上被分解到由各个工作组来最终执行。可行性分析完成后 Study Item 输出研究报告（TR）。

可行性分析通过后，将进入正式的标准制定过程。3GPP 的标准制定工作是靠会议和提案驱动的。在方案讨论阶段，各公司以工作组成员的身份进入标准制定流程。工作组的标准化工作通过会议讨论的方式推进。各公司以提案的方式提交自己的技术方案，每个公司在各个工作组都有参会代表，通常由参会代表代表公司在工作组会议上发言以提出自己的方案供大家讨论。3GPP 技术规范组 TSG 及其工作组 WG 通常每 3 个月召开一次常规会议，但在各个常规会议的间隔期也可能会插入中间会议，对中间会议的编号通常会以后缀 bis 等作为标识。除了上述常规会议之外，技术规范组 TSG 及其工作组 WG 还会召开一些讨论特殊议题的特殊会议（Ad hoc）。特殊会议仅进行讨论，不能进行投票，其通常不和常规会议统一编号。

提案是 3GPP 规范演进过程中最基础、数量最多的文件，包括规范草案（Draft）、修改请求（Change Request CR）、研究项目描述（SI Description，

SID）和工作项目描述（WI Description，WID）等。其中 Draft 是规范的第一个草案（递交给 PCG 的 Draft 除外，其中包括各个阶段的规范文本），用于建立初始规范文本；修改请求是对最新的规范版本提出的修改请求，包括具体的修改内容以及修改的理由等，其中修改的理由是与技术问题和技术效果相关的内容，有助于理解和对比技术方案，是检索的重要信息；SID 和 WID 是研究项目或工作项目的说明，用以规范 SI 或 WI 的工作内容，也是检索的重要线索。

提案均是由下级向上级提交的，自下而上的关系为：会员、WG、TSG、PCG，不能越级提交。虽然只有 WG 可以给 TSG 提交提案，但 WG 主要是由会员组成的，其提案都是以 WG 的名义由会员（单个或组合）提交给 TSG 的。当然，工作组 WG、TSG 自己也会提交提案，但相比而言，还是会员提交的提案数量更多。提案得到通过（Approval）后，可以继续向层次更高的会议提交。没有通过的不再继续讨论，会员可以修改再提出提案（新的提案），等待下次会议讨论。提案是以 ZIP 压缩文件的形式存储在 3GPP 工作组的 FTP 目录下（www.3gpp.org/ftp/）。提案的命名格式为：

xm – yyzzzz

其中，x 为相应 TSG 的英文首字母，例如：

R 代表 Radio Access Network，即 TSG RAN；

C 代表 Core network and Terminals，即 TSG CT；

S 代表 Service and System Aspects，即 TSG SA；

G 代表 GSM/EDGE Radio Access Network，即 TSG GERAN。

m 为相应的 WG，一般为 1、2、3 等，如果指代 TSG 自身，则使用字母 P；

yy 为指代年份的两位数字，如 07、09 等；

zzzz 为该提案的编号。

例如：GP–080170 表示 TSG GERAN 在 2008 年的会议提案，R1–075050 表示 TSG RAN 的 WG1 在 2007 年的会议提案。

在技术方案讨论阶段，各个公司的提案都代表了各个公司的利益。由于提案需要通过各个成员公司进行投票表决是否通过，因此，在方案讨论过程中，技术方案相近的公司往往会通过抱团的方式进行拉票或者通过联署提案的方式使得对自己有利的提案能够投票通过。可见，提案的讨论过程是一个多方博弈的过程，提案的讨论过程往往体现了一个公司在该领域的话语权。

一个提案的状态包括通过、已处理、未处理、放弃等几种情况，每次会议能够达成一致通过的提案少之又少。提案通过后，标准制定进程进入到方案确定阶段。即使投票通过的技术方案到标准发布之前都可能会出现反复，这种情况往往由大的运营商主导，由大的运营商联合大的设备商对已通过的技术方案进行翻盘。

标准化进程行进到标准发布阶段，Work Item 输出对应的技术规范（TS），3GPP 的技术规范采用 5 位编号，编号形式为 xx.yyy，xx 为规范的系列号，其中 36 系列定义为 LTE/LTE-A 无线接入技术。一个规范的完整标识，除了协议号还有版本号，版本号表示为 Version x.y.z，如 TS 36.211 v 8.1.0，从 Release 4 开始，其中的 x 代表相应的 Release 版本。当标准的第一个版本形成之后，如果某个提案获得表决通过，相应的提案人会以 Change Request 文档的形式提起对于现有版本标准的修改，将提案的内容写入到标准中去，直到相应 Release 版本的标准冻结为止，对应 Release 版本将正式发布，例如 3GPP LTE 的第一个完整版本为 Release 8。一个 Release 版本冻结之后，再对该版本作出的修改将作为下一个 Release 版本的内容进行发布。

如图 2-7 所示，与标准制定流程并行的过程是专利申请人的专利申请行为，可以看到专利申请贯穿于标准制定的整个过程。对于一个技术研发单位而言，在标准需求阶段就已经开始了初始的专利申请或者称之为布局工作。通常来说，通信领域的一项新技术在进入工业界形成工业标准之前会首先在学术界形成讨论热点，而对于研发实力较强的通信公司来说，通常也会有相应的预研部门来跟进学术界的新技术。因此，在初始布局阶段，这些通信公司就已经初步形成有针对新的应用场景以及业务需求而产生的技术方案，并且就这些技术方案申请专利。例如，3GPP LTE 标准在 2004 年 11 月才立项，然而在此之前的 2000 年左右已出现 MIMO 技术的相关专利申请。

当相应技术的 Work Item 立项之后，即对应于标准制定过程的方案讨论阶段，是专利申请人进行大量潜在标准必要专利布局的时期。在这个阶段，专利申请人会根据技术方案在标准组织中的讨论情况对初始布局的专利进行细化布局，包括对一些技术方案的进一步细化。专利申请人不仅对自己在标准组织中主张的提案相关的技术方案进行专利布局，同时也会根据其他竞争对手提出的技术方案作出专利布局，以避免自己的提案未通过而竞争对手的提案通过从而导致自身在专利竞争中的被动局面。随着标准制定进程的不断推进，这个时期的专利申请量呈现出急剧上升的态势。

当标准制定流程推进到方案确定阶段时，随着标准组织中技术方案的通过或否决，标准的方向越来越明晰。此时，专利申请人将根据技术方案的通过情况确定出涉及通过的技术方案的专利申请作为重点专利，并根据重点专利的审查情况进行权利要求的修改等。例如，重点专利为 PCT 国际申请，且还未进入国家阶段，则可以在 PCT 国际申请进入国家阶段时进行修改，以尽量使得权利要求的保护范围涵盖通过提案的技术方案。如果专利申请已进入审查阶段，并且答复审查意见通知书时所进行的修改不足以覆盖通过提案的技术方案，专利申请人还可以通过分案的方式重新撰写新的权利要求，使得权利要求的保护范围覆盖通过提案的技术方案。

在专利审查的过程中，专利申请人可以准备重点专利的权利要求对照表（Claim Chart），根据权利要求对照表来应对权利要求的修改。权利要求对照表可以将标准作为"对比文件"，重点专利的权利要求作为"本申请"进行特征对比。如果作为"对比文件"的标准公开了"本申请"的权利要求的所有技术特征，那么表明"本申请"的权利要求的保护范围涵盖了该标准的技术方案，这也是该专利申请成为标准必要专利的必要条件。当专利获得授权后，这样的重点专利将成为真正的标准必要专利。

最初的一个技术构思在两个并行推进的过程中均会面临修改的问题，只有在标准冻结发布后以及专利获得授权后，标准中的方案与授权的权利要求还能保持对应一致，此时才能产出标准必要专利。反之，一个技术构思即使通过小组、全会的投票表决，写入了标准，但如果在其审查过程中因不符合专利法的要求而无法获得授权，或者为了符合专利法的规定而进行修改，不再与写入标准的技术方案相对应，都无法使其成为具备重大价值的标准必要专利。即便是重点专利最终获得了与标准一致的授权，成为一件标准必要专利，还存在着被宣告无效的风险，即标准必要专利的权利稳定性也至关重要。

可见，标准必要专利的产出非常困难，真正的标准必要专利十分稀缺。除了技术方案本身之外，标准制定中的博弈过程、权利要求的撰写、专利申请的审查质量等因素都将影响到标准必要专利的产出。因此，企业手中的标准必要专利就是企业竞争力的体现。因为标准必要专利的稀缺，企业在专利运营阶段，通常会将标准必要专利作为核心专利，与其他相关的非标准必要专利打包成专利包，与其他公司进行交叉许可，以实现标准必要专利带动非标准必要专利的目的。

2.4 标准与专利的推进关系

从本章第2节、第3节标准必要专利的产出过程可以看到，标准的制定与专利申请是两条并行推进的过程。那么标准与专利两条并行的推进过程中究竟有何关联？本节将从标准与专利的时间关系、标准提案人与专利申请人之间的关系、标准与专利技术领域的关系分析标准与专利在推进过程中的关联关系。

在进行标准与专利的推进关系研究时，选择了LTE MIMO技术作为研究对象，通过大数据分析为标准与专利的推进关系提供数据支持。LTE 是由 3GPP 组织制定的 UMTS（Universal Mobile Telecommunications System）技术标准的长期演进，于 2004 年 12 月正式立项启动，一直是研究最多最热的技术。而 LTE 系统物理层的基本架构建立在 OFDM + MIMO 的基础之上，MIMO 技术对于提高数据传输的峰值速率与可靠性、扩展覆盖、抑制干扰、增加系统容量、提升系统吞吐量有着重要作用。面对速率与频谱效率需求的不断提升，对 MIMO 技术的增强与优化始终是 LTE 系统演进的一个重要方向。

MIMO 技术的基本思想是在发射端和接收端采用多个天线进行空时信号处理。这种技术最早是 Maronite 于 1908 年提出的，它利用了多天线抑制信道衰落。任何一个无线通信系统，只要其发射端和接收端均采用了多个天线或者天线阵列，就构成了一个无线 MIMO 系统。利用 MIMO 技术可以提高信道容量，也可以提高信道的可靠性，降低误码率。前者是利用 MIMO 信道提高的空间复用增益，后者是利用 MIMO 信道的空间分集增益。同时，MIMO 将多径无线信道与发射、接收视为一个整体进行优化，从而实现较高的通信容量和频谱利用率。

在 MIMO 系统中，发射分集主要通过空时编码实现。空时编码的主要思想是利用空间和时间上的编码实现一定的空间分集和时间分集，从而降低信道误码率。使用空时码时，在发射端不知道信道状态信息（CSI）的情况下，系统仍能实现最大分集增益。以空时编码为代表，在发射端对数据流进行联合编码以减小信道衰落和噪声导致的符号错误率，通过在发射端增加信号的冗余度，使信号在接收端获得分集增益。

空间复用技术是在发射端发射相互独立的信号，接收端采用干扰抑制的方法进行解码，此时空口信道容量随着天线数量的增加而线性增大，从而显著提高系统的传输速率。这些数据流可以来自一个用户，也可以来自多个用户。SU – MIMO（Single – User MIMO，单用户多输入多输出）可以增加一个用户的数据传输速率，MU – MIMO（Multi – User MIMO，多用户多输入多输出）可以增加整个系统的容量。

LTE 和 LTE – A 均将 MIMO 技术作为其物理层关键技术。LTE R8 研究采用发射分集 SU – MIMO、MIU – MIMO、闭环预编码和专用 Beamforming 等多天线传输模式作为 LTE 技术的物理层解决方案。LTE – A 是 LTE 的演进版本，其目的是要完整地实现 IMT – A 定义的所有需求，同时还保持对 LTE 较好的向后兼容性。增强型 MIMO 是 LTE – A 的关键技术之一，相对于 LTE R8，除了扩展天线数量，还引入了很多优化机制。

表 2 – 2 是 MIMO 技术在 3GPP 标准中的演进路线。表中给出了从 LTE 的

第一个版本 Release 8 到目前的最新版本 Rel-15 的每个版本的标准中涉及 MIMO 技术的关键技术点。鉴于篇幅所限，此处所述的 MIMO 技术不包括多点协作（Cooperative Multiple Points，CoMP）。表 2-2 中每个版本的时间段为该版本标准化工作的启动时间和冻结时间，各个版本的标准化工作的时间段可能存在重叠。

表 2-2　MIMO 技术 3GPP 演进路线

Release 8 2006.01～2009.03	Release 9 2008.03～2010.03	Release 10 2009.01～2011.06	Release 11 2010.01～2013.03
定义下行传输模式（TM1-TM7） 下行：4X4MIMO、4X2MIMO	8Tx TM8、统一的 SU/MU MIMO、专用导频、支持基于码本与信道互易性的反馈方式	8Tx TM9、双极码本、DM-RS、上行：引入空间复用技术	CoMP（TM10）、下行控制信道增强
Release 12 2011.06～2015.03	Release 13 2012.09～2016.03	Release 14 2014.09～2017.06	Release 15+ 2017.03～
4Tx 码本增强、eCoMP、3D 信道模型	全波束赋形 FD-MIMO、标高波束赋形（Elevation Beamforming）	Massive MIMO 32Tx FD-MIMO 增强	5G Massive MIMO 64Tx+

2.4.1　标准与专利的时间关系

在标准制定过程中的不同阶段，标准提案的数量往往会有所变化。专利申请在标准制定过程中其申请量也会随时间逐年变化。本节将以 MIMO 技术为例，分析 MIMO 技术在 3GPP 标准制定过程中的提案随时间的变化趋势以及对 MIMO 技术标准必要专利的专利申请进行时间序列分析，在此基础上，比较标准制定过程中专利申请时间和数量的变化特征，以总结标准制定与专利申请的时间相关关系。

2.4.1.1　提案趋势

本节主要对 MIMO 技术提案趋势进行分析。图 2-8 是 3GPP RAN1 组 44-90b 次会议中（2006 年至今）MIMO 技术相关提案的年度分布图。从图中可以看出，提案的提出量呈现出了以下几个阶段。

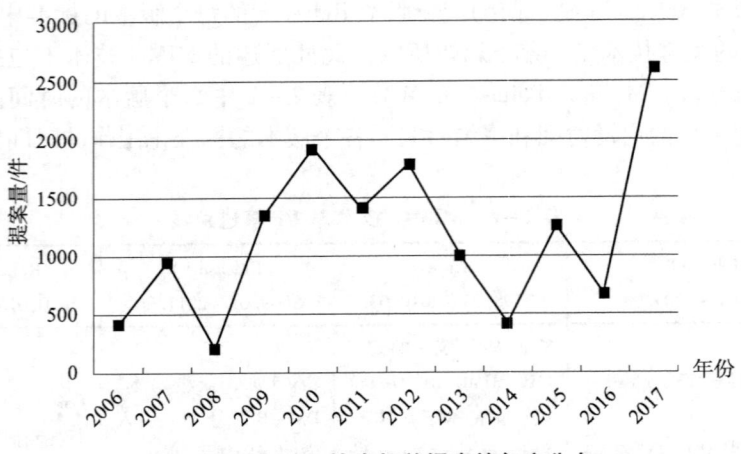

图 2-8 MIMO 技术相关提案的年度分布

第一阶段：2006 年至 2009 年初。MIMO 技术引入 LTE Release 8，在该阶段中围绕着上下行 MIMO 的传输模式、控制信道、反馈机制、参考信号等基本需求展开讨论，基本涵盖了 LTE 系统的典型应用场景，尤其是针对单用户传输进行优化，在 2007 年左右形成一个小的波峰。随后的 Release 9 版本主要针对 MU-MIMO 方案在预编码方式、预编码频域颗粒度、CSI 反馈精度和控制信令设计方面存在的缺陷，引入双流波束赋形技术，从参考符号设计以及传输与反馈机制角度对 MU-MIMO 传输的灵活性和 MU-MIMO 功能进行了如下改进：采用了基于专用导频的传输方式，可以支持灵活的预编码/波束赋形技术；采用了统一的 SU/MU-MIMO 传输模式，可以支持 SU/MU-MIMO 的动态切换；采用了高阶 MU-MIMO 技术，能够支持 2 个 rank2 UE 或 4 个 rank1 UE 共同传输；支持基于码本与基于信道互易性的反馈方式，更好地体现了对 TDD（Time Division Duplexing，时分双工）的优化。

2009~2011 年，正值 LTE Release 10 阶段，LTE Release 10 的下行 MIMO 技术沿着双流波束赋形方案的设计思路进行了进一步的扩展：通过引入 8 端口导频以及多颗粒度双极码本结构提高了 CSI 测量与反馈精度；通过导频的测量与解调功能的分离有效地控制了导频开销；通过灵活的导频配置机制为多小区联合处理等技术的应用创造了条件；基于新定义的导频端口及码本，能够支持最多 8 层的 SU-MIMO 传输。Release 10 的上行链路中也开始引入了空间复用技术，能够支持最多 4 层的 SU-MIMO。

2011~2012 年，经历 3 个版本的演进，LTE 中的 MIMO 技术日渐完善，其 SU-MIMO 与 MU-MIMO 方案都已经得到了较为充分地优化，MIMO 方案研究与标准化过程中制定的导频、测量与反馈机制也已经为 CoMP 等技术的引入提供了良好的基础。在缺乏新的技术推动力与场景需求的情况下，LTE Release 11 中 MIMO 技术的发展不可避免地陷入了低潮。Release 11 关于下行 MIMO 增强的 SI 最初将目标锁定在 real-life issues、CSI 反馈增强以及控制信道增强 3 个方向。经过短暂的讨论之后，real-life 议题中关注的若干问题被认为没有必要通过 RAN1 的标准化改进予以解决。除了因延续 Release 10 的双极结构而略微显露出一丝新意的 4-Tx 码本增强方案之外，MU-CSI、PUSCH 3-2 等 CSI 反馈增强方案基本上是反复讨论的主题。面对技术发展需求匮乏的现状，Release 11 中进一步引入新的 MIMO 增强方案的努力不得不草草收场。而介于 MIMO 与控制信令/控制信道设计之间的控制信道增强则成为 RAN1 在 Release 11 中唯一与 MIMO 沾边的议题。

第二阶段：2012 年至今。在该阶段，有源天线技术的发展与成熟为 MIMO 技术的进一步演进带来了一丝曙光。有源天线的引入，将对基站射频-基带系统结构并可能对整个网络架构带来影响。对于 MIMO 技术而言，由于天线阵列向三维发展，MIMO 空间的空间自由度得以进一步扩展，使基站在三维空间中控制信号的空间分布特性成为可能。同时，由于 MIMO 传输中可独立控制的天线单元数量的增加，具有更高传输效率与功率效率的大规模 MIMO（Massive MIMO）技术也将有可能得到应用。Release 12 是 LTE 系统发展的又一重要阶段，局域覆盖成为 LTE 系统设计与优化的重点，而这一趋势将有可能会影响到 LTE Release 12 之后 MIMO 方案的标准化发展走向。此外，有源天线阵列（Active Antenna Array，AAS）技术大规模应用后会带动网络架构方案的变革，而 AAS 阵列的应用所引发的 MIMO 技术 3D 化趋势将对 MIMO 信道建模、反馈方案、导频设计以及控制信令设计提出新的挑战。

2.4.1.2 专利申请趋势

尽管 MIMO 技术在 20 世纪初就已经提出，但是其直到 4G，才被标准组织采纳为物理层的关键技术。如图 2-9 所示，MIMO 技术相关标准必要专利申请最早可推至 2000 年，其中以北电网络的申请为主。

可以看到，在 2004 年底 3GPP LTE 标准化项目启动之前，MIMO 技术的发展处于一个较为平缓的状态，其中，2002 年的申请有一个小高峰是因为其中涉及高通的很多核心专利，而高通在此后又以这一批核心专利为母案提交了大量的分案申请，这些分案申请在 DWPI 数据库中与母案申请被统计为不同的专利族。2004 年开始 MIMO 技术的专利申请量激增，2007~2010 年一直维持在一个较高的水平，2008 年由于 LTE 标准基本版 Release 8 版本的冻结，MIMO

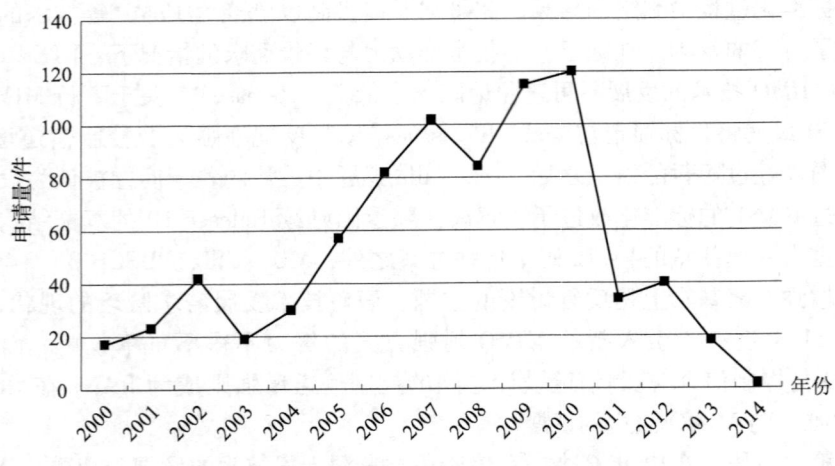

图 2-9　MIMO 技术标准必要专利申请趋势

技术核心专利的布局已初步完成，因此，申请量也随之有一个小幅回落，随后由于 LTE 高级版本 LTE-A 的标准化工作的启动，申请量在 2010 年达到了峰值，从 2011 年开始呈现直线下降。这是由于经历了 3 个版本的演进，到 Release 11 时，LTE 的 MIMO 技术日渐完善，在缺乏新的技术推动力与场景需求的情况下，MIMO 技术的发展不可避免地陷入了低潮。直到近几年，随着 5G 关键技术之一的大规模 MIMO 研究的开展，MIMO 技术领域呈现出新的创新空间，MIMO 技术专利申请量又有所回升。对照图 2-8 的 MIMO 技术相关提案的年度分布情况，可以看到，2006~2014 年 MIMO 标准必要专利的申请趋势与 MIMO 技术相关提案的趋势大致相符。这也反映出专利的申请与技术标准的演进密切相关，技术标准的演进与专利申请是一个不断互动的过程，专利数量随着标准创立进程的推进不断增加。当技术标准的创立进入到一个新的阶段时，专利申请数量也会随之出现一个上升的趋势。例如，2009~2010 年，随着 LTE-A 的标准化工作的启动，出现了一个创新活跃期，专利申请的数量和提案数量均保持在较高的水平。需要说明的是，在 2014 年后，由于专利从申请到公开的周期性延迟以及标准必要专利披露较晚等因素，导致专利申请数据出现了失真的情况。

2.4.1.3　在华专利申请趋势

图 2-10 显示了 MIMO 标准必要专利在华申请的年申请量发展趋势。可以看出，在华申请趋势与全球的申请趋势基本一致，MIMO 技术最早是在 2001 年进入中国的，2002 年高通公司的一批核心专利也都进入了中国。相对于全

球专利申请量在 2004~2007 年的快速增长,在华专利申请在 2004~2008 年的增速相对较缓,这也说明中国公司对于 MIMO 技术的研究起步较晚。而在 2008~2010 年,在 LTE 基本版和高级版 LTE-A 的标准化工作推动下,专利申请量也急速增长。在 2011 年后,随着 MIMO 技术进入成熟期,进一步的技术创新难度较大,因而专利申请量也呈直线下降。

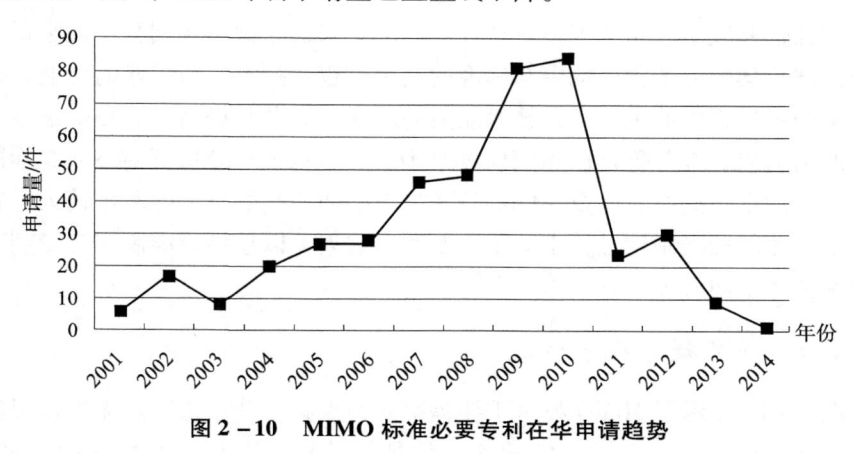

图 2-10 MIMO 标准必要专利在华申请趋势

2.4.1.4 标准与专利的时间关系

通过对 MIMO 技术标准提案与标准必要专利的时间序列分析,可以看到标准与专利的时间关系如下。

(1) 专利申请先于标准制定过程

从前面的分析可以看到,MIMO 技术早在 2000 年左右就已经有相关专利申请,而直到 2004 年底 LTE 的标准化工作刚刚启动。可见,专利申请往往先于标准的制定过程,这一点对于 MIMO 技术等物理层底层技术而言尤为突出。这是由于通信领域的一项新技术在进入工业界形成工业标准之前通常会在学术界形成研究热点,因此,随着学术研究的热点自然会产生相应的专利申请。当标准组织在确定标准化项目之后,专利申请人可以将这些专利申请纳入标准范围,声明为标准必要专利,由此也可以看到专利申请对于标准化工作起到了促进作用。

(2) 专利申请数量与标准推进密切相关

从前面的数据分析可以看到,专利申请贯穿于标准制定的整个过程,标准提案随时间的变化趋势与专利申请量的变化趋势大致相符,当标准化工作启动后,专利申请的数量随之逐渐上升。当技术标准的制定进入一个新的阶段时,专利的申请数量也会随之出现一个上升的趋势。随着标准制定工作的完成，专利申请在达到最高峰后逐渐下降。可见，技术标准的推进促进了相关的专利申请活动。

2.4.2 标准与专利的主体关系

在通信领域中，企业为了获得技术标准带来的巨额商业利益，通常都通过提交标准提案的方式积极地参与标准的制定过程。技术实力雄厚的企业往往也是标准制定过程中的主导者，技术能力的增强，有助于提高企业在标准制定过程中的话语权。本节仍将以 MIMO 技术为例，分析 MIMO 技术在 3GPP 标准制定过程中的重要提案人以及 MIMO 技术标准必要专利的重要专利申请人，在此基础上，比较标准制定过程中的重要专利申请人，以总结标准制定与专利申请在创新主体上的相关关系。

2.4.2.1 重要提案人分布

图 2-11 显示了 MIMO 技术重要提案人的提案量分布情况。无论从提案总量还是通过提案量来看，这 11 家企业均排名靠前，其中，这些公司的提案总量占全部相关提案的 2/3 以上，并且通过提案总量占全部通过提案总量的八成以上。众所周知，3GPP 最早由欧洲和日本公司提出和主导，因此传统的国外通信厂商，如爱立信、诺基亚、日本的 NTT 都科摩等公司，无论在标准制定还是主席、副主席的位置依然占有重要地位。高通、三星等公司在 3GPP 中也具有很大的影响力和核心地位，华为、中兴和大唐在提案质量和贡献方面都可圈可点，在标准制定过程中享有相当的话语权。

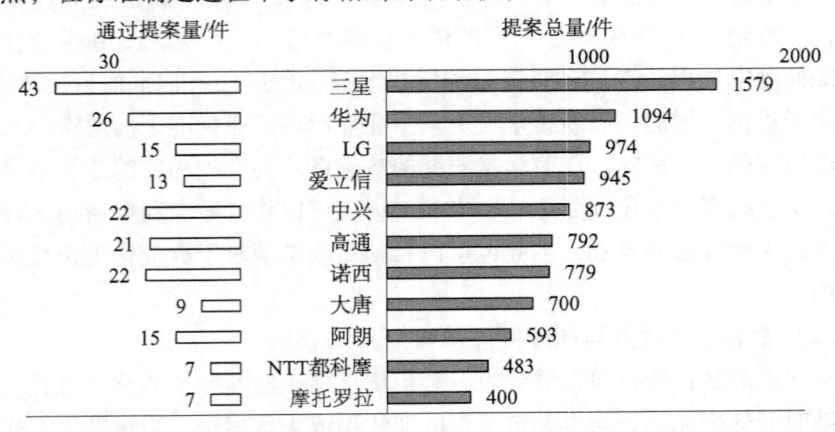

公司	通过提案量/件	提案总量/件
三星	43	1579
华为	26	1094
LG	15	974
爱立信	13	945
中兴	22	873
高通	21	792
诺西	22	779
大唐	9	700
阿朗	15	593
NTT都科摩	7	483
摩托罗拉	7	400

图 2-11 MIMO 技术重要提案人的提案量分布情况

2.4.2.2 重要申请人分布

涉及 MIMO 技术的专利申请最早出现在 2000 年，当年涉及的申请人为：北电网络、苹果、高通和索尼，其中北电网络申请量最多。如图 2-12 所示，对 MIMO 技术标准必要专利申请人按照专利申请的总量进行统计排名，从申请人的国别分布来看，申请量排名前 18 位的申请人中，美国占 6 家，日本占 5 家，中国和韩国各占 2 家，瑞典、芬兰和加拿大各占 1 家。从中可以看出全球 MIMO 技术发展以美国最为活跃，美国公司在 MIMO 领域的研发力度较大，完成了较好的技术积累。作为全球领先的芯片厂商，高通在 MIMO 技术上仍然拥有相当雄厚的技术储备，其以 99 件申请量排名第三。韩国企业如 LG 和三星在专利数量上拥有较大优势，以申请量分别为 141 件和 105 件分别占据了第一和第二位，这跟韩国政府的支持以及自身的技术研发投入和技术储备密切相关；以 NTT 都科摩、日本电气等为代表的日本企业在 MIMO 技术领域也有较多的专利申请，反映出日本企业对于 MIMO 等物理层关键技术的重视程度。而中国的中兴、华为在 MIMO 的基础专利申请不多，申请量分别只有 12 件和 11 件，表明了中国申请人在 MIMO 技术积累中处于落后局面。从申请人类别来看，传统的通信巨头例如高通、三星、爱立信等公司在 MIMO 技术中仍然有较多的专利申请，而苹果、索尼、英特尔、德州仪器等 IT 巨头也出人意料地在 MIMO 技术领域中占据了一席之地。此外，专利运营公司交互数字手中也有较多的 MIMO 核心专利。对照图 2-11 的 MIMO 技术重要提案人分布图，可以看

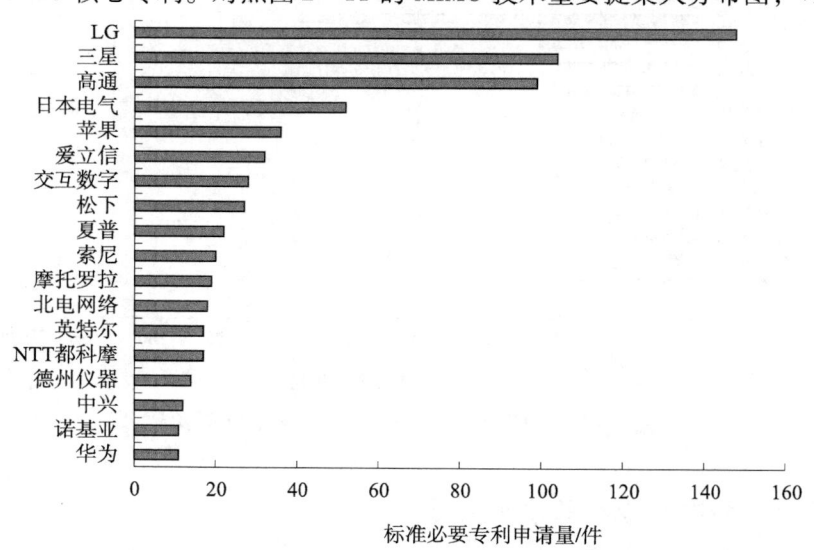

图 2-12 MIMO 技术标准必要专利重要申请人

到，MIMO 技术标准必要专利的重要申请人分布与重要提案人分布不尽相同，在提案数量上靠前的公司中几乎看不到 IT 公司的身影，这也能反映出在标准制定过程中的话语权主要还是掌握在传统的通信巨头手中，而 IT 公司只能通过布局专利的方式来抢占 4G 市场份额。与之形成鲜明对比的是中国企业的表现，华为、中兴、大唐等中国企业在 MIMO 技术领域拥有的标准必要专利较少，大唐的标准必要专利数量更是在个位数，然而其在标准制定过程中表现得相当活跃。

2.4.2.3 在华重要申请人分布

图 2-13 对在华标准必要专利申请人按照申请的总量进行统计排名。从图中可以看出，申请量排名前 15 位的申请人中，美国和日本各占 4 家，中国占 2 家，韩国占 2 家，瑞典、芬兰和加拿大各占 1 家。从中可以看出美国公司和日本公司不仅在 MIMO 技术领域有非常雄厚的研发实力，并且也非常重视中国市场。韩国两家以通信业务为主的通信巨头也非常看重中国市场，在中国进行了大量的专利申请。而全球申请量排名靠前的苹果和日本电气在中国的专利申请数量并未排进前 15 位。中国本土公司在 MIMO 技术领域的研发实力总体较弱，仅有华为和中兴两家公司榜上有名，但是均排名靠后，也可以看到中国公司对于 MIMO 等底层基础技术的研究实力还落后于国外老牌通信公司。

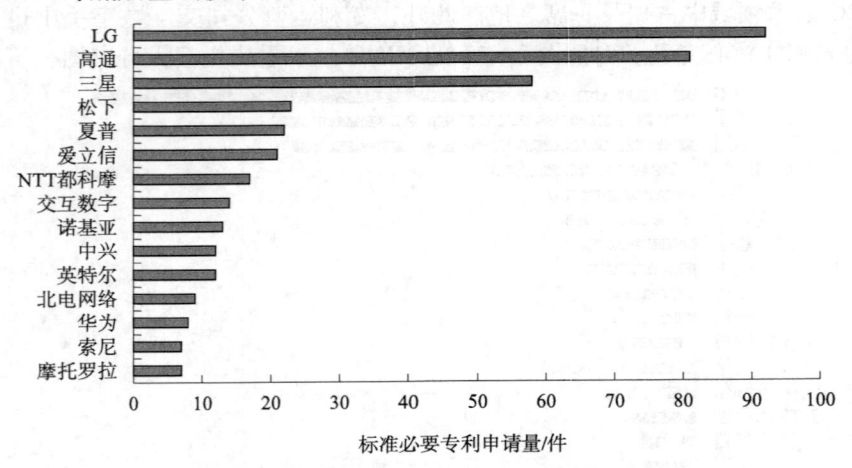

图 2-13 MIMO 标准必要专利在华重要申请人

2.4.2.4 标准与专利的主体关系

通过对 MIMO 技术标准提案与标准必要专利的重要提案人和重要申请人的

分析可以看到，标准与专利的主体关系主要如下。

（1）通信巨头掌握标准制定的话语权

从上面的分析可以看到，高通、三星、爱立信、LG等传统的通信巨头公司在标准提案的数量以及标准必要专利的数量上都占有绝对优势。这些技术实力雄厚的企业，主要通过加大研发力度进行专利申请。同时，它们作为通信技术标准的主导者和发起者，在标准制定过程中拥有相当的话语权。

（2）专利数量与专利权人在标准制定中的活跃程度不呈正相关

从上面的分析可以看到，MIMO标准必要专利申请人分布与提案人分布不尽相同，在提案数量上靠前的公司中几乎看不到以计算机为主营业务的IT公司的身影，然而，IT公司拥有较多的标准必要专利。以华为、中兴、大唐为代表的中国企业在标准制定过程中表现得相当活跃，但中国企业在基础技术领域的标准必要专利拥有量较少。

2.4.3 标准与专利技术领域的关系

在技术的演进过程中，经常出现多项技术方案为争夺主导地位展开激烈竞争的场面。例如，在LTE标准确立之前，高通的CDMA技术一直是通信系统物理层的核心技术，高通因为拥有CDMA技术的核心专利权而获得了巨额的利益；到了LTE标准确定的时候，为了打破高通在CDMA技术的垄断，由爱立信等牵头将OFDM技术纳入了LTE标准。可见，技术发展存在路径依赖性，当标准确立之后，将沿着特定的技术方向发展。本节将继续以MIMO技术为例，分析MIMO技术在3GPP标准制定过程中的研究热点以及MIMO技术标准必要专利的申请方向，在此基础上，比较标准制定过程中专利申请技术领域的分布特征，以总结标准制定与专利技术领域的相关关系。

2.4.3.1 标准必要专利的标准协议号分布

在标准组织披露的标准必要专利中，通常都会要求专利申请人披露专利所对应的标准协议号。标准必要专利的标准协议号直接反映了标准与专利在技术领域的关联关系。从图2-14可以看到，由于MIMO技术为LTE物理层关键技术，因此，披露的标准必要专利主要涉及LTE物理层协议即TS 36.211、TS 36.212、TS 36.213。其中，TS 36.211涉及物理信道和调制，与MIMO技术相关的主要包括物理资源的定义和结构，上下行物理层信道的定义、结构，帧格式，参考符号的定义和结构，预编码设计和层映射等；TS 36.213主要涉及物理信道过程，与MIMO技术相关的主要包括物理下行共享信道相关过程，物理上行共享信道相关过程以及物理多点传送相关过程；TS 36.312主要涉及复用和信道编码技术，MIMO 技术对其影响相对较小，因此，涉及的标准必要专利数量也不及 TS 36.211 和 TS 36.213 的一半。此外，MIMO 技术的引入对于上层协议比如 MAC 层（TS 36.321）、无线资源控制 RRC 层（TS 36.331）也会有一定的影响，因此，也有少量标准必要专利涉及 MAC 层以及 RRC 层等上层协议。

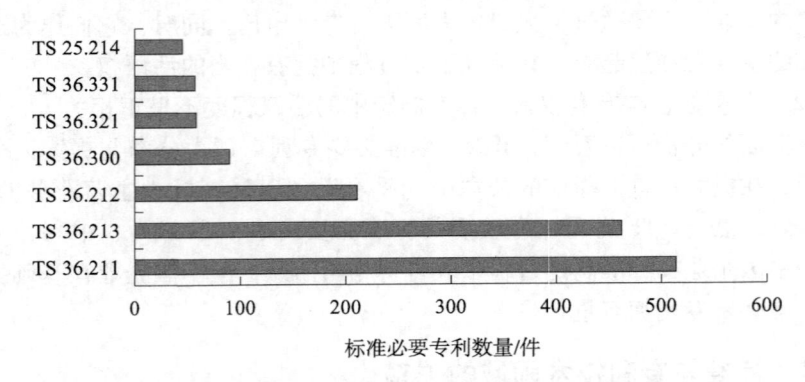

图 2-14　MIMO 技术标准必要专利标准协议号分布

2.4.3.2　各技术主题重要提案人

MIMO 技术的发展经历了两个阶段。为了更好地理解 MIMO 中各个发展阶段各关键技术的提案与专利的对应关系，本节中按照各版本讨论的改进侧重点对 MIMO 中的关键技术进行划分，并简要介绍各关键技术的主要内容以及相应的提案和提案人情况。

（1）第一阶段

第一阶段的提案分布情况如图 2-15 所示。下行 MIMO 的提案讨论量远高于上行 MIMO。在下行 MIMO 中，主要集中于反馈机制，次之是下行传输模式和控制信道，再次为参考信号。

1）下行传输模式

LTE Release 8 中的 MIMO 技术下行最大可以支持 4 天线发射以及 4 层传输，在 3GPP 的长期演进技术 LTE 中，UE 通过高层信令半静态（Semi-Statically）地被配置为基于以下的一种传输模式进行传输：

传输模式 1：单天线端口：端口 0（single-antenna port：port 0）。

传输模式 2：发射分集（transmit diversity）。

传输模式 3：开环空间复用（Open-Loop Spatial Multiplexing）。

传输模式 4：闭环空间复用（Closed-Loop Spatial Multiplexing）。

传输模式 5：多用户输入输出（Multi-User MIMO）。

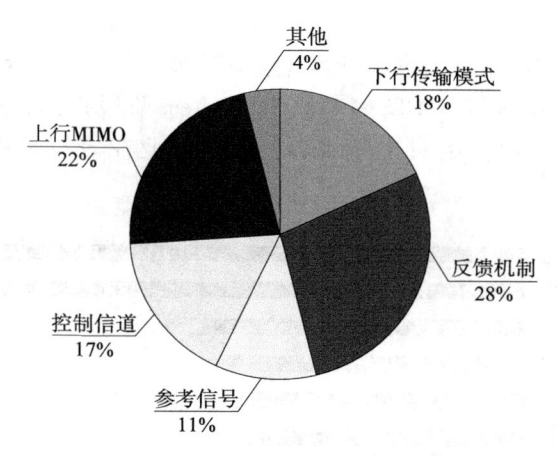

图 2-15　第一阶段关键技术提案分布

传输模式 6：闭环 Rank = 1 预编码（Closed - Loop Rank = 1 Pre - Coding）。

传输模式 7：单天线端口：端口 5（Single - Antenna Port：port 5）。

需要说明的是，LTE Release 8 阶段的 MU - MIMO 是通过传输模式 5 半静态地配置 UE 使其处于 MU - MIMO 状态，并且每个 UE 只有一个 layer，即单流 MU - MIMO。

传输模式 8：双流波束赋形模式，可以用于小区边缘，也可以应用于其他场景，LTE Release 8 中首先引入了单流波束赋形技术。随着技术的发展，目前的用户终端已经支持 2 天线的配置，能够支持 2 个流的数据传输，因此，LTE Release 9 将波束赋形扩展到了双流传输，从而实现波束赋形与空间复用技术的结合，双流波束赋形技术应用于信号散射体比较充分的条件下，结合了智能天线技术和多输入多输出空间复用，并且能够保持传统单流波束赋形技术广覆盖、小区容量大和干扰性小的特性，既可以提高边缘用户的可靠性，同时有效提升小区中心用户的吞吐量。可以在单用户的情况下将所有天线的资源都分配给同一用户，这种传输模式叫作单用户 MIMO（SU - MIMO），亦可以在多用户的情况下将不同天线空间的资源分配给不同用户，这种传输模式叫作多用户 MIMO（MU - MIMO）。在单一传输模式下，eNB 根据上报的信道状态信息可以动态地选择下行的 SU - MIMO 的传输或者 MU - MIMO 的传输，称为 SU/MU - MIMO 动态切换。LTE Release 9 的传输模式 8（TM8）允许用户设备 UE 在 SU - MIMO 传输模式和 MU - MIMO 传输模式之间动态地切换。

传输模式 9：LTE - A 中新增加的模式，可以支持最大到 8 层的传输，包括 Beamforming 和基于 CSI - RS 码本两种实现方式，DCI 格式中增加新格式 2C

来指示。

下行传输模式的主要提案人及其提案情况如图2-16所示。这部分提案主要是在Release 8阶段以及LTE-A的Study Item阶段提出，属于核心技术主题，三星及欧美企业占绝对主导优势，中国企业在该技术主题下相对处于劣势。

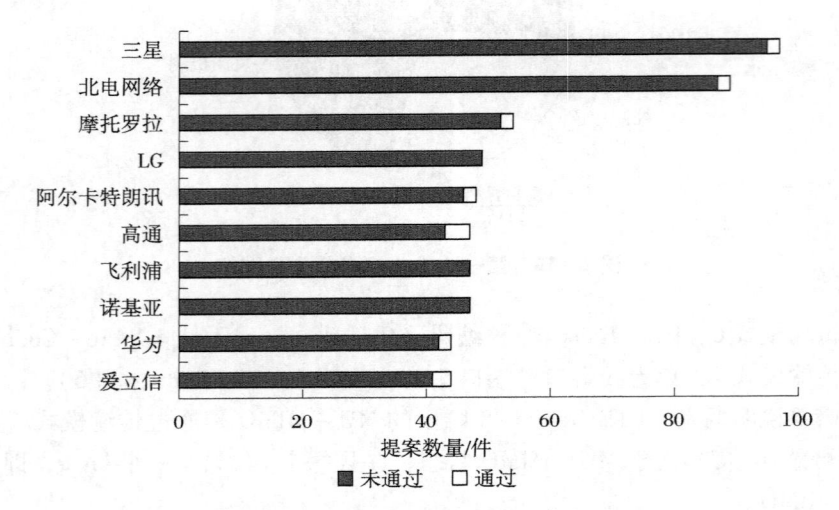

图2-16 下行传输模式的主要提案人及其提案情况

2）参考信号

参考信号包括信道状态信息参考信号（Channel State Information Reference Signal，CSI-RS）、探测参考信号（Sounding Reference Signal，SRS）、解调参考信号（Demodulation Reference Signal，DMRS）等参考信号，用于实现信道估计、反馈等功能。随着MIMO技术的演进也在不断变化，如由单端口的专用导频信号到双端口专用导频再到8端口导频、解调参考信号（DMRS）等，具体如下。

Ⅰ.专用导频

在LTE系统中，公共导频是小区公共的，目前有4个端口的公共导频信号，在全带宽上发送。专用导频是基于UE的，即每个用户只能接收到自己的专用导频信号。在LTE Release 8系统中，专用导频的端口号是5，专用导频占用的时频资源和公共导频是不冲突的。专用导频符号只在分配给用户进行波束赋形的物理资源块PRB中的数据部分使用。由于引入了双流波束赋形技术，LTE Release 9中定义了新的双端口专用导频，基站可以通过下行控制信令指示两个秩为1传输的UE分别占用相互正交的专用导频端口，这样可以避免用户间干扰对专用导频信道估计的影响。一种简单的双流波束赋形专用导频设计方法是将原有端口 5 的导频分为两半，则可以支持双流波束赋形，在双流波束赋形传输时，rank 自适应技术也需要得到支持，rank 就是信道的秩，即信道矩阵的特征值的个数。rank 自适应指的是根据信道的秩进行传输数据流数的切换，如果信道的 rank 为 1，则传输一个数据流，需要的专用导频端口数最少为 1；信道的 rank 等于 2，则传输数据流数为 2，与之相对应的专用导频端口数最少为 2。如果终端处于双流波束赋形传输模式时，在进行 rank 自适应切换时，不仅需要考虑专用导频端口的发送问题，同时也需要考虑如何进行测量信道的 rank 值来进行传输数据流数的切换。

Ⅱ.8 端口导频

在演进的第三代移动通信系统标准中，参考信号被分为两类：公共参考信号（CRS）和专用参考信号（DRS）。在 3GPP LTE 系统中，CRS 一般被称为特定于小区的参考信号或公共参考信号，并且被一 eNB 的小区内的所有 UE 接收。为了支持对利用多个发送天线的发送进行信道估计和测量，定义若干个参考信号模式，以用于在天线端口之间的区分。DRS 是与 CRS 分开发送的附加参考信号，并且被发送到由 eNB 选择的特定 UE。在 3GPP LTE 系统中，DRS 也被称为特定于 UE 的 RS 并用于支持利用基于非码本的预编码进行的数据业务信道传输。在从 LTE 演进而来的高级 LTE（LTE – A）中，除了 CRS 和 DRS 以外，DMRS 用于支持多达 8 层的信道估计。与 DRS 类似，DM – RS 与 CRS 的发送分开，以特定于 UE 的方式发送。在 LTE – A 系统中，利用使用频域和时域二者的 OFDMA 传输方案传输下行链路信号。下行链路频带在频域中被划分成多个资源块（RB），每个 RB 包括 12 个子载波，并且在时域中被划分成多个子帧，每个子帧包括 14 个 OFDM 符号。eNB 在频域中以由一个或多个 RB 组成的无线电资源为单位进行发送，在时域中以子帧进行发送。由一个 OFDM 符号持续时间的一个子载波定义的资源单位被称为资源元素（RE）。在 SU – MIMO 模式或 MU – MIMO 模式中，可以使用多层进行传输。对于多层传输，为每一层分配 DMRS 资源。在 LTE – A 系统中，为一层的信道估计分配的 DMRS 资源被称为 DMRS 端口。

Ⅲ. 解调参考信号（DMRS）

LTE Release 8/9 中的主要传输模式基本都采用了基于 CRS 的解调与测量机制，或者说 CRS 同时承担了数据解调与测量双重功能。实际上两者对信道估计精度的要求是不同的，相对而言数据解调需要更高的准确度。如果采用统一的测量和解调用导频，就需要按照数据检测对导频密度的要求进行设计。而实际上，只有在被调度的资源上才需要用密度较高的导频进行检测。上述矛盾在天线数量较多时尤为突出。如果在支持 8 天线端口的传输模式中沿用上述机制，将导致巨大的导频开销并可能抵消高阶 MIMO 与 MU－MIMO 带来的性能增益。针对上述问题，传输模式 9 在传输模式 7/8 的基础上进行了进一步的扩展，将导频的测量与解调功能完全分离开。LTE Release 10 中分别定义了最高支持 8 个端口的测量导频，如 CSI－RS，以及最高支持 8 个端口的 DMRS，或称 URS。考虑到测量所需的信道估计精度需求以及高阶 MIMO 与 MU－MIMO 主要用于低移动性场景，CSI－RS 的时/频域密度较低。DMRS 密度相对较高，但是仅仅出现在有数据传输的资源上。通过这种机制，传输模式 9 可以在支持 8 个天线端口的同时，有效地缩减反馈开销。从另一角度考虑，导频的测量与解调功能的分离也使得下行传输中可以采用基于 DMRS 的灵活的预编码方式。对于采用 DMRS 进行解调的传输方式，其预编码矩阵的选择不再限定于某个特定的集合（码本）之内，或者说可以采用非码本的预编码方式。对于 TDD 系统，基站可以通过信道互易性利用对上行信道的估计获取下行信道状态信息。但是对于 FDD（Frequency Division Duplexing，频分双工）系统而言，由于一般不存在信道互易性，仍然需要采用基于码本的反馈。根据基站获取下行信道状态信息的方式，系统通过高层信令可以将反馈配置为 PMI（Precoding Matrix Indicator，预编码矩阵指示）/RI（Rank Indication，秩指示）模式或非 PMI/RI 模式。其中，PMI/RI 反馈模式需要采用 CSI－RS 测量 CSI（Channel State Information，信道状态信息），而非 PMI/RI 反馈模式需要基于 CRS 测量 CSI。

参考信号的主要提案人及其提案情况如图 2－17 所示。华为和三星在总体提案量方面居于首位。中国企业在该技术主题的提案量整体靠前；欧美企业略靠后，通过提案量不大，且较为零散。

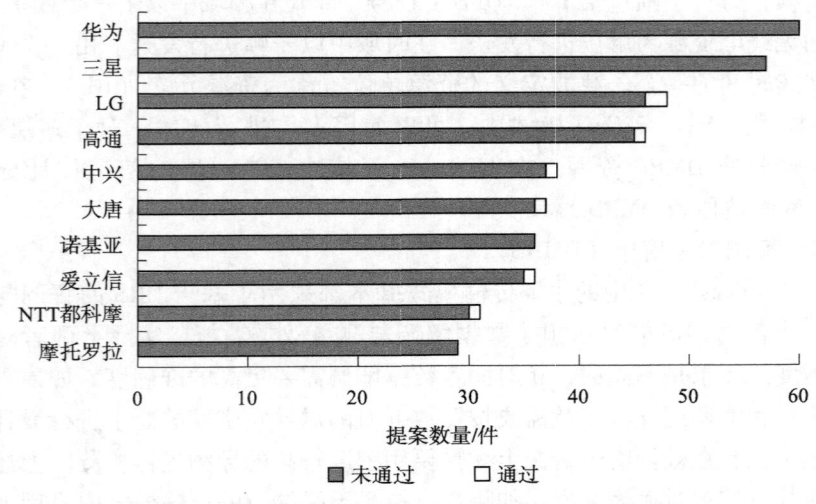

图 2－17 参考信号的主要提案人及其提案情况

3) 反馈机制

反馈机制主要包括支持基于码本与基于信道互易性的反馈方式、双极码本结构和 4 – Tx 码本增强等关键技术。

Ⅰ. 支持基于码本与基于信道互易性的反馈方式

预编码技术是一种在发射端利用信道信息对发射信号进行预先处理的技术，预编码是将待发送的数据流乘以预编码矩阵将其进行映射并发送；LTE 中采用空间预编码技术提高系统性能并降低 UE 的复杂度，根据是否采用有限个预编码矩阵，预编码可以分为码本（codebook）预编码操作和非码本（non – codebook）预编码操作；非码本预编码操作是指基站侧通过接收上行信号，获得上行方向的空间信道信息，利用 TDD 系统的信道互易性，获得下行方向的空间信道信息，从而利用这个空间信道信息获得预编码矩阵；对于码本预编码操作，系统需要事先预定一组预编码矩阵，成为 codebook，终端通过接收下行公共参考符号之后，可以获得下行空间信道矩阵，并通过某种准则在 codebook 中选择合适的预编码矩阵，比如 MMSE 算法，将选择的预编码矩阵的序号反馈给基站；在进行 codebook 预编码操作时，只有数据符号进行预编码操作，而参考符号不进行预编码操作。对于 TDD 系统采用非码本预编码操作可以大大节省所需的反馈信令开销，将计算量放在基站端，减小终端的负担，但是要求终端有两个天线发射的能力或进行两个天线切换发射，并且在下行预编码传输的频段内，发送上行数据符号和/或探测参考符号。

Ⅱ. 双极码本结构

为了满足峰值频谱效率要求（上至 30 位/秒·赫兹），将在 LTE Release 10 中标准化在 DL 中对上至 8 个 TX 天线的支持，从而实现与上至 8 个空间层的 DL 空间复用传输。现在同意将 8 – TX DL MIMO 和增强型 MU – MIMO 列入 Release 10 中用于增强 DL MIMO 传输。在 LTE Release 10 中需要的是用于 8 个 TX 天线的码本设计。在 RAN1#59 中已经同意将 Release 8 的隐式反馈框架延伸至 LTE Release 10。这是基于如下模块化设计（或者多粒度），该设计组合来自相异码本的两个反馈分量：一个反馈分量代表长时（例如宽带）信道性质，另一个反馈分量以短时（例如频率选择性）信道性质为目标。与 LTE Release 8/9 相比，针对 LTE Release 10 考虑 DL MIMO 的两种新风格：

- 优化 MU – MIMO 操作，这在预编码的 UE 专属参考符号（有时称为 UE – RS 或者 DRS 或者 DM – RS）和周期性的 CSI – RS 方面受益于新参考符号设计封装；
- 延伸上至 8 层 DL MIMO 操作（与上至 8 个空间流的空间复用）。

这些增强将由遵循 LTE Release 8 中的隐式反馈原理的、用于 CSI 和信道质量指示（Channel Quality Indicator，CQI）的新 UE 反馈模式支持。准确 CSI 反馈尤其对于 MU-MIMO 而言是重要的。另外，信令方面和码本大小在考虑延伸至 8 层 SU-MIMO 操作时更具有重要性。在 LTE Release 8 中的码本（CB）条目已经针对上至秩为 4 的发送而加以定义并且遵循若干设计约束（比如约束模量、有限字母表和嵌套性质）。操作这样的码本相当简单直接：基于在共同参考符号（CRS）之上的估计信道，UE 确定它的用于这一信道的优选传输秩并且基于这一秩、基于选择标准（例如吞吐量最大化）选择码字。为求简洁，令这些码本定义和操作同传统码本或者单码本操作。在 LTE Release 10 中已经有针对基于传统码本设计的码本的若干贡献。例如 Motorola 的文档 R1-101462 提出大小为 4~5 位的若干码本，这些码本具有允许在均匀线性阵列（ULA）场景中并且也在交叉极化的（XP）场景中操作的码字。在 RAN1#60 中提交了用于传统码本设计的其他提议。在 RAN1#60 中已经同意延伸由 PMI/RI/CQI 的隐式定义构成的 Release 8 的反馈模式。同意的码本模块化（多粒度）结构由两个预编码矩阵构成：一个以宽带和/或长期信道性质为目标，另一个以频率选择性和/或短期信道性质为目标。

Ⅲ.4-Tx 码本增强

3GPP Release 8 LTE 采用 Household 方法构造了针对 4 天线的码本空间，即在 LTE-A（3GPP Release 10）的标准中，定义了针对多用户传输的 8 天线的码本空间（即实际传输时采用的码本）。3GPP 的 Release 10 和 Release 11 的讨论过程中评估了 R8 中定义的 4 天线码本，仿真结果显示其在多用户传输和交叉极化天线阵列（Cross Polorized Linear Antenna Array，CLA）天线传输环境中性能较低。作为 Release 8 码本的增强，其中，一种可实现的方案是重用 Release 10 中 8 天线的两层码本方案，即 4 天线反馈的码字由两个码字组合而成，两个码字分别描述了无线信道的长期/宽带和短期/窄带属性。此外，码本尺寸可能进一步增加（例如从 4 比特增加到 6~7 比特）。4Tx 的 CSI 增强中也很有可能考虑增强的 CQI 反馈，例如针对 MU-MIMO 的反馈等。和 8 天线（码本仅应用于独立的新增传输模式）不同，4 天线的增强的 CSI 反馈可以应用于小区专用测量导频（Cell-specific Reference Signal，CRS）传输模式，因而需要探讨更多的兼容性问题，例如，在哪些传统传输模式支持 4Tx 增强 CSI-如何兼容现有的控制信令或者是否构造新的传输模式来支持 4 天线的增强 CSI 等。

反馈机制提案公司分布情况如图 2-18 所示。总体提案量方面三星居首，其次是一系列的欧美企业，再次是中国企业。通过提案量方面以高通、爱立信、摩托罗拉 3 家欧美企业领头，其他企业次之。

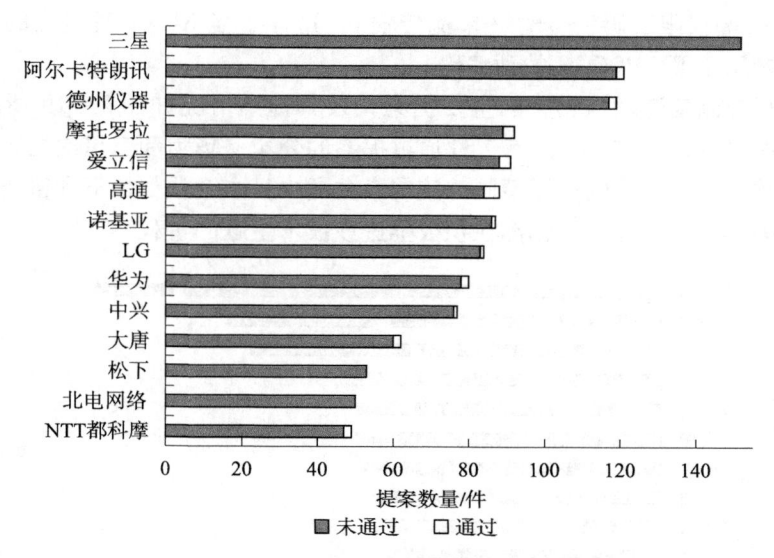

图 2-18 反馈机制提案公司分布情况

4）下行控制信道增强

在后续 LTE-A 版本中，由于 MU-MIMO、CoMP、载波聚合等技术和同小区 ID 的无线远端头（Remote Radio Head，RRH）、8 天线等配置的引入，LTE-A 系统的物理下行共享信道（Physical Downlink Shared Channel，PDSCH）的容量和传输效率得到大幅度提升；但相对早期的 LTE 版本（如 Release 8/9）LTE-A 系统的物理下行控制信道（Physical Downlink Control Channel，PDCCH）的容量和性能却未受益于新技术而获得提升。一方面，新技术的应用使 PDSCH 可以同时为更多用户提供数据传输，这将大大增加对 PDCCH 信道容量的需求；另一方面，在 PDSCH 中应用的解调参考符号（DMRS）等新技术为 PDCCH 的增强提供了可循的技术和经验。为了解决 PDCCH 容量受限的问题，目前的解决方案是：将增强型 PDCCH（E-PDCCH）放置在 PDSCH 域传输，对其进行预编码并采用解调参考信号（DMRS）增强其传输性能。为了不引入额外的反馈信令，目前，在 TDD 系统中，可以基于上行信道测量参考信号（SRS）的测量结果对 E-PDCCH 进行预编码；在 FDD 系统中，E-PDCCH 的预编码想要基于针对 PDSCH 的反馈信息，即预编码矩阵指示（PMI）信息和秩指示（RI）信息，其中，PMI 信息的反馈支持宽带反馈和子带反馈两种，E-PDCCH 是以子带的形式占用频域资源。由于 E-PDCCH 和 PDSCH 传输结构不同，实际上针对 PDSCH 的反馈信息并不能直接用于 E-PDCCH 的预编码。具体地，RI 的反馈是为了支持 PDSCH 的空间复用，但 E-

PDCCH 传输仅限于码字传输（单流传输），这样，当 RI > 1 时对应的 PMI 就不能直接用于 E – PDCCH 的预编码。

下行控制信道增强相关的主要提案人及其提案情况如图 2 – 19 所示。LG 提案量最多，且是唯一——家有 1 件通过提案的公司，华为和三星次之，与其他主题中欧美企业居多的情形不同，该技术主题中日本企业如松下和富士通表现亮眼，国内的大唐和中兴也都在积极推进该技术主题的进程。

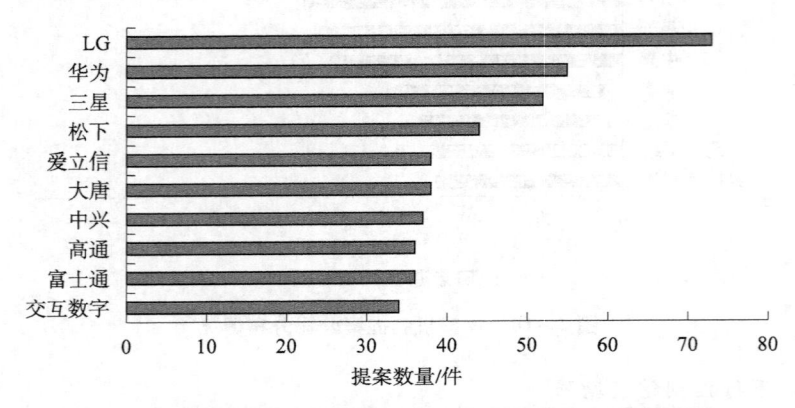

图 2 – 19　下行控制信道增强相关的主要提案人及其提案情况

5）上行 MIMO

上行 MIMO 技术主要有两种模式：空时编码（Space – Time Coding，STC）模式和空间复用（Space Multiplexing，SM）模式。其中，STC 模式同时利用了时间和空间，通过移动终端内的多个天线把具有相同数据信息的无线信号通过不同的信道发送出去，基站可以获得经过不同信道发送的多个该数据信息，从而提高了基站获得的该数据信息的准确性。SM 模式则利用了空间，移动终端在发送一个字符时间内把多个字符同时发送出去，即将串行的数据流转换为并行的数据流同时进行发送，此时多个天线发送的数据信息是不相同的，基站接收到该并行的数据流后，进行空间解调复用，重新组合成串行数据流。该方法可以很大程度的提高系统传输速率和吞吐量。其中，STC 模式适用于相关性较强、独立性较弱的信道；SM 模式适用于相关性较弱、独立性较强的信道。如果在相关性较弱、独立性较强的信道中使用 STC 模式发送数据信息，发送数据信息的准确性很低，该基站不能对接收到的数据信息进行正确的解码，从而不能准确地获取该移动终端发送的数据信息；相应地，如果在相关性较强、独立性较弱的信道中使用 SM 模式发送数据信息，发送数据信息的准确性也很低，该基站也不能对接收到的数据信息进行正确的解码，从而也不能准确地获取该移动终端发送的数据信息。

上行 MIMO 的主要提案人及其相关提案情况如图 2-20 所示。三星和 LG 的总体提案量以及通过的提案数量最多,其余公司的总体提案量略有差异,但通过提案数量接近。

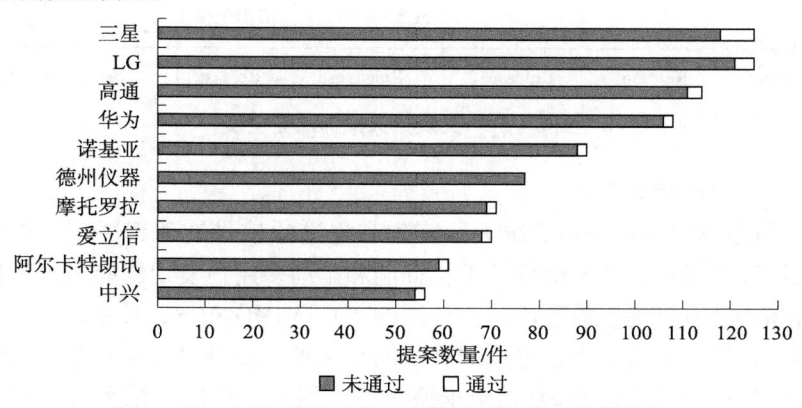

图 2-20　上行 MIMO 的主要提案人及其相关提案情况

（2）第二阶段

为了进一步提高数据传输速率,通过增加基站天线数目构建大规模 MIMO 系统,是一种高效而相对便捷的方式。大规模 MIMO 系统最早由美国贝尔实验室的 Thomas L. Marzetta 等研究人员提出。研究发现,当小区的基站天线数目趋于无穷时,加性高斯白噪声和瑞利衰落等负面影响全都可以忽略不计,数据传输速率得到极大提高。在大规模 MIMO 系统中,基站配置大量的天线,天线数目通常有几十、几百甚至几千根,是现有 MIMO 系统数目的 1~2 个数量级以上,而基站所服务的用户设备数目远少于基站天线数目,基站利用同一个时频资源同时服务若干个 UE,充分发掘系统的空间自由度。如图 2-21 所示,随着容量需求和技术的发展,天线数随版本演进不断增多,16 天线可以认为是进入多天线"大规模"的门槛。为了实现全维发射,Release 12 中首先完成了针对 6G 赫兹以下频段的 3D 化的信道及应用场景建模工作,通过球面体传播模型代替传统的平面传播模型,垂直维度的波束能够实现高楼覆盖,扩展了多天线的应用场景;紧接着 Release 13 中,3GPP 定义了能够支持最多 16 个端口的 FD-MIMO 方案;Release 14 对 6G~100G 赫兹频段的信道和应用场景进行了建模,同时提出了支持 32 个端口的多天线方案、波束管理、CSI 获取、参考信号涉及和 QCI 等。大规模天线因具备提升系统容量、频谱效率、用户体验速率、增强全维覆盖和节约能耗等诸多优点,而被认为是 5G 最具潜力的无线网关键技术,甚至有商业案例将其引入 4G 系统,增强 LTE 系统能力和生命力。

```
最高4Tx-SU-    最高8Tx-SU-    LTE阶段的大规模天线                          全新定义
MIMO下行       MIMO下行       <6G赫兹中低频   最高16Tx-最高   最高32Tx-
最高4层-MU-    最高8层-MU-    3D信道模型      16端口的FD-    最高16端口的    5GNR
MIMO：下行     MIMO：下行                     MIMO-MU-       FD-MIMO-定义
最多2用户      最多4用户                      MIMO：下行     6G～100G赫兹的
                                              最多8用户      3D信道模型
```

Release8   Release10   Release12   Release13   Release14   Release15、Release16

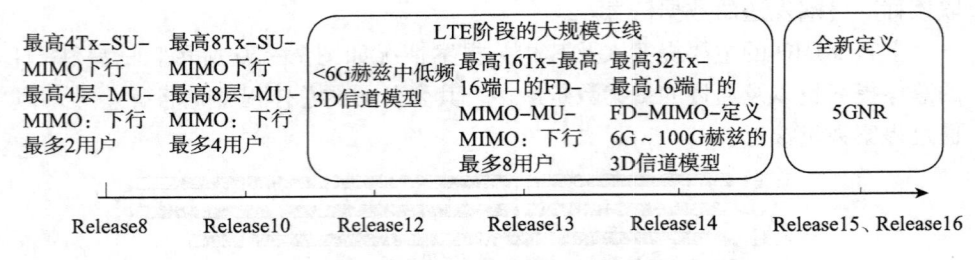

图 2-21　大规模天线标准化进展

1）3D 信道模型

3D 信道模型通过采用二维天线阵列和先进的信号处理算法，可以实现精确的三维波束成形，实现更好的干扰抑制和空间多用户复用的能力，是提升系统容量和传输效率的有效手段。与传统的 2D-MIMO 相比，传统的 2D-MIMO 天线端口数较少导致波束较宽，并且只能在水平维度调整波束方向，无法将垂直的能量集中于终端；而 3D 信道模型一般采用大规模的二维天线阵列，不仅天线端口数较多，而且在水平和垂直维度灵活调整波束方向，形成更窄、更精确的指向性波束，从而极大地提升终端接收信号能量并增强小区覆盖；再者，由于可以充分利用垂直和水平维的天线自由度，实现同时、同频服务更多的用户，提升系统容量；还可以通过多个小区垂直波束方向的协调，达到降低小区间干扰的目的。

在标准增强方面，3D 信道模型主要分为基于信道互易性的传输方案标准增强和基于码本的传输方案标准增强。其中，基于信道互易性的传输方案标准增强主要包括：①天线校准：天线校准的精度直接影响上下行信道互易性的准确度，由于 3D 信道模型采用了更多的收发通道，采用传统的定向耦合器构成耦合盘实现天线校准变得非常复杂，因此基于空口的天线校准成为一种重要的候选解决方案，需要相应的标准增强。②CQI 反馈增强：3D 信道模型采用了更多的收发通道，波束成形增益相比传统天线大很多，基站使用的 MCS 和用户反馈的 CQI 之间的差别越大，基站进行 CQI 补偿的难度也将增加，需要对 CQI 反馈增强以改善 3D 信道模型的性能。③上行探测信号增强：在基于信道互易性的传输方案中基站依靠上行探测信号来获取下行信道状态信息。随着业务量的增长和用户的增加，上行探测信号受到的干扰越来越大，因此需要改善上行探测信号以增强其准确度。④DMRS 参考信号增强：现有技术中 DMRS 设计只能支持完全正交的 2 个用户，而 3D-MIMO 可以同时同频支持更多用户，因此要增强 DMRS 参考信号使更多用户保持正交。基于码本的传输方案标准增强主要包括：①码本设计：现有技术中的码本只支持传统的一维天线阵列，因此需要相应于二维天线阵列的码本增强才能更好地发挥 3D 信道模型的技术优势。②CSI-RS 发送方案以及 CSI 反馈增强：在基于码本的传输方案中，终端通过对 CSI-RS 进行测量来获得信道状态信息并反馈给基站，基站依赖于中端的反馈来获得下行的信道状态信息。现有技术中的 CSI-RS 只支持传统的一维天线阵列，因此 3D 信道模型也需要对 CSI-RS 进行相应的优化和标准增强。③DMRS 参考信号增强：与基于信道互易性的传输方案类似，在此不再赘述。

在 Release 13 阶段讨论标高波束赋形（Elevation Beamforming，EB）和全维度 MIMO 技术（Full Dimension Multi-Input Multi-Output，FD-MIMO）的 3D 信道模型，提案 582 件，通过 18 件，以诺基亚主导的 TR/TP 为主，详见 TR 36.873 关于 3D 信道模型的内容。

2）FD-MIMO

2014 年至今，随着技术的发展，FD-MIMO 被首次提出，随后被 3GPP 视作 5G 系统的关键技术之一。FD-MIMO 采用大规模 2D 有源天线阵列，可以利用空间隔离度为极大数目的移动终端同时同频提供服务，从而大幅提升系统容量。此外，2D 天线面板可以充分利用竖直维的空间自由度实现 3D 波束赋形，使得系统覆盖大幅提升。

第二阶段的讨论中，主要围绕信道模型、2D 天线阵列、波束管理，面对新场景应运而生的参考信号及反馈机制的增强等技术方面。如图 2-22 所示，从提案的整体数量及通过提案量来看，整体还是以老牌通信巨头为主，其中三星独占鳌头。相比于第一阶段，中国企业在大规模 MIMO 中的表现非常抢眼，华为和中兴作为中国企业代表已跃居第二梯队前列。

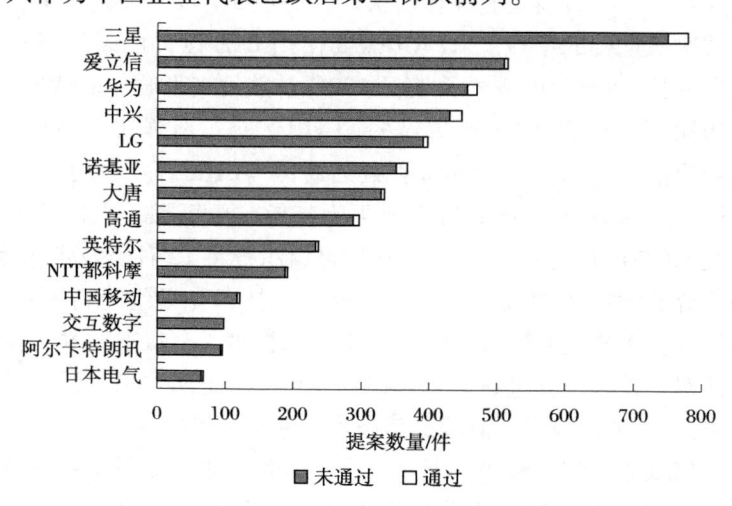

图 2-22 大规模天线提案主流公司分布

如图 2-23 所示，从通过提案对应的标准分布情况可以看到，FD MIMO 中涉及因新场景而对参考信号、预编码、码本等方面的改进，因此相应的 LTE 物理层协议 36.2XX 改进约占一半；36.873 主要关于 3D 信道建模，TR 36.897/36.987 是 FD MIMO 的 Study Item 阶段输出的研究报告，TR 38.802 是 5G 新空口的物理层协议，截至目前通过是两件关于 MIMO 校准的修改请求。

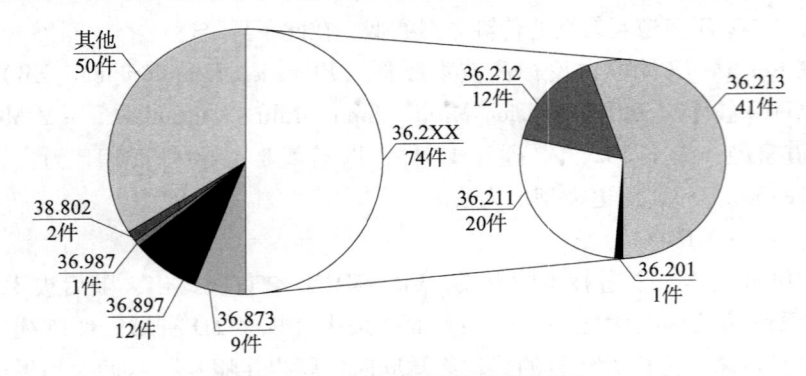

图 2-23 提案对应的标准分布情况

3）5G 新无线电技术（5G NR）

MIMO 技术从 4G 开始成为关键的物理层技术，这一技术在 5G 中将发挥更为重要的作用。根据大规模天线的技术理论：当天线数量趋于无穷时，小区内的用户间干扰和加性噪声都将趋于消失，此时系统性能将仅仅受限于使用相同导频的邻区造成的干扰。由于其在系统容量、传输效率、用户体验等方面的巨大优势，大规模天线目前是业界普遍认可的一项 5G 核心关键技术，是提升单小区频谱效率最重要的手段。5G NR 需要使用 LTE 以外的新无线电接入技术（RAT），以支持从小于 6G 赫兹到高达 100G 赫兹的毫米波（mmWave）频段的更宽范围的频带。3GPP 中 3 个关键的 5G 用例有：增强移动宽带（eMBB）、大规模机器通信（mMTC）、超可靠低延迟通信（URLLC）。为了应对上述应用场景中的严苛技术需求，5G 系统需要更为高效、更可靠、支持更大容量的传输和网络技术的有力支持。IMT-2020 推进组织曾将 12 种新技术作为 5G 系统无线传输系统的潜在关键技术，并分别成立了技术专题组进行了研究。这 12 种技术分别为：大规模天线技术、非正交多址技术、全双工技术、新型多载波技术、灵活双工技术、先进编码调制技术、超密集组网技术、低时延高可靠技术、M2M 技术、D2D 技术、高频通信技术、频谱共享技术。

三星、诺基亚、华为和中兴通过的提案数量相近，如图 2-24 至图 2-26 所示，现就 5G NR 技术进一步分析这 4 家公司通过提案的技术演进、提案类型和涉及标准。一个重要课题通常会先经过 Study Item 阶段，然后再进入 Work Item 阶段的标准化制定工作。Study Item 阶段只输出研究报告（Technical Report），Work Item 阶段则输出技术规范（Technical Specification）。诺基亚在 3D 建模方面占据绝对优势，由其主导 3D 建模相关研究报告，中国企业并无相关的通过提案。在 FD MIMO 方面，虽然相关研究报告主要由三星和诺基亚完成，但相比于诺基亚，三星更进一步推进了 36.2XXX 的标准改进；中国企业虽然没有贡献研究报告，但在 DMRS 端口、CSI 报告、SRS 设计等诸多细节方面起到了巨大推动作用。5G 讨论尚未结束，目前中国企业的通过提案数量尚可，其中中兴是唯一对 5G 新空口的物理层协议 TR 38.802 改进的企业。

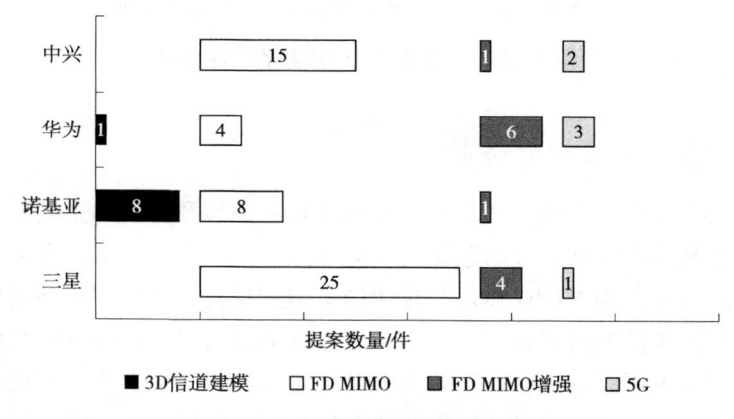

图 2-24　4 家公司通过提案的技术演进情况

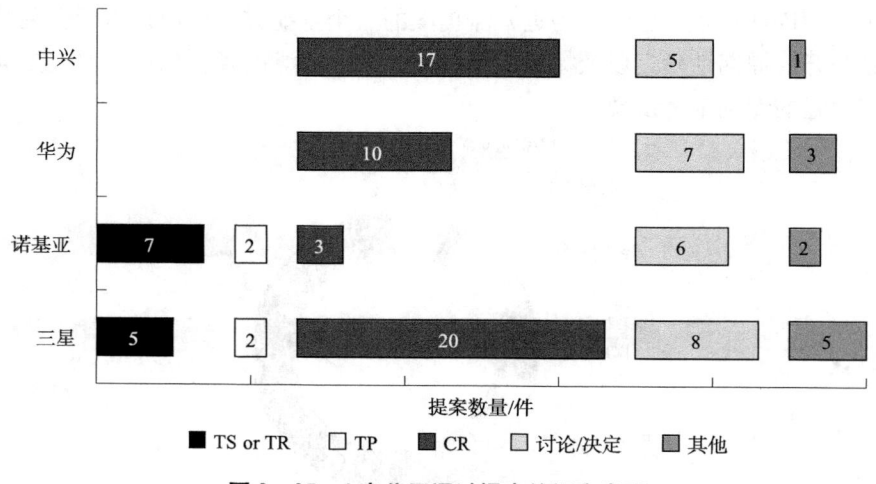

图 2-25　4 家公司通过提案的提案类型

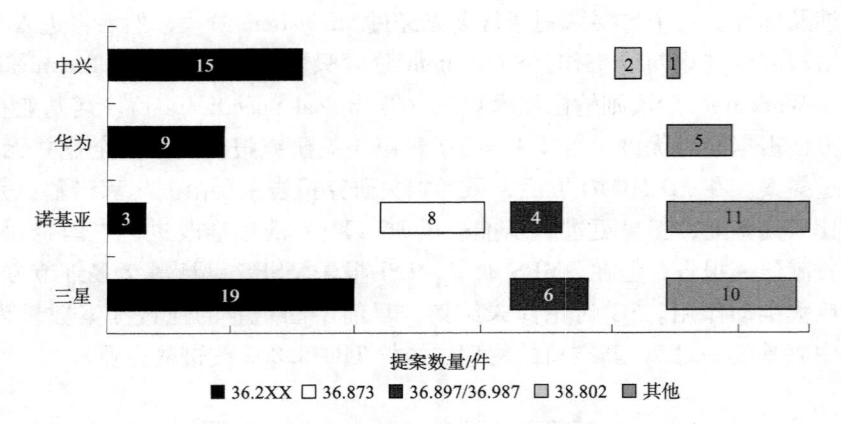

图2-26 4家公司通过提案的涉及标准

图例：■ 36.2XX □ 36.873 ■ 36.897/36.987 □ 38.802 ■ 其他

公司	36.2XX	36.873	36.897/36.987	38.802	其他
中兴	15			2	1
华为	9				5
诺基亚	3	8	4		11
三星	19		6		10

2.4.3.3 各技术主题重要申请人

图2-27示出了 MIMO 技术标准必要专利主要涉及的技术主题。从图中可以看出反馈技术是 MIMO 技术领域的研究热点，有一半以上的专利申请均涉及反馈技术。这是因为 MIMO 技术与传统的单信道相比，在空间中同时引入了多个信道，显然传统的信道状态反馈机制已经无法满足 MIMO 信道的反馈需求。对照图2-15 也可以知道，LTE 的各个版本均把反馈技术作为其标准化工作的改进重点。除了反馈技术以外，下行传输模式、参考信号以及控制信道也有较多数量的标准必要专利，这与图2-15 的提案关键技术分布也基本一致。对于大规模 MIMO 技术，已经成为近几年提案的一个重要方向，但是由于专利从申请到公开的周期性延迟以及标准必要专利披露较晚等因素，在这个研究方向还没有大量的专利申请出现。

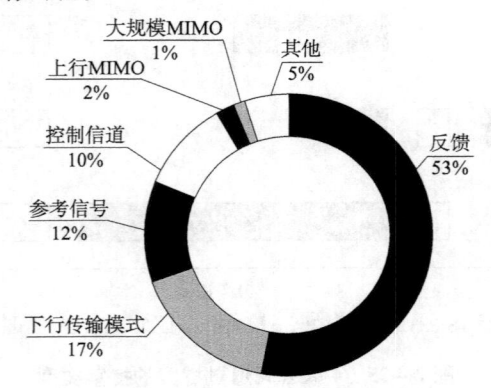

图2-27 MIMO 技术标准必要专利技术主题分布

- 大规模MIMO 1%
- 上行MIMO 2%
- 控制信道 10%
- 参考信号 12%
- 下行传输模式 17%
- 反馈 53%
- 其他 5%

图 2-28 示出了 MIMO 技术标准必要专利技术主题年度分布情况。可以看到早期的专利申请主要围绕定义下行 MIMO 传输模式展开，而反馈技术几乎在各个年度均为研究热点，特别是在 2010 年，由于在 LTE Release 10 中双极码本结构的提出，反馈技术的研究热情达到了空前的高度。2011 年之后，反馈技术的研究已经日渐完善，在缺乏新的技术推动力与场景需求的情况下，反馈技术的发展不可避免地陷入了低潮。直到 2012 年 Release12 中基于 4-Tx 码本增强方案的出现，使得反馈技术的研究又出现了一个小高潮。对于控制信道的研究主要集中在 2007~2012 年，特别是在下行控制信道增强的 Work Item 确立之后，关于下行控制信道的专利申请也随之增多。而对于参考信号，随着 2009 年有关 DM-RS 参考信号的提出，相关研究也出现了一个小高峰。2013 年之后的申请主要涉及大规模 MIMO 技术，这与 3GPP 标准中的研究热点一致。

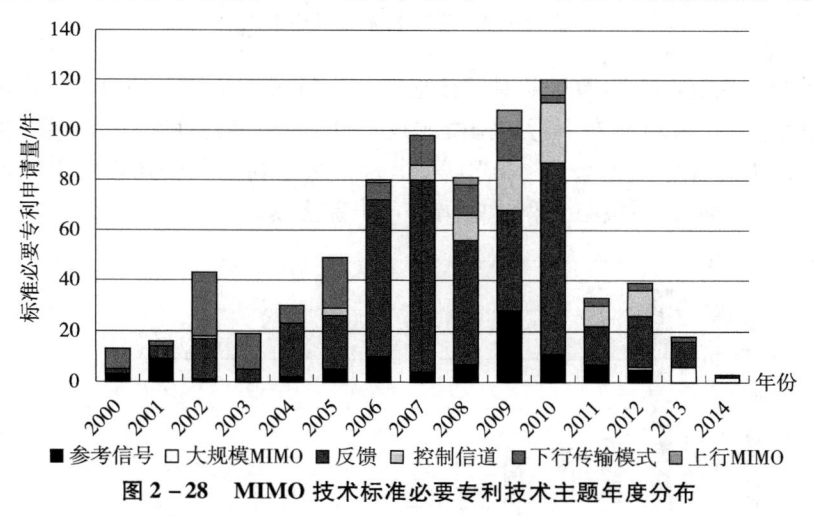

图 2-28　MIMO 技术标准必要专利技术主题年度分布

对反馈技术的标准必要专利申请的申请人的排名情况进行统计分析，其结果如图 2-29 所示。可以看到，排名前 11 位的申请人明显可以分为 3 个梯队，其中，两家韩国公司三星和 LG 的申请量位于第一梯队，分别为 70 件和 69 件。日本电气 NEC 和高通公司位于第二梯队，其申请量分别为 50 件和 49 件，而其他公司的申请量均在 20 件以内，处于第三梯队。反馈技术作为 MIMO 技术中最为重要的技术分支，MIMO 技术标准必要专利申请量排名靠前的 5 家公司中仅有苹果 1 家公司未上榜。中国国内申请人中仅有中兴 1 家上榜，华为披露的标准必要专利也以反馈技术为主，数量上略低于中兴。

对下行传输模式的标准必要专利申请的申请人的排名情况进行统计分析，其结果如图 2-30 所示。下行传输模式的标准必要专利申请出现了高通一家独

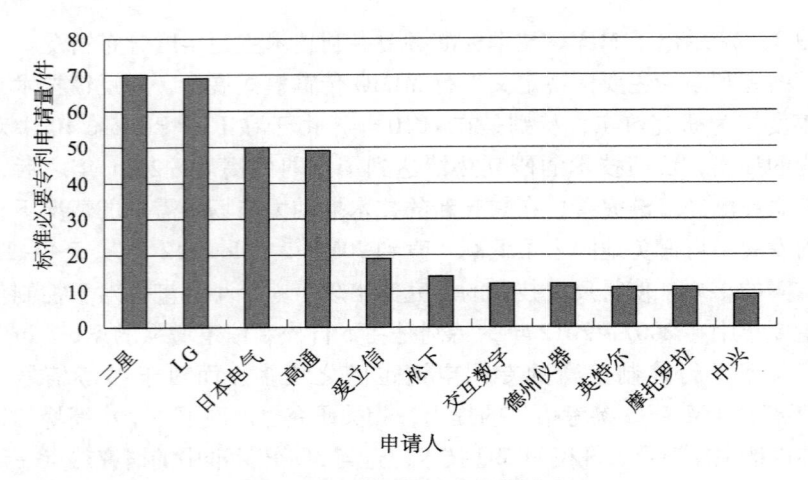

图 2-29　反馈技术重要申请人

大的局面，这是由于高通早期对于传输模式进行了大量的专利申请。而两家韩国通信巨头三星和 LG 在下行传输模式技术分支上有较少的专利申请。值得注意的是，美商智慧财产公司（IPRL）作为一家专利运营公司，手上掌握有不少的关于传输模式的核心专利。中国公司未能上榜。

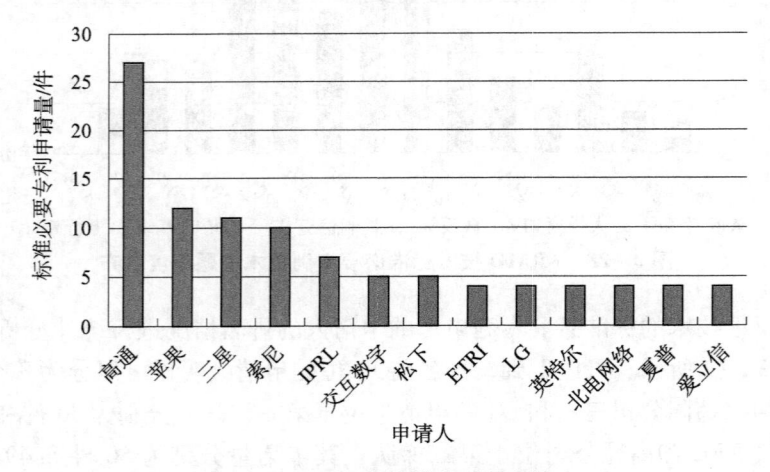

图 2-30　下行传输模式重要申请人

对下行传输模式的标准必要专利申请的申请人的排名情况进行统计分析，其结果如图 2-31 所示。参考信号作为 MIMO 技术中十分重要的一个技术分支，也呈现出 LG 一家独大的局面，高通在参考信号技术分支上仅有 9 件标准必要专利申请，与排名第三到第十位的申请人差别不大。两家加拿大公司北电网络和黑莓在该技术分支上表现不俗。中国公司仍然未能上榜。

第二章 标准必要专利的演进

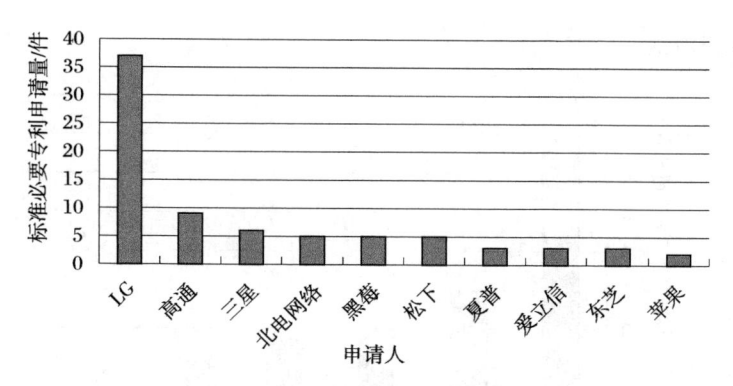

图 2-31 参考信号重要申请人

对控制信道的标准必要专利申请的申请人的排名情况进行统计分析，其结果如图 2-32 所示。可以看到，LG、三星以及高通仍然占据榜单的前 3 位，苹果作为 IT 公司在控制信道领域也有不俗的表现。此外，专利运营公司交互数字手上也掌握有不少关于控制信道的标准必要专利。中国公司没有上榜。

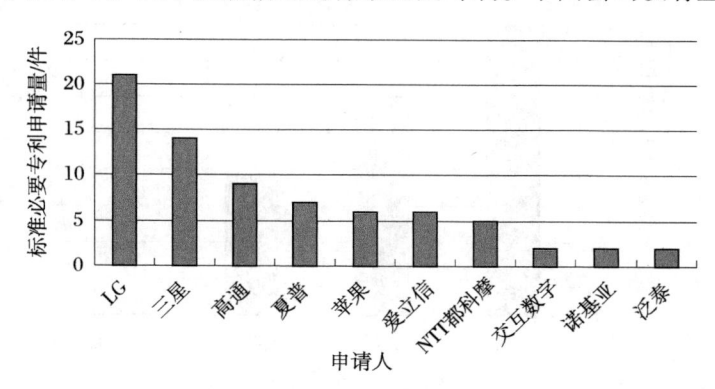

图 2-32 控制信道重要申请人

对上行 MIMO 技术的标准必要专利申请的申请人的排名情况进行统计分析，其结果如图 2-33 所示。由于 MIMO 技术的研究重点在于下行，因此，涉及上行 MIMO 技术的标准必要专利总量较少，仅有图中所示的 6 家公司，其中，LG 以 7 件申请领先其他申请人。高通在该技术分支也仅有 2 件申请。

对大规模天线的标准必要专利申请的申请人的排名情况进行统计分析，其结果如图 2-34 所示。作为近几年新兴的技术，由于专利从申请到公开的周期性延迟以及标准必要专利披露较晚等因素，在大规模天线这个研究方向上仅有 10 件标准必要专利，涉及的申请人主要包括高通、三星、英特尔和富士通。可以看到，作为通信巨头的高通和三星又在新兴技术领域抢占了先机，较早地完成了专利申请。

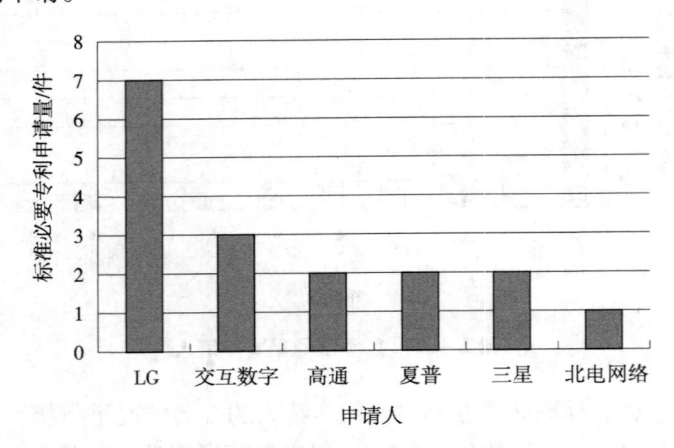

图 2-33 上行 MIMO 技术重要申请人

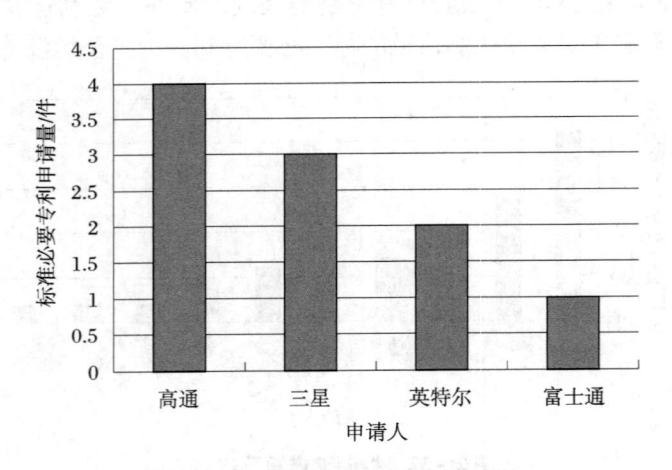

图 2-34 大规模天线技术重要申请人

对比各个技术主题下的已披露专利的主要专利申请人和主要提案人，可以发现以上公司大致有 3 种类型：①以高通、三星、LG 为代表的传统通信巨头，其研究方向覆盖多个技术主题，且在各个技术主题中既是主要提案人又是专利重要申请人，意味着其在整个 MIMO 技术的标准制定中处于领先地位。②以华为、中兴为代表的中国公司，在多个技术主题中是主要提案人，但不是专利重要申请人，意味着其虽然积极参与标准推进工作，但披露的标准必要专利数量不多。③以苹果和夏普等为代表的 IT 公司，在标准制定过程中表现得不是特别活跃，不是主要提案人，但在多个技术主题披露了相关的标准必要专利，是专利的重要申请人。这主要是因为以计算机为主营业务的IT公司在通信标准制定过程中的话语权不如传统的通信企业,因而只能通过申请专利的方式来抢占4G市场份额。

2.4.3.4 标准与专利技术领域的关系

通过对MIMO技术标准必要专利的标准协议号分布、标准提案与专利申请的技术主题分布以及各个技术主题的重要提案人和重要申请人的分析可以看到,标准与专利的技术领域关系主要如下。

(1)标准提案与专利申请的技术领域分布基本一致

从上面的分析可以看到,除了大规模天线这一新兴研究领域,由于专利从申请到公开的周期性延迟以及披露策略等方面的因素导致专利数据有所失真外,标准必要专利的技术主题分布与提案关键技术分布基本一致。可见,在技术的发展过程中,标准与专利存在相互影响的关系,创立技术标准是以先进技术为支撑的,技术标准涉及的技术通常是行业内的先进技术,掌握先进技术是创立标准的基础,技术标准相关专利权人持有的专利覆盖了技术标准所涉及的核心技术领域,同时也表明了专利权人具备了承担标准制定的技术实力。也就是说专利申请为技术标准技术提案的研发奠定了良好的技术基础,另一方面,当技术标准确定后,将沿着特定的技术方向发展,专利申请人也会围绕已有的技术标准进行技术研发。

(2)标准制定过程中各技术领域的创新主体不尽相同

从上面的分析可以看到,在MIMO技术的标准制定过程中,只有高通、三星这样的通信巨头在各个关键技术中均表现得很活跃,其他公司则各有侧重点。这也反映出技术标准所涉及的技术通常是通信行业内的先进技术,具有一定研发实力的公司才能参与到标准的制定过程中,且单个企业很难掌握全面实现一个完整标准的所有专利。从上面的数据分析还可以看到,在技术标准的制定初期,标准提案的活跃人主要还是行业的领导者,到了标准制定后期的新兴技术领域中,有越来越多的企业参与到标准的制定过程中。

2.5 标准与专利的对应性

2.5.1 对应性分析方法

一件专利是否为标准必要专利的关键在于专利与标准是否对应一致。专利成为标准必要专利的前提是专利的技术方案被写入标准,标准中的相关内容落入专利的保护范围内。只有这样,实施标准中的相关内容时才有可能侵犯该专利的专利权。

在目前的标准制定实践中,通常采用自愿披露的原则即由标准组织首先提出需要制定某一技术领域的技术标准,然后任何与该技术标准相关的个人或单位均可向技术标准组织披露和申报。然而,标准组织并不负责对所披露的专利的对应性进行认定。从标准必要专利的产出过程可以看到,最初的一个技术构思在两个并行推进的过程中均会面临修改的问题。如果在标准冻结发布后以及专利获得授权后,标准中的方案与授权的权利要求还能保持对应一致,此时成为真正的标准必要专利。可见,专利权人向标准组织披露的必要专利并不必然就是标准必要专利,而应当通过标准与专利的对应性分析才能确定专利是否为真正的标准必要专利。

标准必要专利的对应性分析简单地说就是判断标准中的相关内容是否落入专利的权利要求的保护范围。对应性分析的流程如图 2-35 所示。

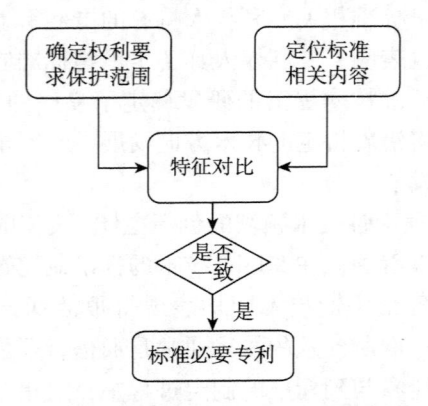

图 2-35 标准与专利对应性分析流程

对应性分析是认定标准必要专利的第一步。专利所保护的技术方案通常是由多个技术特征构成的,如果其中某个技术特征没有被标准采纳,实施标准时可以不使用该技术特征,则涉嫌侵权的产品或方法在实现该标准时有可能没有使用该技术特征因而没有侵犯该专利的专利权;如果专利中的某个技术特征属于下位概念(例如铜),而标准中的相关特征属于上位概念(例如金属),采用了相关标准的产品或方法可能采用了其他技术手段来实现标准中相关上位概念的特征,则采用了相关标准的产品或方法也可能没有侵犯该专利的专利权。也就是说,如果专利的技术方案与标准的相关内容不对应,那么采用了相关标准的产品或方法不必然侵犯该专利的专利权。仅凭涉嫌侵权的产品或方法采用了相关标准这一点并不能或并不足以说明其侵犯了该专利的专利权，专利权人仍需进行进一步的举证。标准必要专利认定中的对应性分析，简单地说就是判断标准中的相关内容是否落入专利的保护范围。作为一种对比性质的分析，首先需要确定对比分析的双方，即专利的保护范围和标准中的相关内容，然后将二者进行比对，进而得出对应性分析结论。标准必要专利与标准之间的对应性最终需要通过两者技术方案的对比实现。为了准确、全面地进行技术方案对比，需要制定权利要求对照表。权利要求对照表是反映专利权利要求所保护技术方案的各个技术特征与技术标准所描述的技术方案的对比表格文件，用于判定标准所描述的技术方案是否落入了该专利的保护范围。进行权利要求对照表对应关系的分析，首先需要对权利要求进行分解，将其分解成若干技术特征后，在标准中寻找与技术特征对应的描述。对于方法类的权利要求，可以按步骤来分解技术特征，一个步骤通常为一个特征；对于产品类的权利要求，可以按产品的部件特征和连接关系来分解技术特征。一项权利要求中的所有技术特征都必须存在于分解后的技术特征中，不能随意丢弃一项权利要求中的部分技术特征。例如，不能由于在标准中找不到对应描述而丢弃权利要求中的前序步骤，也不能为了和标准中的描述相对应而将两项权利要求中的部分技术特征相组合。一方面，要尽量全面准确地找出标准中和权利要求的技术特征对应的描述，并判断权利要求的技术特征与标准中的描述是否存在区别，区别是否属于上下位关系。另一方面，对于在标准中没有相应描述的部分特征，需要进一步判断是否属于标准中隐含公开的内容。例如，虽然标准中没有相应描述，但是从标准的上下文可以推导出，该特征还可能被记载在相关联的其他标准中，或者从其他标准的描述中可以推导出，或者该部分技术特征为实施标准中的技术方案必然需要使用的技术特征。权利要求中的多个技术特征可能由于标准的撰写规则导致被写入不同的标准文档中。如果多个技术特征中的某个特征未在之前确定的相关标准中找到相应描述，则需要检查是否遗漏了其他的相关联标准。

根据权利要求对照表中每个技术特征的对比分析，能够最终得出对应性分析的结论。对应性分析的结论分为3种类型。❶ ①强对应。如果权利要求的所有技术特征均能在标准或该标准的相关标准中找到相关描述且与相关描述完全一致，或者权利要求的技术特征上位于该标准或相关标准中的相关描述，或者

---

❶ 国家知识产权局专利局专利审查协作北京中心.3GPP标准必要专利认定方法研究[R].国家知识产权局学术委员会（2016年度一般课题研究项目），2016.

该标准或相关标准中虽然没有与某个技术特征相关的描述,但该技术特征属于可以直接地、毫无疑义地确定的技术内容,则标准的技术内容毫无疑问地落入专利权的保护范围,因此称为强对应。②弱对应。如果权利要求中的部分技术特征在该标准或相关标准中没有找到相关描述,但是从该标准或该标准的相关标准的上下文可以推导出该部分技术特征为实施标准中的技术方案需要使用的技术特征,则标准的技术内容可能落入了专利权的保护范围,由于在特征的推导过程中存在不确定性,因此称为弱对应。③不对应。如果通过各种方式充分确定出与权利要求的技术方案相关的全部标准之后,权利要求中的某些技术特征在所有相关标准中均未找到相关描述,或者虽然存在相关描述但与相关描述不一致,也不上位于相关描述,例如标准中的相关内容属于上位概念"金属",专利的技术方案属于下位概念"铜",则标准的技术内容没有落入专利权的保护范围,因此称为不对应。需要说明的是,作出不对应的结论需要谨慎,并在确认已经确定出全部的相关标准之后才可作出不对应的结论。

因为一项专利申请在被授予专利权之前有可能经历权利要求的修改,也就是说只有获得专利权的技术方案才有可能成为真正的标准必要专利。因此,在进行必要性分析时首先应当确定一项专利的权利要求的保护范围。在确定了专利的保护范围之后就要确定对比的另一方——标准中的相关内容。由于标准撰写的方式通常不是以技术方案为单位的,而是按照技术内容的侧重点不同分散在不同的标准中,这些分散的标准之间存在关联性,在技术上需要互相参考。如何从众多标准中定位相关标准的章节并确定内容是对应性分析的难点之一。在实际操作中,专利权人在披露标准必要专利时往往声明了其所对应的标准协议号及其版本,因此,通常从专利权人的披露信息出发查找对应的标准内容。在确定权利要求的保护范围以及定位到标准的相关内容后,需要对权利要求和标准进行特征对比来判断标准与专利是否对应一致。此时,可以参照权利要求的技术方案是否具备新颖性的判断方式,将标准作为权利要求的"对比文件"来判断两者是否对应一致。也就是说,如果权利要求的每一项技术特征在标准中都被公开,那么该项权利要求与标准就是对应一致的。与发明专利新颖性判断方法略有不同的是,专利审查的新颖性判断是基于"单独对比"原则,而此处的标准必要专利有可能是与相关联的多个标准进行对比。

2.5.2 典型案例——预编码码本技术标准与专利演进关系及对应性分析

通过前述分析,可以了解标准必要专利的产出过程,从中也可以知道随着标准的演进,披露的标准必要专利并不一定与定版后的标准内容对应一致。本节我们将以 MIMO 技术中的预编码码本技术为例进一步阐述标准与专利之间的演进关系，并对由此产出的标准必要专利的对应性进行分析。

2.5.2.1 预编码码本技术介绍

无线通信中，发射端是否已知信道状态信息（Channel Status Information，CSI）对通信系统容量有很大的影响。对于离散无记忆信道，发射端已知 CSI 不能提高信道容量，只能大幅度简化编码方式，而对于时间、空间、频率选择性信道，发射端已知 CSI 可以提高信道容量。CSI 从所处的维度上可分为时域 CSI、频域 CSI；从收发位置上可分为发射端 CSI（CSIT）与接收端 CSI（CSIR）。对于 MIMO - OFDM 系统，由于大部分预编码处理都是在频域进行的，所以频域 CSI 对 MIMO - OFDM 系统尤为重要。

对于发送端来说，下行 CSI 的获得可以通过两种方式：时分双工 TDD 系统的信道互易性和频分双工 FDD 系统的信道反馈。TDD 系统由于上下行采用相同的频段，因此，可以利用信道互易性通过上行信道测量获得下行信道。信道互易性指在相同的时间、空间、频率内天线间的上下行信道状况是一致的，因此下行信道可以从上行信道中获得。但是，信道互易性只在射频信道成立，实际中 MIMO - OFDM 信号是在基带处理的，不同的发射与接收硬件链路也是实际传输信道的一部分，收发端射频链路的差异会造成上下行信道特性的不同，因此要通过校准等技术才可以从测量的上行信道中获得较为准确的下行信道。

然而，在 FDD 系统中，上下行信道在时间和空间上是一致的，但两者的中心频率相差一般较大，通常远大于信道的相干带宽，此时信道互易性并不成立。这时，发送端获取下行 CSI 是通过接收端的信道信息反馈得到，即形成闭环 MIMO 系统。发送端通过发送已知的导频信号，使得接收端可以通过接收到的导频信号估计出下行信道。接收端通过测量接收到的导频信号估计出下行信道，然后通过上行链路将下行信道信息反馈回发射端。虽然反馈方式不受信道互易条件的限制，但同时也带来了反馈链路的开销。通常，反馈信道的容量不是无限大的，存在传输速率上限，在这种情况下，接收端需要先将下行信道信息进行一定的压缩和编码处理，然后反馈给发送端。反馈信息的准确度还会受到反馈延迟的影响，所以反馈技术带来的传输增益只能在一定的移动范围内适用。

发送端获得下行 CSI 后，一般通过 MIMO 预编码技术提高系统传输性能。MIMO 预编码技术分为非码本 MIMO 预编码技术和基于码本的 MIMO 预编码技术。非码本预编码系统的发送端需获知完整的下行 CSI 反馈预编码；基于码本的预编码技术一般只需要知道预编码矩阵对应的码本索引号即可，可以不需要

99

完整的 CSI 反馈。基于码本的预编码反馈又被称作窄带 CSI 反馈。

接收端测得整个带宽的信道信息后,把整个带宽划分为多个窄带,认为在反馈周期内,窄带的信道状况相似,可用一个信道矩阵近似表示,然后把这个信道矩阵量化后反馈给发送端。由于反馈带宽限制,因此不能直接反馈信道矩阵,需要对反馈的信道矩阵进行量化,即用有限的比特数来近似表示信道矩阵。

矩阵量化方式一般有两种:矩阵元素的量化和基于码本的量化。矩阵元素的量化是指对每个矩阵元素采用有限的比特表示,每个元素的比特数目表示为量化精度。但这种反馈方式开销大,性能上没有明显优势,一般已较少使用。基于码本的量化是在备选码本中选取离需要量化的信道矩阵距离最近的码本,然后用选取的码本序号表示量化后的矩阵,备选码本数量表示为量化精度。

LTE 中采用基于码本的反馈方式,具体反馈内容有:信道质量指示符(CQI)、预编码矩阵指示符(PMI)、信道秩指示符(RI),通过上行控制信道 PUCCH 和上行共享信道 PUSCH 进行下行信道质量的反馈。其中,CQI 计算用户接收端信噪比(SNR),对应到相应的调制编码方式,反馈调制编码方式的编号;RI 反馈下行信道的秩,即支持的 MIMO 传输层数;PMI 反馈下行数据预编码的矩阵索引,预编码矩阵的选择可以根据两种准则:基于性能指标(比如总吞吐量、信噪比等)和基于信道矩阵的量化(对信道的右奇异矩阵进行量化)。一般常用的是信道的右奇异矩阵进行量化的反馈方式。

2.5.2.2 预编码码本技术标准化进程

3GPP LTE 物理信道和调制标准 TS 36.211 中"Codebook for precoding"一节定义了 LTE MIMO 预编码中所使用的码本结构,物理信道过程标准 TS 36.213 中"UE procedure for reporting Channel State Information (CSI)"一节规定了 LTE MIMO 中 UE 反馈信道状态信息 CSI 报告的过程。3GPP LTE 标准中预编码码本结构及反馈相关标准的演进路线如图 2-36 所示。

```
Release8 → Release10 → Release12
```

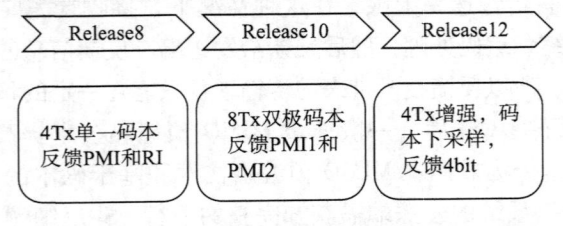

Release8	Release10	Release12
4Tx 单一码本反馈 PMI 和 RI	8Tx 双极码本反馈 PMI1 和 PMI2	4Tx 增强,码本下采样,反馈 4bit

图 2-36 LTE 码本结构及反馈标准演进路线

(1) 4Tx 单一码本（Release 8）

如图 2-36 所示，3GPP LTE Release 8 系统采用单一的码本，预编码矩阵通过 RI 和 PMI 进行指示。对于 4 天线而言，RI 和 PMI 与码本中的每个码字的对应关系如表 2-3 所示。

表 2-3 天线端口 {0, 1, 2, 3} 传输的码本

PMI	u_n	层数 (v)			
		1	2	3	4
0	$u_0 = [1\ -1\ -1\ -1]^T$	$W_0^{\{1\}}$	$W_0^{\{14\}}/\sqrt{2}$	$W_{2i_1,2i_1+1,0}^{(2)}$	$W_0^{\{1234\}}/2$
1	$u_1 = [1\ -j\ 1\ j]^T$	$W_1^{\{1\}}$	$W_1^{\{12\}}/\sqrt{2}$	$W_{2i_1+1,2i_1+2,0}^{(2)}$	$W_1^{\{1234\}}/2$
2	$u_2 = [1\ 1\ -1\ 1]^T$	$W_2^{\{1\}}$	$W_2^{\{12\}}/\sqrt{2}$	$W_{2i_1+1,2i_1+2,1}^{(2)}$	$W_2^{\{3214\}}/2$
3	$u_3 = [1\ j\ 1\ -j]^T$	$W_3^{\{1\}}$	$W_3^{\{12\}}/\sqrt{2}$	$W_3^{\{123\}}/\sqrt{3}$	$W_3^{\{3214\}}/2$
4	$u_4 = [1\ (-1-j)/\sqrt{2}\ -j\ (1-j)/\sqrt{2}]^T$	$W_4^{\{1\}}$	$W_4^{\{14\}}/\sqrt{2}$	$W_4^{\{124\}}/\sqrt{3}$	$W_4^{\{1234\}}/2$
5	$u_5 = [1\ (1-j)/\sqrt{2}\ j\ (-1-j)/\sqrt{2}]^T$	$W_5^{\{1\}}$	$W_5^{\{14\}}/\sqrt{2}$	$W_5^{\{124\}}/\sqrt{3}$	$W_5^{\{1234\}}/2$
6	$u_6 = [1\ (1+j)/\sqrt{2}\ -j\ (-1+j)/\sqrt{2}]^T$	$W_6^{\{13\}}/\sqrt{2}$	$W_6^{\{134\}}/\sqrt{3}$	$W_6^{\{1324\}}/2$	$W_6^{\{1324\}}/2$
7	$u_7 = [1\ (-1+j)/\sqrt{2}\ j\ (1+j)/\sqrt{2}]^T$	$W_7^{\{1\}}$	$W_7^{\{13\}}/\sqrt{2}$	$W_7^{\{134\}}/\sqrt{3}$	$W_7^{\{1324\}}/2$
8	$u_8 = [1\ -1\ 1\ 1]^T$	$W_8^{\{1\}}$	$W_8^{\{12\}}/\sqrt{2}$	$W_8^{\{1234\}}/\sqrt{3}$	$W_8^{\{1324\}}/2$
9	$u_9 = [1\ -j\ -1\ j]^T$	$W_9^{\{1\}}$	$W_9^{\{14\}}/\sqrt{2}$	$W_9^{\{134\}}/\sqrt{3}$	$W_9^{\{1234\}}/2$
10	$u_{10} = [1\ 1\ 1\ -1]^T$	$W_{10}^{\{1\}}$	$W_{10}^{\{13\}}/\sqrt{2}$	$W_{10}^{\{123\}}/\sqrt{3}$	$W_{10}^{\{1324\}}/2$
11	$u_{11} = [1\ j\ -1\ j]^T$	$W_{11}^{\{1\}}$	$W_{11}^{\{13\}}/\sqrt{2}$	$W_{11}^{\{134\}}/\sqrt{3}$	$W_{11}^{\{1324\}}/2$
12	$u_{12} = [1\ -1\ -1\ 1]^T$	$W_{12}^{\{1\}}$	$W_{12}^{\{12\}}/\sqrt{2}$	$W_{12}^{\{123\}}/\sqrt{3}$	$W_{12}^{\{1234\}}/2$
13	$u_{13} = [1\ -1\ 1\ -1]^T$	$W_{13}^{\{1\}}$	$W_{13}^{\{13\}}/\sqrt{2}$	$W_{13}^{\{123\}}/\sqrt{3}$	$W_{13}^{\{1324\}}/2$
14	$u_{14} = [1\ 1\ -1\ -1]^T$	$W_{14}^{\{1\}}$	$W_{14}^{\{13\}}/\sqrt{2}$	$W_{14}^{\{123\}}/\sqrt{3}$	$W_{14}^{\{1234\}}/2$
15	$u_{15} = [1\ 1\ 1\ 1]^T$	$W_{15}^{\{1\}}$	$W_{15}^{\{12\}}/\sqrt{2}$	$W_{15}^{\{123\}}/\sqrt{3}$	$W_{15}^{\{1234\}}/2$

其中，$W_n^{(s)}$ 表示由矩阵 $W_n = I - 2u_n u_n^H / u_n^H u_n$ 的列集合 $\{s\}$ 构成的矩阵，I 为 4×4 的单位阵，u_n 由表 2-2 给出。在 Release 8 的码本中，对于秩（Rank）为 1 的预编码矩阵，索引为 0~7 的预编码矩阵是离散傅里叶变换（Discrete Fourier Transform，DFT）向量，该 DFT 向量适用于均匀阵（Uniform Linear Array，ULA）天线。DFT 向量指 $T \times 1$ 的预编码矩阵，该 DFT 向量 V 通常具有如等式（1）所示的形式：

$$v = [1 \quad e^{j2\pi m/N} \quad \cdots \quad e^{j2\pi(t-2)m/N} \quad e^{j2\pi(t-1)m/n}]^T \tag{1}$$

其中，N、m 为整数，且 $N = 2^x$，x 为非负整数，即 N 为 2 的 x 次幂，并且该 DFT 向量 v 的第 t 个元素为 $e^{j2\pi(t-1)m/n}$ ($t = 1, 2, \cdots, T$)。

在 3GPP LTE 系统的第 10 版本（Release 10）中，8 天线采用的码本由两组 DFT 向量组成，这两组 DFT 向量之间存在相位差 φ_n，其中 DFT 向量 v_m 和相位差 φ_n 由下列等式（2）表示：

$$v_m = [1 \quad e^{j2\pi m/32} \quad e^{j4\pi m/32} \quad e^{j46\pi m/2}]^T, \quad \varphi_n = e^{j\pi n/2} \tag{2}$$

（2）8 天线双极码本（Release 10）

下面给出了 8 天线的码本结构，该码本结构是按照双极化天线来设计的。其中，表 2-4 给出了秩为 1（传输层数为 1 层）的 8 天线码本，表 2-5 给出了秩为 2（传输层数为 2 层）的 8 天线码本，表 2-6 给出了秩为 3（传输层数为 3 层）的 8 天线码本，表 2-7 给出了秩为 4（传输层数为 4 层）的 8 天线码本。

表 2-4 1-layer 码本

i_1	i_2							
	0	1	2	3	4	5	6	7
0~15	$W_{2i_1,0}^{(1)}$	$W_{2i_1,1}^{(1)}$	$W_{2i_1,2}^{(1)}$	$W_{2i_1,3}^{(1)}$	$W_{2i_1+1,0}^{(1)}$	$W_{2i_1+1,1}^{(1)}$	$W_{2i_1+1,2}^{(1)}$	$W_{2i_1+1,3}^{(1)}$
i_1	i_2							
	8	9	10	11	12	13	14	15
0~15	$W_{2i_1+2,0}^{(1)}$	$W_{2i_1+2,1}^{(1)}$	$W_{2i_1+2,2}^{(1)}$	$W_{2i_1+2,3}^{(1)}$	$W_{2i_1+3,0}^{(1)}$	$W_{2i_1+3,1}^{(1)}$	$W_{2i_1+3,2}^{(1)}$	$W_{2i_1+3,3}^{(1)}$

表 2-5 2-layer 码本

i_1	i_2			
	0	1	2	3
0~15	$W_{2i_1,2i_1,0}^{(2)}$	$W_{2i_1,2i_1,1}^{(2)}$	$W_{2i_1+1,2i_1+1,0}^{(2)}$	$W_{2i_1+1,2i_1+1,1}^{(2)}$

续表

i_1	i_2			
	4	5	6	7
0~15	$W^{(2)}_{2i_1+2,2i_1+2,0}$	$W^{(2)}_{2i_1+2,2i_1+2,1}$	$W^{(2)}_{2i_1+3,2i_1+3,0}$	$W^{(2)}_{2i_1+3,2i_1+3,1}$

i_1	i_2			
	8	9	10	11
0~15	$W^{(2)}_{2i_1,2i_1+1,0}$	$W^{(2)}_{2i_1,2i_1+1,1}$	$W^{(2)}_{2i_1+1,2i_1+2,0}$	$W^{(2)}_{2i_1+1,2i_1+2,1}$

i_1	i_2			
	12	13	14	15
0~15	$W^{(2)}_{2i_1,2i_1+3,0}$	$W^{(2)}_{2i_1,2i_1+3,1}$	$W^{(2)}_{2i_1+1,2i_1+3,0}$	$W^{(2)}_{2i_1+1,2i_1+3,1}$

注：$W^{(2)}_{m,m',n} = \dfrac{1}{4}\begin{bmatrix} v_m & v_{m'} \\ \varphi_n v_m & -\varphi_n v_{m'} \end{bmatrix}$

表 2-6　3-layer 码本

i_1	i_2			
	0	1	2	3
0~3	$W^{(3)}_{8i_1,8i_1,8i_1+8}$	$W^{(3)}_{8i_1+8,8i_1,8i_1+8}$	$\tilde{W}^{(3)}_{8i_1,8i_1+8,8i_1+8}$	$\tilde{W}^{(3)}_{8i_1+8,8i_1,8i_1}$

i_1	i_2			
	4	5	6	7
0~3	$W^{(3)}_{8i_1+2,8i_1+2,8i_1+10}$	$W^{(3)}_{8i_1+80,8i_1+2,8i_1+10}$	$\tilde{W}^{(3)}_{8i_1+2,8i_1+10,8i_1+10}$	$\tilde{W}^{(3)}_{8i_1+10,8i_2,8i_1+2}$

i_1	i_2			
	8	9	10	11
0~3	$W^{(3)}_{8i_1+4,8i_1+4,8i_1+12}$	$W^{(3)}_{8i_1+12,8i_1+4,8i_1+12}$	$\tilde{W}^{(3)}_{8i_1+4,8i_1+12,8i_1+12}$	$\tilde{W}^{(3)}_{8i_1+12,8i_1+4,8i_1+4}$

i_1	i_2			
	12	13	14	15
0~3	$W^{(3)}_{8i_1+6,8i_1+6,8i_1+14}$	$W^{(3)}_{8i_1+14,8i_1+6,8i_1+14}$	$\tilde{W}^{(3)}_{8i_1+6,8i_1+14,8i_1+14}$	$\tilde{W}^{(3)}_{8i_1+14,8i_1+6,8i_1+6}$

注：$W^{(3)}_{m,m',m''} = \dfrac{1}{\sqrt{24}}\begin{bmatrix} v_m & v_{m'} & v_{m''} \\ v_m & -v_{m'} & -v_{m''} \end{bmatrix}$，$\tilde{W}^{(3)}_{m,m',m''} = \dfrac{1}{\sqrt{24}}\begin{bmatrix} v_m & v_{m'} & v_{m''} \\ v_m & -v_{m'} & -v_{m''} \end{bmatrix}$

表2-7 4-layer 码本

i_1	i_2			
	0	1	2	3
0~3	$W^{(4)}_{8i_1,8i_1+8,0}$	$W^{(4)}_{8i_1,8i_1+8,1}$	$W^{(4)}_{8i_1+2,8i_1+10,0}$	$W^{(4)}_{8i_1+2,8i+10,1}$

i_1	i_2			
	4	5	6	7
0~3	$W^{(4)}_{8i_1+4,8i_1+12,0}$	$W^{(4)}_{8i_1+4,8i_1+12,1}$	$W^{(4)}_{8i_1+6,8i_1+14,0}$	$W^{(4)}_{8i_1+6,8i+14,1}$

注:$W^{(4)}_{m,m',n} = \frac{1}{\sqrt{32}} \begin{bmatrix} v_m & v_{m'} & v_m & v_{m'} \\ \varphi_n v_m & \varphi_n v_{m'} & -\varphi_n v_m & -\varphi_n v_{m'} \end{bmatrix}$

8天线的预编码矩阵的索引可以由第一码本索引 i_1 和第二码本索引 i_2 表示,其中,第一预编码码本以宽带和/或长期信道属性为目标,而第二预编码码本以频率选择和/或短期信道属性为目标。对于秩为1的8天线码本,第一码本索引 i_1 和第二码本索引 i_2 都需要4个比特来表示。

(3) 4Tx 码本增强 (Release 12)

在 3GPP LTE Release 12 中对 Release 8 的 4Tx 码本进行了增强,为了在增强系统性能的同时,不增加码本设计和反馈的复杂性,可以沿用8天线的码本结构设计方案,并且预编码矩阵的索引也可以由第一码本索引和第二码本索引表示。为了能够节省反馈资源的开销,PMI 也可以用4个比特来表示,这也需要对 PMI 或4天线码本进行下采样 (Subsampling)。

在 3GPP Release 12 4Tx 码本增强中,每个 PMI 值对应于一对由表2-8至表2-11给出的码本索引。其中,$\varphi_n = e^{j\pi n/2}$,$\varphi_{n'} = e^{j\pi n'/16}$,$v_m = \begin{bmatrix} 1 & e^{j2\pi m/32} \end{bmatrix}^T$。

表2-8 1-layer 4Tx 码本增强

i_1	i_2							
	0	1	2	3	4	5	6	7
0~15	$W^{(1)}_{i_1,0,0}$	$W^{(1)}_{i_1,1,0}$	$W^{(1)}_{i_1,2,0}$	$W^{(1)}_{i_1,3,0}$	$W^{(1)}_{i_1+8,0,1}$	$W^{(1)}_{i_1+8,1,1}$	$W^{(1)}_{i_1+8,2,1}$	$W^{(1)}_{i_1+8,3,1}$

i_1	i_2							
	8	9	10	11	12	13	14	15
0~15	$W^{(1)}_{i_1+16,0,2}$	$W^{(1)}_{i_1+16,1,2}$	$W^{(1)}_{i_1+16,2,2}$	$W^{(1)}_{i_1+16,3,2}$	$W^{(1)}_{i_1+24,0,3}$	$W^{(1)}_{i_1+24,1,3}$	$W^{(1)}_{i_1+24,2,3}$	$W^{(1)}_{i_1+24,3,3}$

注:$W^{(1)}_{m,n,n'} = \frac{1}{\sqrt{2}} \begin{bmatrix} v_m \\ \varphi_n \varphi_{n'} v_m \end{bmatrix}$

第二章 标准必要专利的演进

表 2-9 2-layer 4Tx 码本增强

i_1	i_2			
	0	1	2	3
0~15	$W^{(2)}_{i_1,i_1,0}$	$W^{(2)}_{i_1,i_1,1}$	$W^{(2)}_{i_1+8,i_1+8,0}$	$W^{(2)}_{i_1+8,i_1+8,1}$
i_1	i_2			
	4	5	6	7
0~15	$W^{(2)}_{i_1+16,i_1+16,0}$	$W^{(2)}_{i_1+16,i_1+16,1}$	$W^{(2)}_{i_1+24,i_1+24,0}$	$W^{(2)}_{i_1+24,i_1+24,1}$
i_1	i_2			
	8	9	10	11
0~15	$W^{(2)}_{i_1,i_1+8,0}$	$W^{(2)}_{i_1,i_1+8,1}$	$W^{(2)}_{i_1+8,i_1+16,0}$	$W^{(2)}_{i_1+8,i_1+16,1}$
i_1	i_2			
	12	13	14	15
0~15	$W^{(2)}_{i_1,i_1+24,0}$	$W^{(2)}_{i_1,i_1+24,1}$	$W^{(2)}_{i_1+8,i_1+24,0}$	$W^{(2)}_{i_1+8,i_1+24,1}$

注: $W^{(2)}_{m,m',n} = \frac{1}{2}\begin{bmatrix} v_m & v_{m'} \\ \varphi_n v_m & -\varphi_n v_{m'} \end{bmatrix}$

表 2-10 3-layer 4Tx 码本增强

i_1	i_2							
	0	1	2	3	4	5	6	7
0	$W^{\{124\}}_0/\sqrt{3}$	$W^{\{123\}}_1/\sqrt{3}$	$W^{\{123\}}_2/\sqrt{3}$	$W^{\{123\}}_3/\sqrt{3}$	$W^{\{124\}}_4/\sqrt{3}$	$W^{\{124\}}_5/\sqrt{3}$	$W^{\{134\}}_6/\sqrt{3}$	$W^{\{134\}}_7/\sqrt{3}$
i_1	i_2							
	8	9	10	11	12	13	14	15
0	$W^{\{124\}}_8/\sqrt{3}$	$W^{\{134\}}_9/\sqrt{3}$	$W^{\{123\}}_{10}/\sqrt{3}$	$W^{\{134\}}_{11}/\sqrt{3}$	$W^{\{123\}}_{12}/\sqrt{3}$	$W^{\{123\}}_{13}/\sqrt{3}$	$W^{\{123\}}_{14}/\sqrt{3}$	$W^{\{123\}}_{15}/\sqrt{3}$

表 2-11 4-layer 4Tx 码本增强

i_1	i_2							
	0	1	2	3	4	5	6	7
0	$W^{\{1234\}}_0/2$	$W^{\{1234\}}_1/2$	$W^{\{3214\}}_2/2$	$W^{\{3214\}}_3/2$	$W^{\{1234\}}_4/2$	$W^{\{1234\}}_5/2$	$W^{\{1324\}}_6/2$	$W^{\{1324\}}_7/2$
i_1	i_2							
	8	9	10	11	12	13	14	15
0	$W^{\{1234\}}_8/2$	$W^{\{1234\}}_9/2$	$W^{\{3214\}}_{10}/2$	$W^{\{1324\}}_{11}/2$	$W^{\{1234\}}_{12}/2$	$W^{\{1324\}}_{13}/2$	$W^{\{1234\}}_{14}/2$	$W^{\{1234\}}_{15}/2$

2.5.2.3 预编码码本技术标准与专利的演进分析

由上文可以知道，当提案通过后，要写入标准中通常通过提交修改请求的方式实现的，各成员向相关的 TSG 工作组递交修改请求，修改现有标准中的某个具体问题，标准的修改也可以通过 Text Proposal 的方式提交。Release 8 的 4Tx 单码本结构是由德州仪器在编号为 R1－073206 的提案中以 Text Proposal 的方式提交，并获得了通过。该提案内容在 TS 36.211 v8.0.0 中正式生效。Release 10 的 8Tx 双极码本结构相关内容是由爱立信在编号为 R1－106555 的修改请求中提交，在 TS 36.211 v10.0.0 中正式生效。而有关基于双极码本的 PMI 反馈相关内容是由摩托罗拉在编号为 R1－106557 的修改请求中提交，在 TS 36.213 v10.0.0 中正式生效。Release 12 的 4Tx 码本增强相关内容是由阿尔卡特朗讯和上海贝尔公司在编号为 R1－132959 的修改请求中联署提交，在 TS 36.211 v12.0.0 中正式生效，而有关基于 4Tx 码本增强的 PMI 反馈过程是由阿尔卡特朗讯和上海贝尔在编号为 R1－132961 的修改请求中联署提交的，在 TS 36.213 v12.0.0 中正式生效。下面将详细分析上述以修改请求或者 Text Proposal 方式提出标准修改并获得通过的公司围绕预编码码本设计技术在标准制定过程中以及专利申请过程中的具体行为。

（1）4Tx 单一码本（Release 8）

德州仪器围绕 4 天线码本技术的标准制定过程以及专利申请过程如图 2－37 所示。

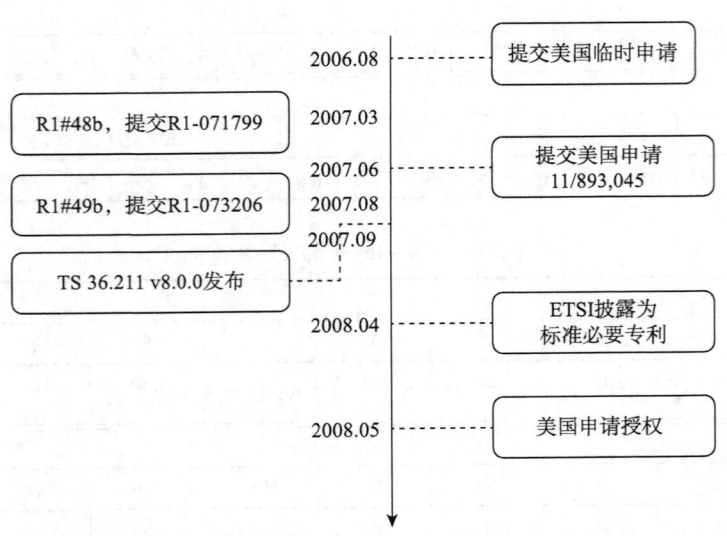

图 2－37 德州仪器 4Tx 码本技术方案形成标准必要专利过程

在 3GPP TSG WG1 于 2007 年 3 月 26~30 日召开的第 48b 次小组会议上首次出现了 4 天线预编码码本的讨论议题，德州仪器联合摩托罗拉、诺基亚、飞思卡尔、北电网络、NTT 都科摩、松下、华为、博通、Comsys、马维尔半导体、三菱在这次会议上针对 4 天线码本技术提交了编号为 R1-071799、名称为 "Way forward on 4-TX Antenna Codebook for SU-MIMO" 的提案。该提案在第 48b 次小组会议上遭到了爱立信、高通、LG、三星、ETRI、中兴等通信巨头的反对，理由是德州仪器没有提供该 4 天线码本方案的系统性能结果。德州仪器对技术方案进行了完善，并于 2007 年 6 月 25~29 日召开的第 49b 次小组会议再次提交了完善后的提案，这一次，德州仪器拉到了爱立信、AT&T 等在 3GPP 标准组织中具有重要话语权的老牌通信公司以及大型运营商的赞成票，因而该提案获得了通过。德州仪器在提案获得通过后，在此次会议上又提交了编号为 R1-073206 的 Text Proposal，最终该提案内容被写入 TS 36.211 v8.0.0 标准中。

在专利申请方面，德州仪器在 2007 年 8 月 13 日提交了申请号为 11/893045 的专利申请，其要求申请日为 2006 年 8 月 14 日的美国临时申请 No.60/822343 作为优先权，又于 2007 年 8 月 14 日以该美国申请和美国临时申请作为优先权提交了 PCT 国际申请，但该 PCT 国际申请并未进入其他国家的国家阶段。该美国申请于 2011 年 5 月 24 日获得授权，授权公告号为 US7949064B2。德州仪器于 2008 年 4 月 4 日将该申请披露为标准必要专利。可以看到，德州仪器在向 3GPP 公开自己的技术方案之前，先申请了美国临时申请，并在自己提交的技术方案获得通过后，提交了正式的美国申请和 PCT 国际申请，但令人惋惜的是，该 PCT 国际申请并未进入其他国家。作为 IT 公司而非老牌通信公司，德州仪器并不重视 MIMO 通信技术在除本土美国之外的其他域外市场。同时，德州仪器并没有围绕预编码技术有一个大量标准必要专利布局的过程，并且德州仪器与其他欧美公司采取了类似的披露策略，即在专利申请授权之前即进行 ETSI 披露。

将授权的美国专利 US7949064B2 的权利要求 1 与 TS 36.211 v8.0.0 以及 TS 36.213 v8.0.0 进行特征对比，结果如表 2-12 所示。

表 2-12　US7949064B2 权利要求与标准对照表

权利要求 1	3GPP 标准	是否一致
A method of transmitting a communication signal, receiving a data signal （一种传输通信信号的方法，接收数据信号）	由数据传输的定义可以直接、毫无疑义地得出	是

续表

权利要求1	3GPP标准	是否一致
receiving a codeword index from a remote transceiver（从远端收发器接收码字索引）	UE反馈PMI	是
selecting a codeword from a Householder matrix based codebook in response to the index（响应于索引从基于码本的Householder矩阵选择一个码字）	预编码矩阵 W 将从表格6.3.4.2.3-2选择，其中 $W_n^{\{s\}}$ 由矩阵 $W_n = I - 2u_n u_n^H / u_n^H u_n$ 定义（该矩阵即Householder矩阵）	是
pre-coding the data signal in response to the selected codeword（响应于所选择的码字对数据信号进行预编码）	由预编码的定义可以直接、毫无疑义地得出	是
transmitting the precoded data signal（传送预编码数据信号）	由预编码的定义可以直接、毫无疑义地得出	是

由于TS 36.211标准涉及的码本结构为数据结构，属于不授予专利权的客体，因此，在专利申请的权利要求中并没有直接以码本结构作为权利要求的技术方案，而是将预编码应用于数据传输的过程作为权利要求1的技术方案，而将码本结构作为其中的一个技术特征写入权利要求1中，即"从基于码本的Householder矩阵选择一个码字"，然而该特征与TS 36.213中"预编码矩阵 W 将从表格6.3.4.2.3-2选择，其中 $W_n^{\{s\}}$ 由矩阵 $W_n = I - 2u_n u_n^H / u_n^H u_n$ 定义"一特征相对应，因此，虽然标准TS 36.211和TS 36.213仅涉及预编码码本结构以及PMI反馈过程，但是基于本领域预编码的基本含义，即接收端反馈预编码码字给发送端，由发送端基于该码字对数据进行预编码然后进行发送。由此可知，当实施标准TS 36.211的4Tx码本结构和TS 36.213的PMI反馈进行预编码通信过程时，必然将落入US7949064B2的权利要求1的保护范围，所以该专利为真正的标准必要专利。

（2）8Tx双极码本（Release 10）

1）爱立信

爱立信围绕8天线码本技术的标准制定过程以及专利申请过程如图2-38所示。

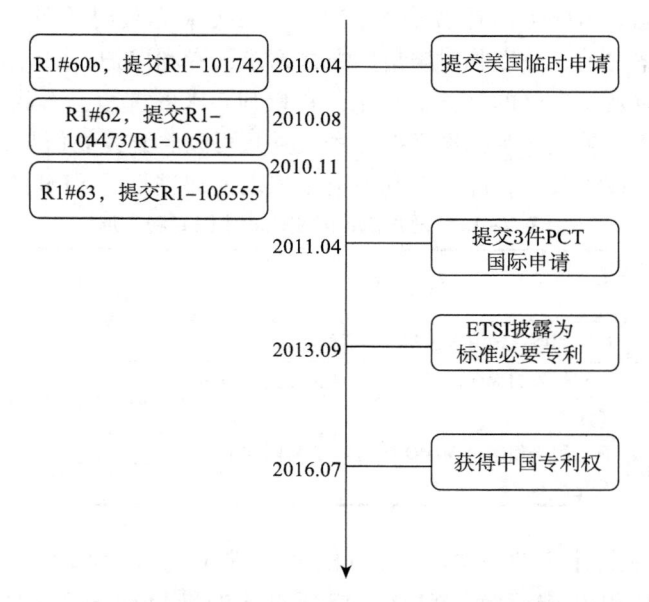

```
R1#60b,提交R1-101742  2010.04 → 提交美国临时申请
R1#62,提交R1-
104473/R1-105011     2010.08
R1#63,提交R1-106555   2010.11
                      2011.04 → 提交3件PCT
                                国际申请
                      2013.09 → ETSI披露为
                                标准必要专利
                      2016.07 → 获得中国专利权
```

图2-38 爱立信8Tx码本技术方案形成标准必要专利过程

在3GPP TSG WG1于2010年4月12日召开的第60b次小组会议上，爱立信提交了关于反馈框架的提案，提案号为R1-101742，而该提案并未获得通过。在3GPP TSG WG1于2010年8月23日召开的第62次小组会议上，爱立信联合阿尔卡特朗讯、AT&T、大唐、中国移动、LG、三菱、诺基亚、诺基亚西门子网络、NTT都科摩、松下、三星、夏普、索尼、德州仪器等公司共同提交了关于8Tx码本从秩1~8的设计方案的提案R1-104473。该提案由德州仪器的参会代表发言，其中部分方案获得通过。该提案的修订版本R1-105011又争取到了更多3GPP成员的同意，包括摩托罗拉、高通、日本电气、马维尔等全球知名通信公司。该码本设计方案由爱立信在2010年11月15日召开的第63次会议上提交了编号为R1-106555的修改请求，最终8天线码本设计相关内容写入TS 36.211v10.0.0版本。该8天线码本设计相关内容在TS 36.211 v10.4.0版本中被移除，转而被写入TS 36.213标准中。

在专利申请方面，爱立信在2010年4月7日提交了美国临时申请NO. 61/321679，并以该美国临时申请作为优先权提交了3件PCT国际申请，分别为WO2011126447、WO2011126445以及WO2011126446，其国际申请日均为2011年4月6日。该3件PCT国际申请均进入中国国家阶段。3件中国国家阶段专利申请的信息如表2-13所示。该系列申请是基于R1-101742号提案的内容提出。该3件中国专利申请发明构思相似，仅仅是权利要求从不同的角度描述发明构思。由此可以看出爱立信对于重要专利布局时的策略：在向3GPP组织提交提案之前，先以临时申请的方式请求了专利保护，同时为了保证专利权的稳定性以及使自己的利益最大化，在权利要求的撰写上下足了功夫。该3件中国专利均已被披露为标准必要专利，并且可以看到爱立信与其他欧美公司采取了类似的披露策略，即在专利申请授权之前即进行了ETSI披露。

表2-13 爱立信8天线码本中国专利布局

授权公告号	发明名称	授权日	标准必要专利披露时间
CN102823153B	用于MIMO预编码的预编码器结构	2016.09.28	2013.09.13
CN102823154B	与预编码MIMO传送一起使用的参数化码本子集	2016.07.06	2013.09.13
CN102823155B	具有用于预编码MIMO传送的子集限定的参数化码本	2016.07.13	2013.09.13

将授权的上述3件中国专利的权利要求1与TS 36.211 v10.0.0以及TS 36.213 v10.0.0进行特征对比，特征对比的结果如表2-14至表2-16所示。

表2-14 CN102823153B专利与标准对比

CN102823153B 权利要求1	3GPP 标准	是否一致
一种无线通信收发器中的方法，另一个无线通信收发器至少部分地基于所述无线通信收发器将信道状态信息发送到另一个无线通信收发器来预编码到无线通信收发器的传送，信道状态信息包括预编码器信息，预编码器信息包括预编码器推荐	UE向eNodeB反馈PMI信息；从第一码本中选择PMI i_2，从第二码本中选择PMI i_2	是
从一个或更多的码本选择条目作为选择的转换预编码器和选择的调谐预编码器，或作为选择的总预编码器，所选择的总预编码器是选择的转换预编码器和选择的调谐预编码器的乘积	从第一码本中选择PMI i_1，从第二码本中选择PMI i_2；没有公开将第一预编码矩阵和第二预编码矩阵的乘积作为总预编码矩阵；没有公开选择条目作为选择的总预编码器	部分一致
传送选择的条目的指示作为信道状态信息中包括的预编码器信息，一个或更多的码本包括：包含多个总预编码器的条目，或包括：包含多个总预编码器的条目，每个总预编码器作为转换预编码器和调谐预编码器的乘积而形成	传送PMI i_1 和PMI i_2	部分一致

续表

CN102823153B 权利要求 1	3GPP 标准	是否一致
多个转换预编码器中存在 2NT 个转换预编码器，每一个包括块对角矩阵，块对角矩阵具有两列或更多列并且在矩阵对角线上有块，每个此类块包括基于 DFT 的天线子组预编码器，基于 DFT 的天线子组预编码器与在另一个无线通信收发器的 NT 个传送天线端口的子组相对应，并且为对应的子组提供 2NT 个不同的基于 DFT 的波束，并且其中 2NT 个不同的转换预编码器中的所有预编码器可重用，与所述调谐预编码器中的一个或更多预编码器一起形成 2NT 个不同的总预编码器的集合，其中每个总预编码器表示 NT 个传送天线端口上大小为 NT 的基于 DFT 的波束	未公开	否

表 2-15 CN102823154B 专利与标准对比

CN102823154B 权利要求 1	3GPP 标准	是否一致
一种在第二无线通信收发器中向第一无线通信收发器提供预编码器选择反馈作为用于第一无线通信收发器的预编码器信息的方法，所述方法包括在第二无线通信收发器确定信道条件从预编码器的预定集合选择预编码器，以及在预编码器选择反馈中指示所选择的预编码器	UE 向 eNodeB 反馈 PMI 信息；从第一码本中选择 PMI i_1，从第二码本中选择 PMI i_2	是
从另一收发器接收限定信令，限定信令标识全面预编码器的定义集内一个或多个允许子集，或者在全面预编码器的定义集由转换预编码器和调谐预编码器的定义集表示的情况下	在 PUSCH 信道上发送 PMI i_1 和 PMI i_2	是
在以第二反馈模式操作时，基于信道条件从预编码器的预定集合中包含的预编码器的预定子集选择预编码器，以及在预编码器选择反馈中指示所选择的预编码器	在 PUCCH 信道上发送 PMI i_1 和 PMI i_2	是
预编码器的预定集包括基于 DFT 的预编码器的预定集合，基于 DFT 的预编码器的预定集合提供用于在第一无线通信收发器的波束赋形的第一空间分辨率，以及其中预定集合内包含的预编码器的预定子集包括相同基于 DFT 的预编码器的子集，相同基于 DFT 的预编码器的子集提供用于第一无线通信收发器的波束赋形的第二空间分辨率，第二空间分辨率低于第一空间分辨率	未公开	否

表 2-16 CN102823155B 专利与标准对比

CN102823155B 权利要求 1	3GPP 标准	是否一致
一种在无线通信收发器中控制发送到另一无线通信收发器的预编码器选择反馈的方法，另一无线通信收发器预编码到所述收发器的传送，其中预编码器选择反馈指示所述收发器的预编码器选择	UE 向 eNodeB 反馈 PMI 信息； 从第一码本中选择 PMI i_1， 从第二码本中选择 PMI i_2	是
从另一接收器接收限定信令，限定信令标识全面预编码器的定义集内一个或多个允许子集，或者在全面预编码的定义集由转换预编码器和调谐预编码器的定义集表示的情况下，所述限定信令标识转换预编码器和调谐预编码器的定义集内预编码器的一个或多个允许子集	未公开	否
根据限定信令，由收发器基于限定预编码器选择生成预编码器选择反馈以发送到另一收发器	未公开	否
转换预编码器和调谐预编码器的相应组合对应于全面预编码器的相应预编码器	未公开	否

从上述 3 件专利的特征对比可以看到，每一项权利要求都有特征未被标准所公开，也即标准的实施并不会落入上述 3 件专利的权利要求保护范围，因此，上述 3 件专利并非真正的标准必要专利。

2）摩托罗拉

摩托罗拉围绕 8 天线码本技术的标准制定过程以及专利申请过程如图 2-39 所示。

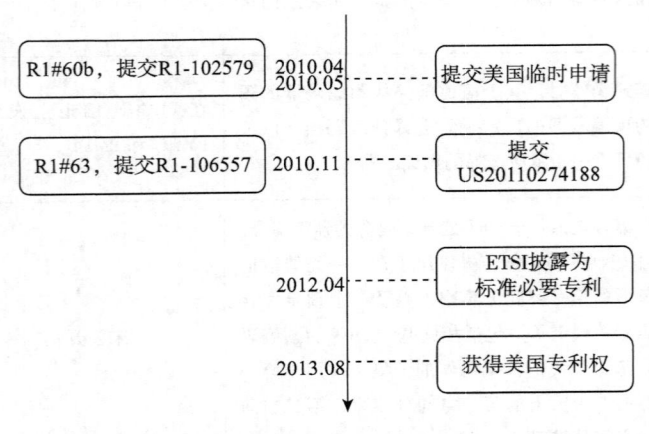

图 2-39 摩托罗拉 8 天线码本技术方案形成标准必要专利过程

针对 8 天线 PMI 反馈技术，摩托罗拉在 2010 年 4 月 12 日召开的 TSG RAN WG1 的第 60b 次小组会议上提交了 R1-102144 号提案，提出 8 天线码本反馈采用两部分（Two-Component）反馈框架，并基于两部分预编码矩阵的克罗内克积构建预编码器。在这次会议上，摩托罗拉联合阿尔卡特朗讯、AT&T、大唐、富士通、HTC、华为、英特尔、交互数字、日本电气、甲骨文、飞利浦、高通、三星、东芝、中兴等公司提交了 R1-102572 号提案，该提案由阿尔卡特朗讯的参会代表发言，提出预编码器 W 作为矩阵 W_1 和 W_2 的函数，其中，W_1 属于第一码本，W_2 属于第二码本。之后，RAN1 对该提案作出了修订（R1-102579）并获得通过，最终获得通过的方案并未具体限定构建预编码器的函数。这种撰写方式的目的是规避标准落入专利的保护范围。该提案相关内容由摩托罗拉在 2010 年 11 月 15 日召开的 R1 第 63 次会议上提交了编号为 R1-106557 的修改请求，最终 8 天线码本反馈相关内容被写入 TS 36.213 v10.0.0 版本。

在专利申请方面，摩托罗拉在 2010 年 5 月 5 日提交了美国临时申请 No.61/1331,818，于 2010 年 11 月 10 日以该美国临时申请为优先权提交了正式申请 US2011/0274188A1，并于 2013 年 8 月 13 日获得授权。摩托罗拉并未在美国之外的域外市场进行专利申请。该申请于 2012 年 4 月 17 日被披露为标准必要专利。

将授权的美国专利 US8509338B2 的权利要求 1 与 TS 36.211 v10.0.0 和 TS 36.213 v10.0.0 进行特征对比，结果如表 2-17 所示。

表 2-17　US8509338B2 专利与标准对比

权利要求 1	3GPP 标准	是否一致
A method for a wireless communication device to send a precoder matrix information to a base station （一种用于无线通信装置发送预编码矩阵信息给基站的方法）	UE 反馈 PMI	是
the wireless communication device sending a first representation of a first matrix chosen from a first codebook, wherein the first matrix has at least two column vectors; the wireless communication device sending a second representation of a second matrix chosen from a second codebook （无线通信设备发送从第一码本选择的第一矩阵的第一表示，其中该第一矩阵至少有两个列向量，无线通信设备发送从第二码本选择的第二矩阵的第二表示）	UE 从第一码本选择 PMI i_1，从第二码本中选择 PMI i_2； 从 TS 36.211 v10.0.0 中表 6.3.4.2.3 可以看到第一码本中的矩阵至少有两个列向量	是

续表

权利要求1	3GPP 标准	是否一致
wherein the first representation and the second representation together convey a precoder matrix of one or more vectors associated with one or more spatial layers, the precoder matrix comprises a first sub-precoder matrix including a first set of weights on a first subset of transmit antennas of the base station, and a second sub-precoder matrix including a second set of weights on a second subset of transmit antennas of the base station, wherein the first and the second subsets of transmit antennas of the base station are non-overlapping (第一表示和第二表示共同传达关联一个或多个层的预编码矩阵的一个或多个向量，该预编码矩阵包含第一子预编码矩阵包括基站的第一传送天线的第一子集的第一权重集合，第二子预编码矩阵包括基站的第二传送天线的第二子集的第二权重集合)	PMI i_1 和 PMI i_2 共同传达关联 8 层的预编码矩阵的一个或多个向量，未公开第一权重集合以及第二权重集合相关特征	部分一致
wherein the first sub-precoder matrix is one or more column vectors of the first matrix corresponding to the first representation, multiplied by one or more entries of the second matrix corresponding to the second representation, and the second sub-precoder matrix is one or more column vectors of the first matrix corresponding to the first representation, multiplied by one or more entries of the second matrix corresponding to the second representation. (其中，第一子预编码矩阵是一个或多个由第一表示对应的第一矩阵乘以一个或多个由第二表示对应的第二矩阵，第二子预编码矩阵是一个或多个第一表示对应的第一矩阵的列向量乘以一个或多个由第二表示对应的第二矩阵)	未公开	否

从上述权利要求和标准的特征对比可以看到，标准并未涉及权利要求的所有技术特征，也即标准的实施不会落入上述专利的权利要求保护范围，因此，上述专利并非真正的标准必要专利。从这个案例可以看到 US8509338B2 专利的权利要求中限定了两个预编码矩阵具有乘积关系。而 TS 36.213 标准规范中，并没有明确两个预编码矩阵之间的关系，导致 US8509338B2 专利不是真

正的标准必要专利。事实上这是标准制定者在进行标准撰写时有意为之。这是因为标准具有准公共物品的属性，其具有一般性，而应当尽量避免具体方案。在双极码本标准化推进时期，有关双极码本反馈的技术已经成为当时业内的一个研究热点，有很多通信公司已经领先一步进行了双预编码码本反馈技术相关的专利布局。这一时期关于双极码本反馈的代表性专利如表 2-18 所示。然而，从这些专利的权利要求来看，几乎所有的专利的权利要求中都限定了两个预编码矩阵的属性或者它们之间的关系。显然，标准制定者在制定关于这一议题的标准时考虑到了这个问题，如果在标准中写明预编码矩阵的属性或者它们之间的关系，那么将会有大量的专利成为标准必要专利，而标准必要专利的巨额专利许可费用将会削弱标准在市场上的快速推广和普遍采用，这种局面显然是标准制定者所不愿意看到的，因此，在撰写这部分的标准时，刻意规避了预编码矩阵的属性和它们之间的关系，从而避免了标准落入大量专利的保护范围。

表 2-18 双极码本反馈代表性专利

公开号	申请人	发明名称	申请日	权利要求
CN101867447A	中兴通讯股份有限公司	信道状态信息的反馈方法及终端	2010.04.30	一种信道状态信息的反馈方法，其特征在于，包括：用户终端 UE 根据指示信息确定包括第一类预编码矩阵索引 PMI 和/或第二类 PMI 的信道状态信息，其中，所述第一类 PMI 用于指示一个第一预编码矩阵在第一预编码码本中的索引，每个所述第一预编码矩阵用于映射一个宽带和/或长期信道的信道信息，所述第二类 PMI 用于指示一个第二预编码矩阵在第二预编码码本中的索引，每个所述第二预编码矩阵用于映射一个子带和/或短期信道的信道信息；所述 UE 在物理上行控制信道 PUCCH 周期反馈所述第一类 PMI，在物理上行共享信道 PUSCH 周期或非周期反馈所述第二类 PMI；或者，在所述 PUCCH 反馈所述第一类 PMI 和所述第二类 PMI

续表

公开号	申请人	发明名称	申请日	权利要求
CN101902304A	株式会社NTT都科摩	一种信道信息反馈方法、预编码方法、接收站及发送站	2009.05.25	1. 一种信道信息反馈方法，用于单用户多输入多输出通信系统，其特征在于，包括保存步骤、初始选择步骤、相对索引确定步骤和反馈步骤，其中： 保存步骤，预先保存一个第一集合，以及所述第一集合中的每个元素对应的第二集合，以及所述第一集合中的每个元素与第二集合的对应关系，所述第一集合以多个RI/PMI为元素，其中每一个RI/PMI对应一个第二集合，所述第二集合为所述第一集合的非空真子集；所述RI/PMI为秩指示RI和预编码矩阵指示PMI组成的对； 接收站为当前子带的后一相邻子带选择RI/PMI时，第一机率大于第二机率，所述第一机率是为所述当前子带选择的RI/PMI对应的第二集合中的任意一个元素被选择的机率，所述第二机率为属于所述第一集合但不属于为所述当前子带选择的RI/PMI对应的第二集合的任意一个元素被选择的机率； 初始选择步骤，将由当前数据帧的全部子带或部分连续子带组成的子带序列中的第一个子带作为初始子带，接收站从所述第一集合中为所述初始子带选择一个RI/PMI； 相对索引确定步骤，对所述初始子带之外的每一个子带，接收站从为前一相邻子带选择的RI/PMI对应的第二集合中选择一个RI/PMI，并确定选择的RI/PMI在为前一相邻子带选择的RI/PMI对应的第二集合中的索引； 反馈步骤，接收站向发送站反馈在初始选择步骤中选择的初始子带的RI/PMI和在相对索引确定步骤确定的每个子带对应的索引，由发送站根据预先保存的第一集合，以及第一集合中的RI/PMI与第二集合的对应关系进行预编码处理

续表

公开号	申请人	发明名称	申请日	权利要求
CN101931513A	中兴通讯股份有限公司	信道状态信息的反馈方法及终端	2010.05.18	1. 一种信道状态信息的反馈方法，用户终端（UE）根据指示信息向基站反馈信道状态信息，包括： UE 根据所述指示信息确定第一类预编码矩阵索引，或者第一类预编码矩阵索引和第二类矩阵索引，其中第一类预编码矩阵索引用于指示第一类预编码矩阵在配置的第一类预编码码本集合中的索引，第二类矩阵索引用于指示第二类矩阵在配置的第二类码本集合中的索引； UE 根据所述确定的第一类预编码矩阵索引计算信道质量信息（CQI）； UE 将计算出的 CQI 发送至基站，或者将计算出的 CQI，以及确定的第一类预编码矩阵索引和/或所述第二类矩阵索引发送至基站； 其中，所述第一类预编码矩阵用于映射宽带和/或长期信道的信道信息，所述第二类矩阵用于映射子带和/或短期信道的信道信息
CN101944979A	华为技术有限公司	多用户多入多出中的反馈方法及设备	2009.07.08	1. 一种多用户多入多出中的反馈方法，其特征在于，当使用秩 2 预编码矩阵进行传输时，包括： 在全部秩 1 的预编码矩阵中，获得信道质量信息 CQI 最大的秩 1 的预编码矩阵索引 PMI，所述 PMI 为第一预编码矩阵的预编码矩阵索引； 根据所述 PMI 获得第二预编码矩阵； 根据所述 PMI 获得第二预编码矩阵传输的 CQI2； 将所述 PMI、CQI2 反馈给网络设备

续表

公开号	申请人	发明名称	申请日	权利要求
CN102077489A	北方电讯网络有限公司	包括关于无线信道的单独子带的反馈信息	2009.06.25	1. 一种报告关于无线信道的反馈信息的方法,包括: 由移动站确定是否满足预定义条件; 响应于确定满足预定义条件,将关于无线信道的复数个子带中的单独一个的反馈信息包括在要发送给基站的第一报告中;以及 响应于确定不满足预定义条件,将关于复数个子带的聚合反馈信息包括在要发送给基站的第二报告中

(3) 4Tx 码本增强 (Release 12)

阿尔卡特朗讯围绕 4 天线码本增强技术的标准制定过程和专利申请过程如图 2-40 所示。

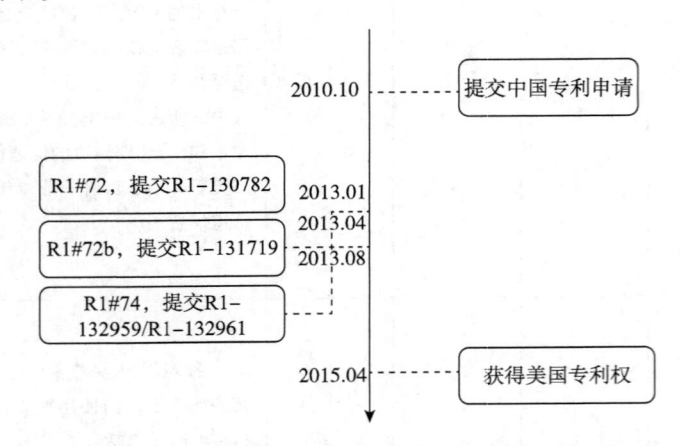

图 2-40 阿尔卡特朗讯 4 天线码本增强技术方案形成标准必要专利过程

从前面的分析可以看到,从 Release 10 开始,阿尔卡特朗讯在码本设计及反馈技术的标准化工作中就已经表现得非常活跃。到了 Release 12 阶段,阿尔卡特朗讯在 2013 年 1 月 28 召开的 TSG WG1 第 72 次小组会议上就提交了 R1-130782 号提案,提出了对于 Release 12 CSI 反馈增强的技术方案。该方案提出了对基于 DMRS 传输模式的 4 天线反馈采用 $W=W_1W_2$ 的码本结构,该提案获得了通过。之后在 2013 年 4 月 15 日召开的第 72b 次会议上,阿尔卡特朗讯联合爱立信提交了 R1-131719 号提案,提出了 Release 12 码本结构的详细设计方案。该方案中 rank 1 – 2 部分获得了通过，而对于 rank 3 – 4 部分，AT&T 代表运营商提出了修改建议。在 2013 年 5 月 20 召开的第 73 次小组会议上，阿尔卡特朗讯对码本结构设计方案进行了修改，提交了修订版本 R1 – 132840，并获得了通过。该提案相关内容由阿尔卡特朗讯在 2013 年 8 月 19 日召开的第 74 次小组会议上提交了编号为 R1 – 132959 和 R1 – 132961 的修改请求，最终 4 天线码本增强相关内容被写入 TS 36. 211 v12. 0. 0 和 TS 36. 213 v12. 0. 0 版本的标准中。

在专利申请方面，在阿尔卡特朗讯和上海贝尔向 ETSI 披露的标准必要专利中，仅有 4 个专利族是涉及码本设计的，然而这 4 个专利族均不涉及码本增强技术。实际上，上海贝尔早在 2010 年 10 月 7 日就向中国国家知识产权局提交了关于对码本进行子采样的专利申请。该申请的公开号为 CN102447501A。虽然该方案是针对 8 天线码本提出的子采样方案，然而在 Release 12 标准中，4 天线增强的码本采用了与 8 天线类似的两部分结构，其增强的方案也是对两部分 PMI 进行子采样来减少反馈比特数，因此，该专利申请实质上也能用于 4 天线码本增强。阿尔卡特朗讯就该技术方案在美国、欧洲、日本、韩国、巴西等国家或地区均进行了专利申请。不过，阿尔卡特朗讯并未将该专利披露为标准必要专利。该专利申请于 2015 年 4 月 29 日获得中国专利权。将授权的权利要求 1 与 TS 36. 211 v12. 0. 0 和 TS 36. 213 v12. 0. 0 进行特征对比，结果如表 2 – 19 所示。

表 2 – 19 CN102447501B 专利与标准对比

权利要求 1	3GPP 标准	是否一致
一种用于 LTE – A 系统的对码本的子采样方法，在所述系统中，预编码矩阵 W 是两个矩阵 W_1 和 W_2 的乘积，即 $W = W_1 W_2$，针对 W、W_1 和 W_2 的码本分别标记为 C、C_1 和 C_2，r 为秩指示，所述方法包括按照下述方案之一对码本 C 进行子采样，使得经子采样后的码本 C 尺寸等于或小于 4 比特	对码本进行子采样，针对第一预编码矩阵的码本 C_1 和第二预编码矩阵的码本 C_2，对码本进行子采样，使得码本尺寸等于或小于 4 比特。未公开预编码矩阵 W 是两个矩阵 W_1 和 W_2 的乘积	部分一致

续表

权利要求1	3GPP 标准	是否一致
方案1：当 $r=1$ 或 2 时，C_1 保持 4 比特，C_2 被固定如下： 当 $r=1$ 时，经采样的 C_2 为 $C_2 = \left\{ \begin{bmatrix} e_1 \\ e_1 \end{bmatrix} \right\}$， 当 $r=2$ 时，经采样的 C_2 为 $C_2 = \left\{ \begin{bmatrix} e_1 & e_1 \\ e_1 & -e_1 \end{bmatrix} \right\}$， 其中 e_1 是 4×1 的仅第 1 个元素为 1、其余元素全为 0 的选择向量，经子采样后的秩 1 码本、秩 2 码本与相应的秩 3 码本和秩 4 码本具有嵌套特性； **方案2**：当 $r=1$ 或 2 时，C_1 保持 4 比特；对于 C_1 中的每个码字，只有 C_2 中唯一的一个码字与之对应； **方案3**：当 $r=1$ 或 2 时，C_1 保持 4 比特；对于 C_1 中的每个码字，只有 C_2 中唯一的一个码字与之对应；并且其中，当 $r=1$ 时，对于 C_1 中的码字 $W_1^{(4k+l)}$（$k=0, 1, 2, 3, l=0, 1, 2, 3$），抽取 C_2 中的码字 $\frac{1}{\sqrt{2}} \begin{bmatrix} e_1 & e_1 \\ \alpha_l e_1 & -\alpha_l e_1 \end{bmatrix}$ 与之对应，其中 $\alpha_0=1, \alpha_1=j, \alpha_2=-1$ 和 $\alpha_3=-j$，e_1 是 4×1 的仅第 1 个元素为 1、其余元素全为 0 的选择向量； **方案4**：当 $r=1$ 或 2 时，C_1 保持 4 比特；对于 C_1 中的每个码字，只有 C_2 中唯一的一个码字与之对应；并且其中，当 $r=2$ 时，对于 C_1 中的码字 $W_1^{(2k+l)}$（$k=0, 1, \cdots, 7, l=0, 1$），抽取 C_2 中的码字 $\frac{1}{\sqrt{2}} \begin{bmatrix} e_1 & e_1 \\ \alpha_l e_1 & -\alpha_l e_1 \end{bmatrix}$ 与之对应，其中 $\alpha_0=1, \alpha_1=j$，e_1 是 4×1 的仅第 1 个元素为 1、其余元素全为 0 的选择向量； **方案5**：当 $r=1$ 或 2 时，C_1 和 C_2 被分别子采样，C_1 被子采样为 3 比特，C_2 被子采样为 1 比特，并且其中经子采样的 C_1 为 $C_1 = \{W_1^{(0)}, W_1^{(2)}, W_1^{(4)}, \cdots, W_1^{(14)}\}$； 当 $r=1$ 时，经采样的 C_2 为：$C_2 = \left\{ \begin{bmatrix} e_1 \\ e_1 \end{bmatrix}, \begin{bmatrix} e_1 \\ je_1 \end{bmatrix} \right\}$， 当 $r=2$ 时，经采样的 C_2 为：$C_2 = \left\{ \begin{bmatrix} e_1 & e_1 \\ e_1 & -e_1 \end{bmatrix}, \begin{bmatrix} e_1 & e_1 \\ je_1 & -je_1 \end{bmatrix} \right\}$， 其中 e_1 是 4×1 的仅第 1 个元素为 1、其余元素全为 0 的选择向量，$W_1^{(k)}$ 为 C_1 中的第 k 个码字； **方案6**：在所述子采样中，从码本 C 中抽取均匀分布的码字，其中部分或全部码字具有离散傅里叶变换（DFT）向量的形式以适用于均匀线性阵列，剩余码字适用于交叉极化线性阵列	未公开	否

可见，该授权的权利要求 1 的技术方案并未被标准所公开，因此，该专利并非标准必要专利。这也能看出阿尔卡特朗讯在标准必要专利的披露上采取比较谨慎的策略。由于该专利申请最初是针对 8 天线码本提出，而 8 天线码本的下采样并未写入标准，而 4 天线码本增强技术是在 2013 年后才出现，此时，该专利申请已经进入审查阶段，而很难再与标准的技术内容保持一致。

最初的一个技术构思在专利审查过程以及标准制定过程中均会面临修改的问题。表 2-20 对上述 6 项涉及预编码码本技术的潜在标准必要专利在审查过程中的修改情况和在标准制定过程中的修改情况进行了汇总。从表中可以看到，US7949064B2 之所以能够成为 6 项潜在标准必要专利中仅有的一件真正的标准必要专利，是因为该技术方案授权的权利要求保护范围与申请时的保护范围相同，并且最终发布的标准中的技术方案也与专利权人德州仪器提交的提案的技术方案对应一致。而其他专利的权利要求在审查过程中均有不同程度的修改，并且在标准的撰写过程中刻意省略了第一预编码矩阵和第二预编码矩阵之间的关系。这种撰写方式绕开了专利的保护范围，从而导致这些潜在的标准必要专利都不是真正意义上的标准必要专利。这唯一一件真正的标准必要专利也再次证明了标准必要专利的产出非常困难，真正的标准必要专利非常稀缺。

表 2-20 码本技术相关专利与标准修改情况汇总

授权公告号	权利要求是否修改	提案标准是否一致	是否标准必要专利
US7949064B2	否	是	是
CN102823153B	是	否	否
CN102823154B	是	否	否
CN102823155B	是	否	否
US8509338B2	是	否	否
CN102447501B	是	否	否

2.6 标准演进过程中的提案联署

提案联署（Co-Sign）是标准演进的一种常规方式，尤其是在关键技术争议时，公司通常以联署形式来代表自己的立场与站队。例如，美国当地时间 2017 年 11 月 17 日凌晨 0 点 45 分，在美国内华达州里诺召开的 3GPP RAN1 第

87次会议的5G短码方案讨论中,由中国企业主导的Polar码被采纳为5G eMBB场景的控制信道编码方案。其中,华为主推的相关提案由多达59家公司联署,而以美国企业主推的LDPC码相关提案也有多达31家公司联署。

我们以MIMO提案为例,分析各大公司在该技术领域中的联署策略。

2.6.1 重要提案人的联署现状

从数量上来看,从RAN1第42次会议至第90b次会议,共有10511件提案涉及MIMO技术。其中,独立提交的提案有9466件,联署提交的提案有1045件,在此将母子公司共同提交的,或者合并或收购后共同提交的提案都归为独立提交一类,例如:飞利浦和恩智浦,华为和海思,中兴和中兴微电子,联想和摩托罗拉,诺基亚和上海贝尔等。由此来看,联署提交的提案数量所占比例并不高。进一步分析联署公司个数,2家联署、3家联署各自约占联署总量的15%,4家联署、5家联署各自约占联署总量的10%,6家及以上联署的约占联署总量的一半比例(参见图2-41)。这是因为正如本节开头所列举的5G短码方案的讨论示例,多家公司的提案联署通常用于解决关键技术争议,类似于投票表决,确定标准的未来走向,与标准必要专利密切相关。

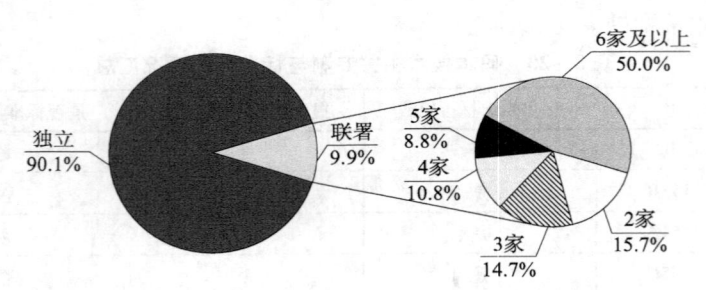

图2-41 MIMO技术提案的联署分布情况

但是,从提案的状态来看,联署提交的提案被讨论(包括通过)的概率明显高于未联署提交的提案。从通过提案的类型来看,除了后续主要工作(Way Forward)这类提案主要以联署的形式提交(例如本节开头中提到的Polar码与LDPC码相争的两件联署提案都是以Way Forward形式提交)之外,其余提案类型如技术规范、研究报告、技术提案、修改请求等在独立提交的提案和联署提交的提案中均有所涉及(参见图2-42和图2-43)。

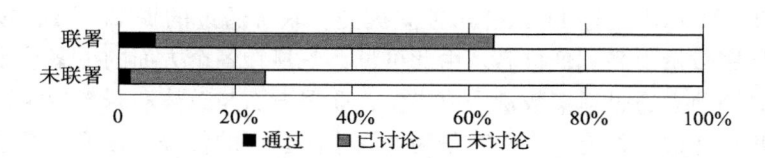

图 2-42 MIMO 技术中的独立提交与联署提交的提案状态对比示意

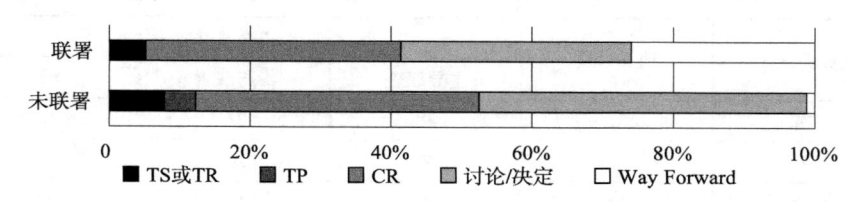

图 2-43 MIMO 技术中的独立提交与联署提交的提案类型对比示意

图 2-44 示出了独立提交提案数量和联署提交提案数量排名前 11 位的公司及其提案数量。其中，联署提交提案分为两种类型：一种是主导联署，指的是该公司是联署提案的第一提案人；另一种是参与联署，指的是该公司不是联署提案的第一提案人。从图中可见，MIMO 技术领域中联署提交提案总数量由多到少的依次是三星、爱立信、LG、华为、大唐、诺基亚、中兴、NTT 都科摩、高通、英特尔和阿尔卡特朗讯，其中，三星、LG 和华为在主导联署方面表现积极，英特尔在主导联署方面稍显逊色。独立提交提案数量的排位上与上述顺序相比略有波动，三星名列榜首，爱立信和华为紧随其后，LG、诺基亚、中兴和高通略次之，大唐、阿尔卡特朗讯、NTT 都科摩和英特尔在数量上明显少于上述公司。

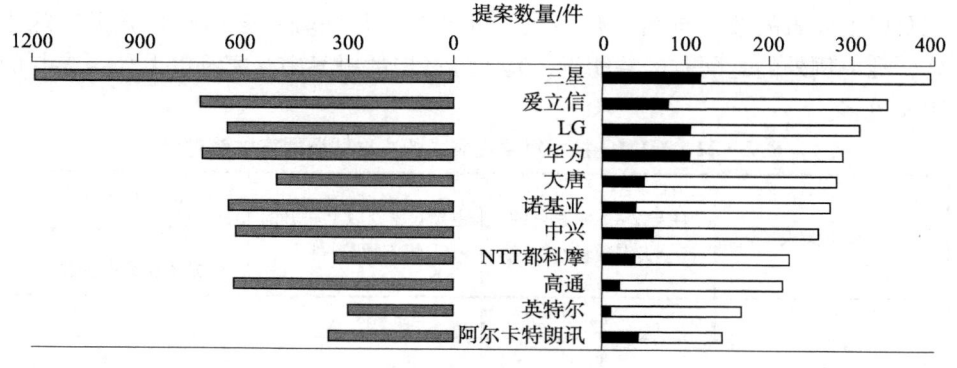

图 2-44 MIMO 技术重要提案人的独立提交与联署提交的提案数量对比示意

表2-21示出上述11家公司独立提交、联署通过的提案数量,按照独立通过的提案数量由高到低排名。由此可见,三星在各个方面的提案数量均位居首位。高通独立通过提案数量居第二位,联署方面与总体联署数量相近的NTT都科摩相比通过量相近。中兴和华为作为中国公司的代表,在独立通过或主导联署通过方面的表现不俗。

表2-21 MIMO技术重要提案人的独立与联署通过提案数量对比　　单位:件

重要提案人	独立通过	联署通过		
		主导联署	参与联署	合计
三星	31	9	31	40
高通	22	2	20	22
中兴	17	6	19	25
阿尔卡特朗讯	17	4	14	18
诺基亚	14	5	25	30
爱立信	13	3	26	29
华为	12	8	17	25
LG	10	6	25	31
NTT都科摩	5	2	15	17
大唐	4	5	30	35
英特尔	3	3	10	13

表2-22示出了主导联署提案数量排名靠前的公司情况,按照主导6家及以上公司联署的提案数量由高到低排名。除英特尔之外,其余10家公司在主导联署方面也排名靠前,大部分公司在主导2~5家联署的数量排名和主导6家及以上联署的数量排名变化不大,可见对参与联署的公司数量并无特殊之处,唯一例外的是阿尔卡特朗讯,其主导联署的提案中6家及以上公司参与的明显更多。

表2-22 MIMO技术重要提案人的主导联署提案数量对比

重要提案人	主导2~5家联署的提案数量/件	主导6家及以上联署的提案数量/件	主导2~5家与主导6家联署的提案数量排名对比
三星	84	58	1:2
LG	80	48	2:4
华为	51	76	3:1
爱立信	47	49	4:3

续表

重要提案人	主导 2～5 家联署的提案数量/件	主导 6 家及以上联署的提案数量/件	主导 2～5 家与主导 6 家联署的提案数量排名对比
中兴	45	29	5∶6
大唐	37	24	6∶7
阿尔卡特朗讯	14	39	9∶5
诺基亚	28	21	7∶8
NTT 都科摩	24	24	8∶7
高通	12	14	10∶10
中国移动	9	15	11∶9

联署公司个数在 7 家以内的提案占了全部联署提案总数近六成。以这部分提案数据为例，得到上述公司的联署关系分布图（见图 2－45）。图示中每个公司圆形的大小代表联署提案的数目。这 10 家公司之间或多或少都具有联署提案，为了简化图示，公司之间的距离近表示联署的提案数目较多，距离远的代表联署提案的数目相对较少，相对而言联署提案数目较少的公司之间没有连线。

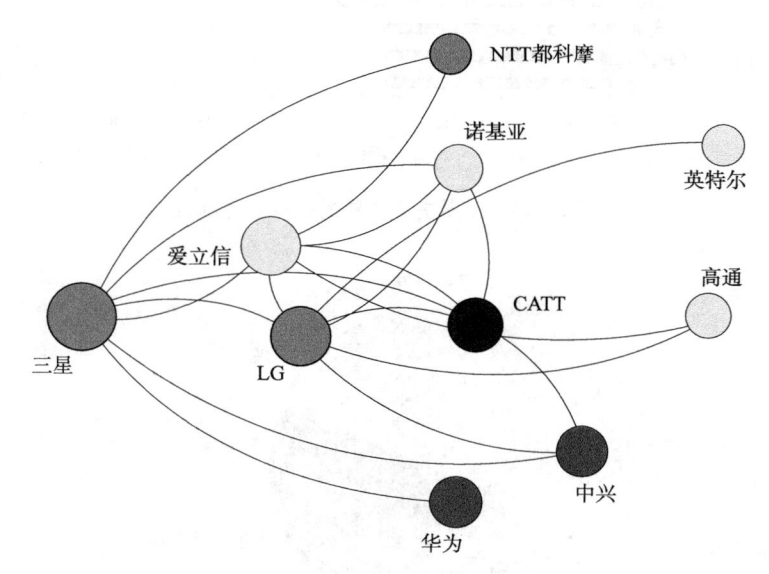

图 2－45　重要提案人联署关系分布

(1) 三星

从图 2-45 中可以看出，三星、爱立信和 LG 三者关联紧密，并且其他重要提案人与这 3 家公司的联署关系也颇为紧密，因此这 3 家公司的联署现状较为类似。以下以三星作为示例简要说明这类公司的联署现状。

三星在独立提交提案数量、联署提交提案数量、主导联署提案数量、独立提交提案通过数量、主导联署提案通过数量等多个方面均位居第一，是 MIMO 技术领域的领头羊。

图 2-46 示出了三星主导联署时主要参与联署的公司的排名情况。其中参与最多的是爱立信，其参与了三星主导的约 45% 的联署提案。图 2-47 示出了三星参与联署的提案主导公司分布情况。其中，三星参与的 90% 以上联署是由图 2-44 中所示的公司主导。结合两幅图可以得出，三星、LG 和爱立信三者的联署关系最为紧密。无论是主导联署还是参与联署，三星主要是与上述 9 家公司之间合作，对于新兴企业而言很难通过联署的方式来与之合作。

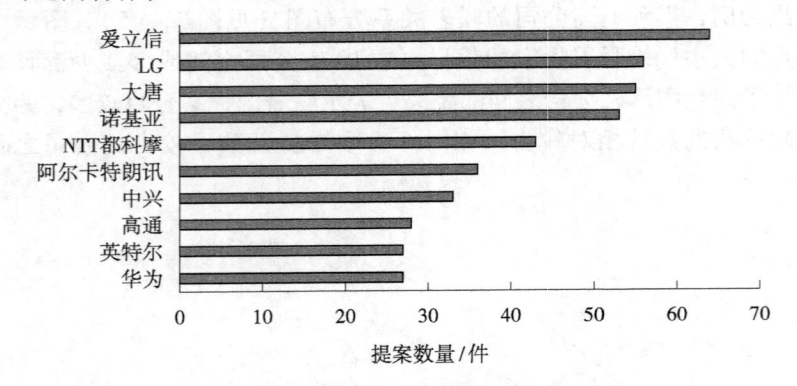

图 2-46 三星主导联署的参与公司示意

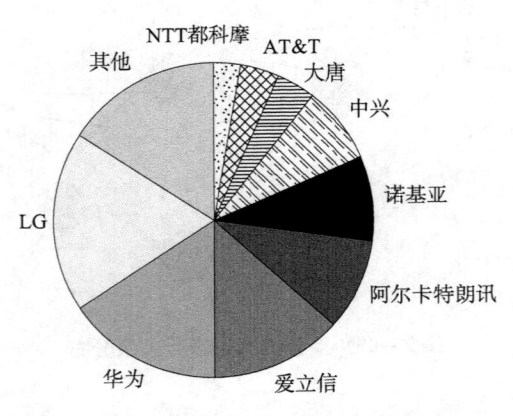

图 2-47 三星参与联署的主导公司示意

（2）高通

高通独立提交提案数量属于第二梯队，通过率较高，通过提案数量排名第二，但联署方面不甚积极，无论从联署提案总量还是主导联署提案量而言，在上述公司中属于偏少水平。

图 2-48 示出了高通主导联署时主要参与联署的公司排名情况。其中参与最多的是爱立信，其参与了高通主导的约 53.8% 的联署提案。与三星相比，高通与美国运营商 AT&T 的联署关系更为紧密。另外，可能是由于主导联署的数量有限，中国公司参与高通主导联署提案的比例明显高于参与三星主导联署提案，包括信威、欧珀都参与高通主导的 5G 相关技术提案的联署，由此可见高通与中国公司的合作更为密切。

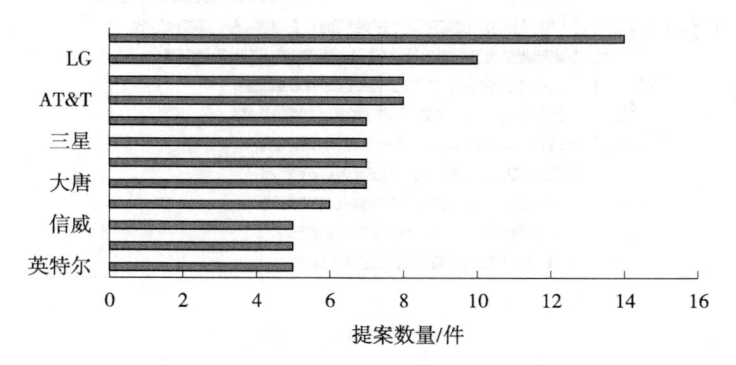

图 2-48 高通主导联署的参与公司示意

图 2-49 示出了高通参与联署的提案主导公司分布情况。其中，高通参与的 89.7% 以上联署是由图中所示公司主导，这些公司几乎全是上文所述重要提案人。与三星不同的是，高通主要参与爱立信、LG、华为和三星主导的联

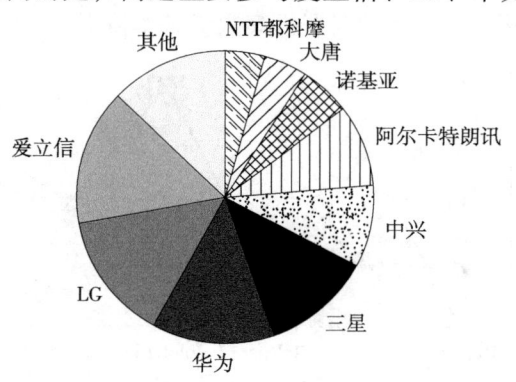

图 2-49 高通参与联署的主导公司示意

署提案。值得一提的是，上述参与联署的提案数量比高通自己主导的联署提案数量还要多。结合两幅图可以得出，高通和爱立信、LG、华为的联署关系最为紧密。

（3）华为

在中国企业中，华为的独立提交数量和联署提交数量居于首位。华为在主导联署方面表现优异，主导联署提案的数量和质量（通过提案量）仅次于三星。从图2-50中可以看出，华为主导的联署提案主要以重要提案人参与为主，约有四成的主导提案有三星的参与，中兴、中国移动和大唐所占比例明显提高，但中国中小企业的参与尚显不足。

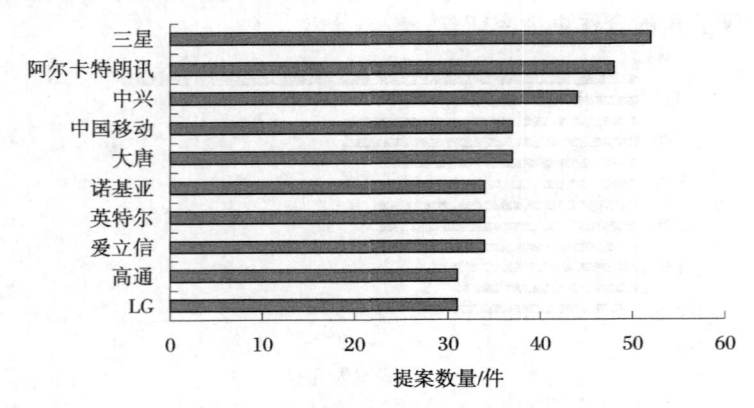

图2-50 华为主导联署的参与公司示意

图2-51示出了华为与三星主导联署提案对比。从时间线和技术线来看，华为主导的联署提案从Release 10的Study Item开始，涵盖了此后的各个技术主题，数量方面主要是Release 10之前的联署提案量较少，从第二阶段（Release 12）开始，华为与三星的联署提案数量基本持平。

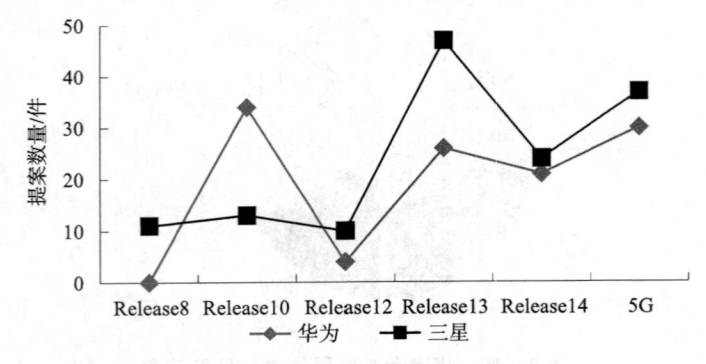

图2-51 华为与三星主导联署提案对比

图 2-52 示出华为参与联署的主导公司信息。主要参与的是爱立信、阿尔卡特朗讯、三星和 LG 主导的联署提案，参与中国公司主导的联署提案量较少。与三星、高通不同的是，华为自己主导的联署提案数量远远超出参与任何一家主导的联署提案数量，例如是参与爱立信主导的 3.5 倍。

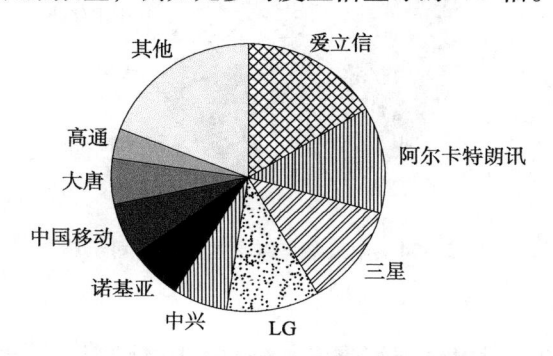

图 2-52　华为参与联署的主导公司示意

（4）中兴

图 2-53 示出了中兴主导联署参与公司的基本情况。同样作为中国企业的代表，中兴与华为在主导联署提案的参与公司方面的主要区别在于，以香港应科院和电信科学技术研究院为代表的科研机构积极参与中兴主导的联署提案。

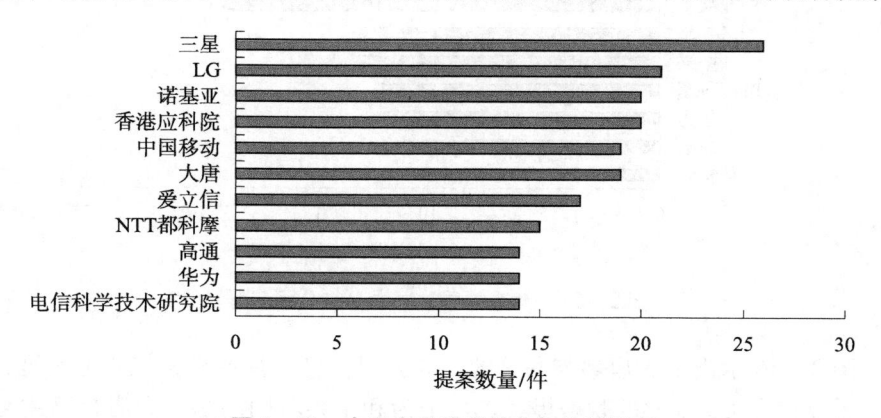

图 2-53　中兴主导联署的参与公司示意

图 2-54 示出了中兴参与联署的主导公司信息。其主要参与的是华为、LG 和三星主导的联署提案，其次是以爱立信、阿尔卡特朗讯为代表的欧洲公司主导联署提案。与华为参与中兴主导较少相比，中兴参与华为主导提案更为积极。与华为一致的是，中兴自己主导的联署提案数量也超出参与任何一家主导的联署提案数量，例如，是参与华为主导的联署提案数量 1.7 倍。

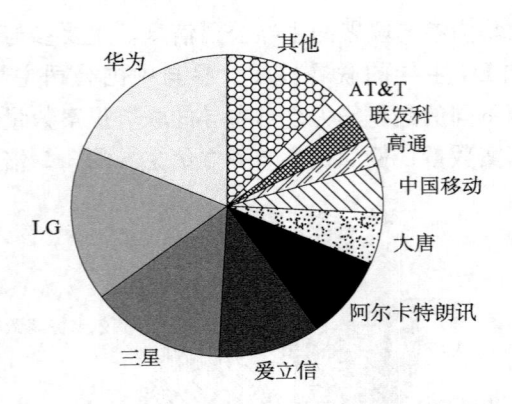

图 2-54 中兴参与联署的主导公司示意

(5) 大唐

图 2-55 示出了大唐主导联署参与公司的基本情况。从数量上来说，大唐与中兴的主导联署提案数量较为接近，但从参与的公司类型而言，大唐与华为更为接近，以重要提案人为主。

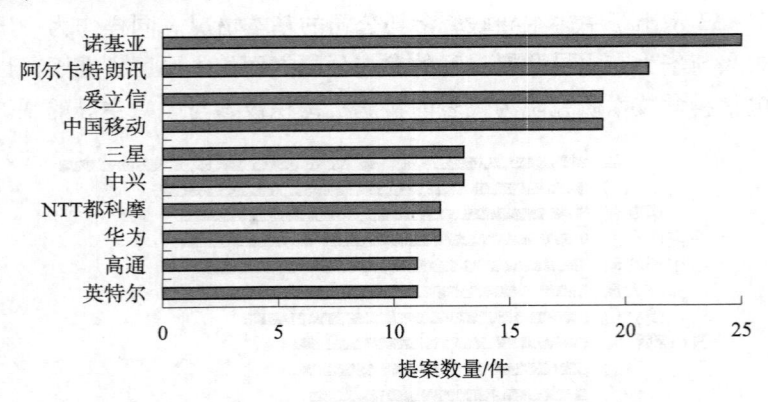

图 2-55 大唐主导联署的参与公司示意

图 2-56 示出了大唐参与联署的主导公司信息。其主要参与的是三星、华为、爱立信和 LG 主导的联署提案。与华为和中兴不同的是，大唐自己主导联署的提案数量与参与其他公司主导联署的提案数量差别不大。从参与联署的选择公司角度来说，华为、中兴和大唐 3 家中国企业的共同点在于主要参与三星、爱立信、LG 和华为主导的联署提案，不同在于，华为和中兴更倾向于参与阿尔卡特朗讯主导联署提案，大唐更倾向于参与诺基亚或中国移动主导联署提案。作为中国运营商的代表，中国移动与大唐的联署关系明显比与华为或中兴更为紧密。

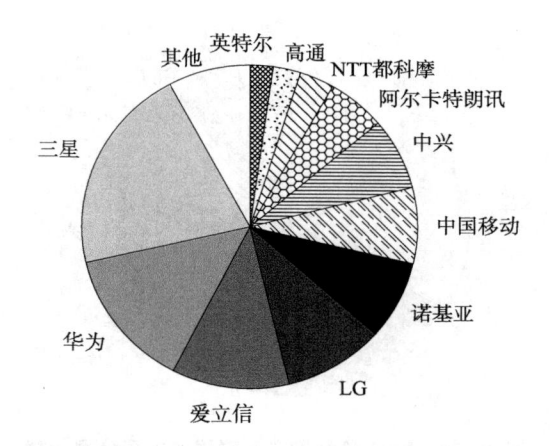

图 2-56　大唐参与联署的主导公司示意

(6) NTT 都科摩

图 2-57 示出 NTT 都科摩主导联署的参与公司情况。NTT 都科摩作为日本运营商代表，在重要提案人中主导联署提案数量属于中等偏下，其主导的联署提案大都由日本公司参与，其中与日本电气的关系最为紧密，中国企业对 NTT 都科摩主导的提案参与度并不高。

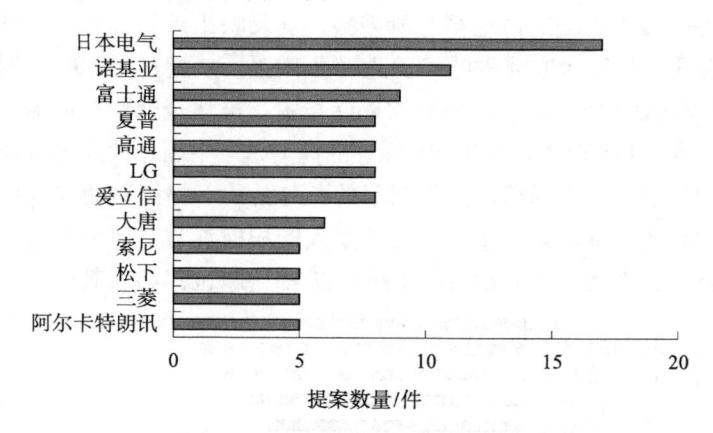

图 2-57　NTT 都科摩主导联署的参与公司示意

NTT 都科摩参与联署的主导公司以重要提案人为主，尤其是三星和爱立信，其几乎很少参与本国企业的提案联署（参见图 2-58）。由此可见，在 MIMO 技术领域，NTT 都科摩是日本的领军代表。

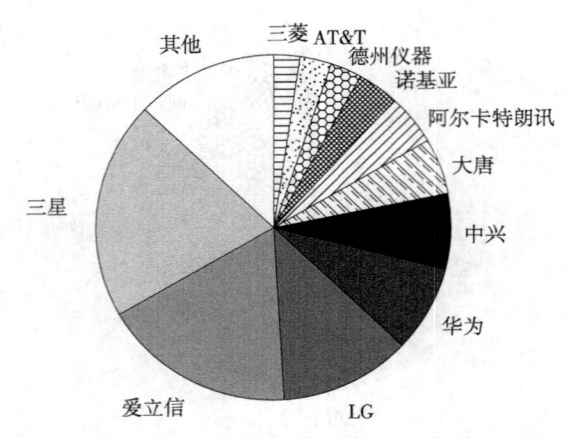

图 2-58 NTT 都科摩参与联署的主导公司示意

(7) 中国移动

中国移动较早就已经加入 MIMO 技术的标准讨论中，初期以与华为、大唐等中国企业联署提案为主，数量不多，技术角度也比较单一，如主要集中在下行传输模式方面。随着时间推移，中国移动逐渐出现了越来越多独立提交的讨论提案，联署提案方面也不仅仅局限于中国通信领域的龙头企业，在各个 release 版本各个技术主题的讨论都有所涉猎，这反映出运营商对 MIMO 技术的覆盖有大幅提升，并且标准推进的经验进一步增强。从通过的 10 余件提案来看，集中在 FD MIMO 和 5G 新空口中的 MIMO 技术，虽然全部都是联署提案，但是其中有 2 件涉及 FD MIMO 中的 SRS 设计的提案是以中国移动为主联合提交的。

图 2-59 示出了中国移动主导联署的参与公司。中国移动作为中国运营商代表，其主导的联署提案有中国重要提案人的积极参与，但中小企业的参与度不够，此外，日本两大运营商 KDDI 和 NTT 都科摩也都参与其中。

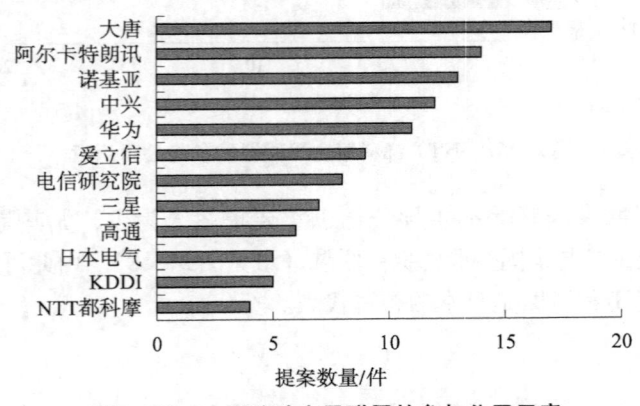

图 2-59 中国移动主导联署的参与公司示意

图 2-60 示出了中国移动参与联署的主导公司。与日本运营商不同，中国移动参与的一半以上是本国重要提案人主导的联署提案。由此可见，在 MIMO 技术领域，中国运营商参与标准的方式方法与日本运营商截然不同。

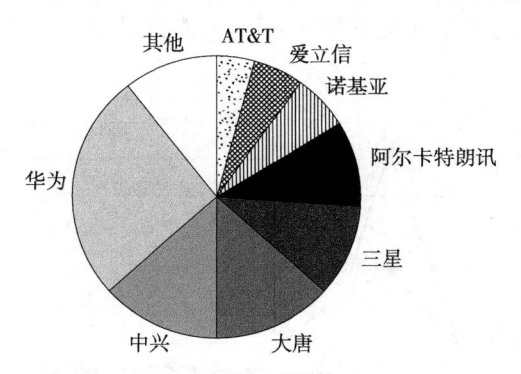

图 2-60 中国移动参与联署的主导公司示意

2.6.2 其他中国企业的联署现状

随着对标准重要性的认识不断深入，越来越多的中国企业积极加入到 3GPP，参与提案讨论、标准制定等相关工作，普遍都是从 5G 新空口的 MIMO 技术开始介入。图 2-61 给出了除华为、中兴、大唐和中国移动之外的中国运营商和企业在 3GPP MIMO 中的提案分布情况。

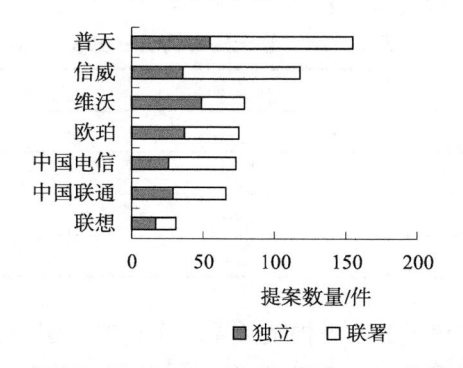

图 2-61 其他中国运营商和企业在 3GPP MIMO 中的提案分布情况

（1）普天

普天是以信息通信技术的研发、系统集成、产品制造、产业投资和相关的商品贸易为主业的中央企业，其前身是中国邮电工业总公司。图 2-62 示出了普天的独立和联署提案情况。普天较早就是 3GPP 的独立会员，在 MIMO 技术的讨论中从 Release 9 就能看到它的身影，技术的覆盖面较广，每个演进阶段的大多数技术主题下都会有它的数件提案，总体提案数量在中国企业中领先。但各个技术主题下的提案数量基本比较平均且数量不大，与大部分其他中国企业积极加入 5G 阶段 MIMO 提案推进不同，普天在 2010 年左右较为活跃，但 2013 年之后数量却不多。

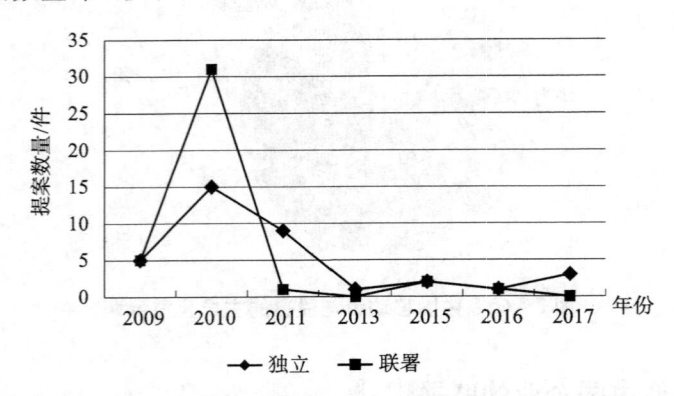

图 2-62 普天的独立和联署提案情况示意

相比于其他中国企业，普天没有主导联署提案，并且参与联署的提案的状态为未讨论的比例也明显偏高（参见表 2-23），这主要是因为普天参与 MIMO 第一阶段的提案联署为主，而中国公司在第一阶段 MIMO 讨论中的影响力明显弱于第二阶段。

表 2-23 普天提案情况一览表　　　　　　　　　　单位：件

提案状态	独立提交	参与联署
通过	1	4
已讨论	4	13
未讨论	31	23
合计	36	40

图 2-63 示出了普天的联署提案关系分布情况。图中各个公司的圆形大小表示其参与联署的提案数量，远近关系表示共同出现在一件联署提案中的多寡。普天主要与中国企业共同联署，尤其是常与大唐共同出现在一件联署提案中。从主导公司的角度来看，普天主要参与华为、阿尔卡特朗讯和大唐主导的联署提案。

第二章 标准必要专利的演进

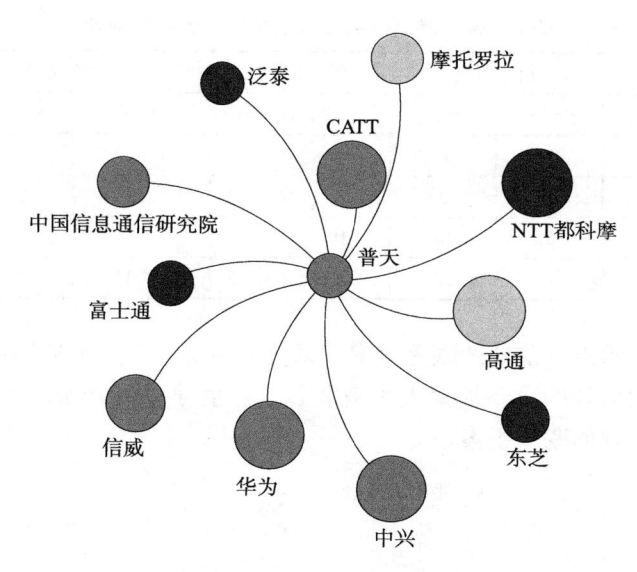

图 2-63 普天联署提案关系分布

（2）信威

信威全称是北京信威通信技术股份有限公司，其一直致力于我国自主知识产权的无线通信技术研发和产业化，创立了 SCDMA、TD-SCDMA、McWiLL 宽带多媒体集群系统等多项国家和国际通信标准。其核心技术在于智能天线及自适应零陷技术，后续演进技术也主要集中在增强型智能天线技术、基于智能天线的单用户/多用户 MIMO 传输及相应的资源分配和链路自适应技术、高效信道编译码技术等。

信威从 2015 年开始参与 MIMO 技术的提案推进工作。表 2-24 示出了信威的独立与联署提案的状态。其中，独立提交提案共计 33 件，其中 4 件已讨论的提案涉及 FD MIMO 相关的仿真结果和 5G 新空口中的下行 PRB 绑定。联署提案共计 77 件，其中有 4 件主导联署，均涉及 5G 新空口的下行 PRB 绑定，且状态为已讨论，参与公司 5~12 家不等，除中国重要提案人均参与外，联发科和英特尔也都参与了这 4 件提案的联署。通过的 2 件联署提案中 1 件由 AT&T 主导，涉及 FD MIMO 中的 CSI 报告；另 1 件由华为主导，涉及 5G 新空口中的 DMRS。联署提案中有 8 件未讨论，参与联署公司 3~7 家不等，其中三星主导 3 件，华为主导 2 件，高通、LG 和大唐主导各 1 件。

135

表2-24 信威的独立与联署提案的状态对比　　　　　　　　　　单位：件

年份	独立提交				联署提交			
	通过	已讨论	未讨论	合计	通过	已讨论	未讨论	合计
2015	0	0	4	4	1	10	1	12
2016	0	1	9	10	0	13	2	15
2017	0	3	16	19	1	44	5	50
合计	0	4	29	33	2	67	8	77

图 2-64 示出了信威的联署提案关系分布情况，由此可见信威在联署选择方面主要与国内外的重要提案人积极联署。在主导公司方面，主要参与华为、三星和中兴主导的联署提案。

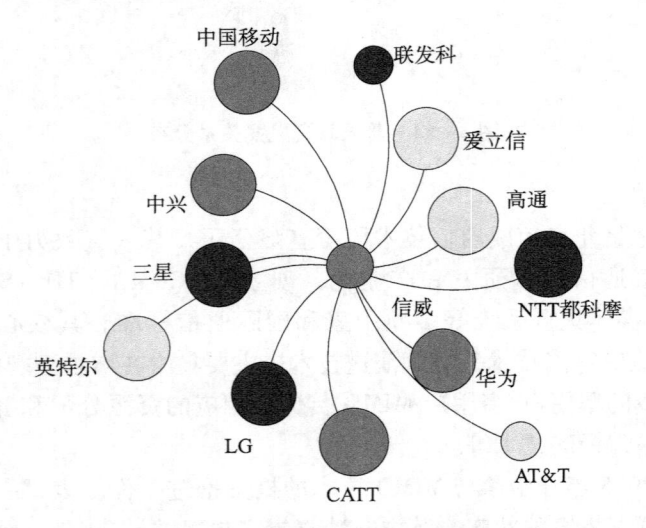

图 2-64 信威联署提案关系分布

(3) 欧珀

欧珀（OPPO）全称是广东欧珀移动通信有限公司，成立于2004年，是全球性的智能终端和移动互联网公司，早期发展阶段专注于手机拍照多功能创新。

欧珀首次出现在 RAN1 的提案列表中是 2016 年参与了 3 件提案联署，涉及 FD MIMO 增强中的 CSI 增强，主导公司分别是爱立信、华为和大唐，上述 3 件的状态均为已讨论。

在5G新空口技术中开始出现独立提交的提案共计37件，仅有1件被讨论，涉及上行功率控制。

联署提交的31件涉及5G MIMO的多个技术主题，例如 CSI 获取、波束管理、基于码本的上行传输等。其中包括 1 件主导联署提案，涉及上行波束管理中的非周期性 SRS，状态为已讨论；联署公司多达 17 家，包括诺基亚、三星、爱立信、华为等重要提案人参与其中。联署提案中通过的 2 件均由华为主导。

图 2-65 示出的是欧珀的联署提案关系分布情况。由此可见，欧珀参与联署的公司非常多元化，其中与爱立信、高通、信威、LG 共同参与的联署提案最多。在主导公司的角度，欧珀主要参与华为、高通和 LG 主导的联署提案。

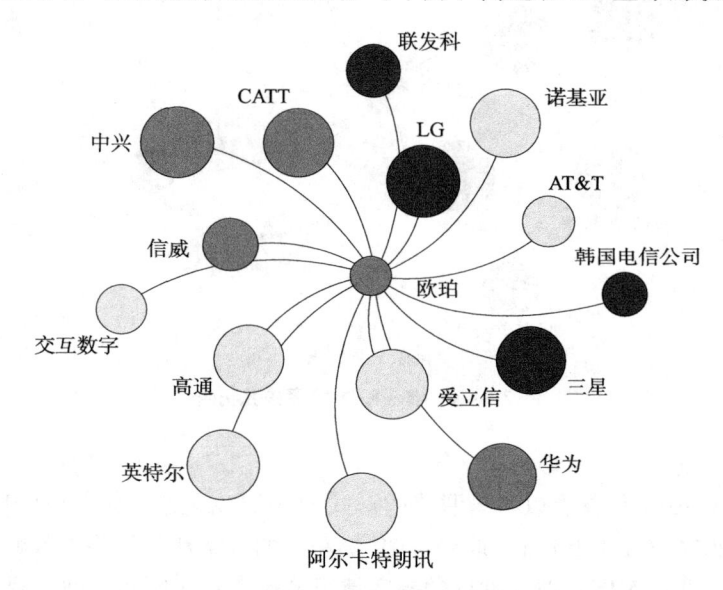

图 2-65 欧珀联署提案关系分布

（4）维沃

维沃全称是维沃移动通信有限公司（vivo），于 2010 年成立，专注于智能手机领域，2014 年维沃开启国际化之路，进入域外市场，国内外均成立了研发中心。在 MIMO 技术领域从 5G 新空口的 MIMO 技术开始提案部署，涉及技术主要为参考信号和 QCL、波束管理方向。其中独立提交提案 47 件，4 件状态为已讨论，涉及下行 PRB 绑定和波束管理中的 CSI-RS 设计，独立提交提案的讨论比例在本节所述的企业中较高。联署的 26 篇提案全部被讨论，包括主导联署提案 1 件，主导联署的提案虽然参与的公司只有 4 家，但包括高通、爱立信，实属不易。通过的 1 件联署提案由华为主导。

图 2-66 所示是维沃的联署提案关系分布情况。维沃合作联署的公司也很多，与欧珀相比，维沃与日韩公司的合作更多，欧珀与欧美公司的合作更多，其中维沃与中兴、华为、高通的合作联署最多。从主导公司角度来看，维沃主

要参与中兴、华为和三星主导的联署提案。

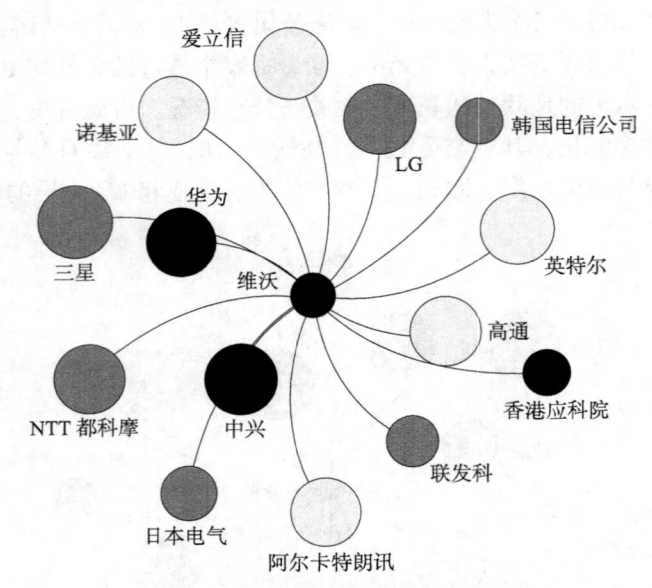

图 2-66　维沃联署提案关系分布

（5）联想

联想于 2015 年首次以参与联署的形式向 3GPP 提交了涉及 FD MIMO 的提案 1 件。2014 年 1 月 30 日，联想以 29 亿美元的价格从谷歌手中收购了摩托罗拉移动，二者在 MIMO 技术领域的提案情况如表 2-25 所示。截至目前，联想在该领域并未明显发力。

表 2-25　联想提案情况一览表　　　　　　　　　　　　　单位：件

提交类型	版本号	状态		
		通过	已讨论	未讨论
联想+摩托罗拉移动	5G	0	1	19
联想+其他	Release 13	0	1	0
	5G	0	4	0
联想+摩托罗拉移动+其他	5G	0	6	0
摩托罗拉移动	Release 10 / Release 11	0	0	2
	Release 12	0	7	22
	Release 13 / Release 14	1	0	3
	5G	0	0	1

续表

提交类型	版本号	状态		
		通过	已讨论	未讨论
摩托罗拉移动+其他	Release 10	3	2	0
	Release 12	3	7	3
	Release 13	1	3	0

（6）中国联通和中国电信

表2-26示出了中国联通和中国电信的提案情况。中国联通独立提交9件提案，联署提交29件提案；中国电信独立提交20件提案，联署提交28件提案。其中，独立提交的提案以第二阶段MIMO为主，如包括3D信道模型、FD MIMO等，联署提交的提案以5G阶段为主，二者都没有主导联署的提案。

表2-26 中国联通和中国电信的提案情况一览表　　　　单位：件

年份	中国联通		中国电信	
	独立	参与联署	独立	参与联署
2010	0	0	1	0
2011	3	0	0	0
2013	3	2	2	0
2014	0	2	5	1
2015	0	7	9	8
2016	0	2	0	1
2017	3	16	3	18
合计	9	29	20	28

从状态来看，二者独立提交的提案均未讨论，而参与联署的提案，除1件中国联通参与阿尔卡特朗讯和上海贝尔主导、涉及3D信道模型的提案未讨论之外，全部被讨论。参与联署通过的提案数量不多，中国联通2件，中国电信1件，均为华为主导。在参与联署方面，二者有以下共同点：①参与联署的提案中联署公司的数量普遍较多；②以华为主导联署为主。

2.6.3　提案联署策略

中国的通信公司一直在对5G预研和标准化研究方面持续投入，已经逐步建立了更加专业的队伍对5G前沿技术进行跟踪和研究，并参与相关标准化工作。国内通信技术也已经实现了从"1G空白""2G跟随""3G突破"到"4G

同步"的跨越，不但产业研发能力显著增强，形成了完整的产业链，而且成为国际标准的制定者。未来的5G时代，中国5G将有望成为世界的标准。

（1）提升研发软实力

尽管3GPP是以成员公司、组织之间的相互协作作为基础，但是每个成员在其中所起到的作用不同，体现的贡献不同，对整个行业的影响力也有所不同，这就表现在标准演进的话语权上。在推动标准演进的过程中，提案的重要性毋庸置疑。目前国内企业越来越多地参与到国际标准组织中，积极提交大量提案，体现出参与国际标准制定的热情日益高涨。但与此同时，还需要注意提高提案的质量，高质量的提案才是获得同行认可的有效途径，更容易获得产业的支持，最终成为标准，并使得高质量提案的提案企业能够从中获得更多的利益。

3GPP成员通过提案提出不同的解决方案和技术，独立提交提案与联署提交提案只是两种不同的提案提交形式，并没有孰优孰劣之分。从上述分析可见，在联署提案中把握主动权的提案人通常也有一系列高质量的独立提交提案，在独立提交提案中掌握话语权的提案人一般在联署提案中也处于积极主动的地位。对于大部分刚刚开始加入标准推进工作的国内企业而言，独立提交的提案相当于一张"名片"，可以展示自身的研发工作与发明，即使在初期大部分可能没有被处理或被讨论，但也是与业界同行共同公开讨论的基础，因此首要任务是提升自己的研发软实力，增强品牌影响力。

3GPP的工作总体来看分为4步[1]：第一，早期研发及向管理层提交项目提案；第二，将项目细分至专业领域；第三，进行可行性研究和探索不同技术解决方案；第四，根据议定的工作技术开发解决方案。来自3GPP外部的企业向3GPP提交概念提案要经过批准阶段，然后是技术报告阶段，最后进入产品研发阶段。有时，3GPP会提出修改请求。也就是说要经历5个阶段（参见图2-67）：从愿景和概念、项目提案到可行性研究项目、开发工作项目到商用部署阶段。追本溯源，早期研发是最为重要的一环。3GPP的成员公司通常有自己的研发团队，根据需求进行研发，进而产生相关概念和问题，并在早期阶段中不断协商与迭代，一旦概念提案能够获得批准通过的话，将可以进入可行性的研究项目阶段。由此可以发现，早期研发是驱动创新的重要步骤，同时也是标准必要专利申请的黄金阶段，重要提案人对此非常重视。各个成员可根据自身情况，合理选择恰当的时机作为切入点，并结合通过研发和实际探索，

---

[1] 陈万士. 从3GPP角度说5G标准［EB/OL］. httpa：//blog.csdn.net/DQ4zTT3aGnLW22wnL8U/article/details/78546824.

缩小实际系统与真正标准的差距。

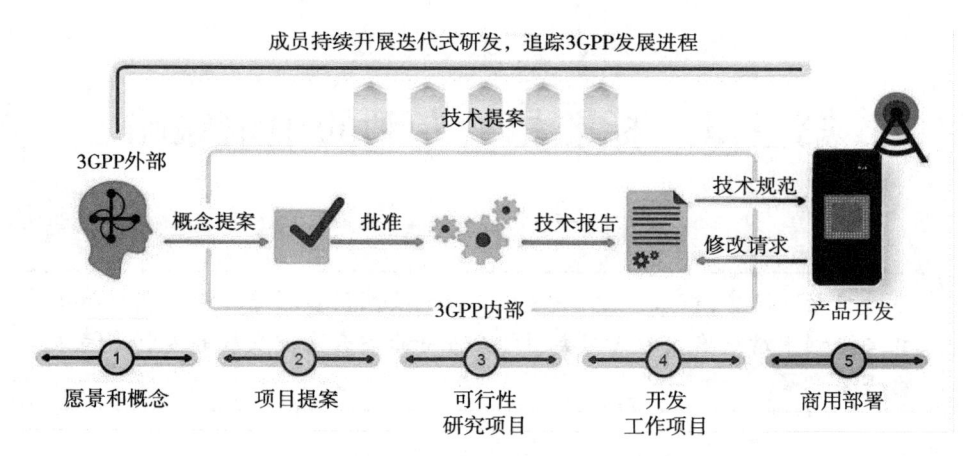

图 2-67　外部企业向 3GPP 提供概念提案的 5 个阶段

（2）寻找利益共同体

2018 年 1 月 25 日，高通在北京召开了高通中国技术与合作峰会，推出了一项 5G 领航计划，帮助中国手机加速出口的同时，帮助中国手机升级迈向更高端，并拓展至物联网领域。首批中国参与厂商包括联想、欧珀、维沃、小米、中兴、闻泰科技。此外，联想、小米、欧珀、维沃都将成为高通的 5G 合作伙伴，这 4 家公司将在 3 年内向高通采购价值总计不低于 20 亿美元的 5G 前端射频设计。目前该项前端射频设计已有谷歌、HTC、索尼、三星等厂商确认在其产品上采用。

与此同时，英特尔宣布已经与德国电信和中国华为一起，成功地进行了全球首个基于 Release 15 NSA 5G NR 规范展示 5G 互操作性和开发测试（IoDT）的空中测试。而该测试基于华为 5G 商用基站和英特尔第三代 5G NR 移动平台。

上述合作关系也可以在提案联署中一窥究竟，这反映出提案联署除了是成员组织之间在技术解决方案上的相互肯定之外，更多地是在寻找利益共同体、合作共赢以及对竞争对手的相互掣肘。从联署分析可以看出成员组织之间过往的合作或竞争关系。随着利益的重新分配，在这中间可能存在一些适合中国企业发展的机遇，当然也会面临更大的挑战。

第三章 标准相关专利的申请策略

> **本章提示**：从申请时间、申请地域、权利要求的撰写等多视角梳理标准相关专利申请策略，为不同类型的企业寻求适合自身发展的专利申请策略提供参考。

3.1 概　述

随着科学技术的进步，产业技术日趋复杂化，产业链的分工也越来越细致。为使整个供应链能够整合运作，并与其他产品相互兼容，达到在市场上顺畅流通的目的，标准的制定就成为不可或缺的解决方案。[1] 也就是说，制定标准的目的，在于让供应链的上下游以及其他产业之间能够依据共同的标准进行分工，以达到整个产业能够共容共存并扩大整体经济规模的目标。标准有利于规范市场秩序，降低商品和服务成本，促进整个社会技术进步，保护消费者利益，方便消费者生活，使消费者从统一的标准中受益。

然而反观专利权的性质，则是在于未经专利权人的同意，不允许他人制造、使用、销售、许诺销售、进口。专利权作为一种绝对的私权，代表着私人利益和商业动机，这与标准的目的基本上存在一定的冲突。也就是说，标准的制定与专利制度的设计是基于两个完全不相同的概念所形成的机制。

但是，在今天的知识经济时代，技术领先的国际大企业积极将标准与专利加以结合，利用专利具有排除市场竞争障碍的特性，及标准对于产业的规范性，相互巧妙运用，以达到市场垄断的地位。一方面，积极参与甚至主导标准的制定，凭借自身的技术及产品市场份额优势，无论是形成事实标准（如微

---

[1] 袁建中，刘兰兰．从标准与专利布局看产业应对之道[J]．信息技术与标准化，2010（10）：52–56．

软的操作系统标准或者思科的路由标准），还是参与标准组织（如 IEEE 或者 3GPP）的标准制定，均企图将自己的核心技术纳入标准体系；另一方面，则积极部署专利，使其具有专利权的核心技术成为标准的重要技术支撑（如高通将具有专利权的核心技术 CDMA 成为 3G 通信标准的主要技术支撑），进而使含有专利技术的产品获得持久的市场竞争力。

标准与专利权的结合俨然成为伴随社会经济全球化发展的必然趋势。本质上，产品必须要符合标准才能够进入市场销售获利，但却无可规避地会使用到含有必要专利的技术标准。纳入标准的必要专利技术，一般均为标准认定的必不可少的技术，在相关市场上没有可替代性技术，且该技术为专利权人所独占。简言之，标准的背后是核心专利技术，而专利权的背后是巨大的经济利益。近年来，国内科研单位或企业已经意识到这个问题的重要性，积极参与国际上各种性质的标准的制定活动，也有不错的提案与纳入标准的成绩，确实在某种程度上增加了在该领域的话语权。然而，若再进一步审视我们参与这些标准的制定活动，伴随提案而纳入标准体系的必要专利，却是寥寥无几，根本无法构成具有权威性的专利网。因此，在某种程度上，我们必须认识到"不带专利谈标准就如同没拿武器上战场"，根本无法在日益激烈的国际竞争中处于有利地位。究其原因，乃是国内相关组织或企业本身仍然普遍缺乏非常具体务实的专利申请策略以及能够有效产生实际效益的专利管理活动，实在值得我们深思。

专利申请策略是指创新主体综合考虑产业发展、市场分析、法律保护、企业特点等因素，通过科学的方法，充分利用专利信息与工具，设计适合于创新主体自身发展特点的专利资产组合，从而在时间、地域、技术等各个维度形成保护屏障。专利申请策略已经是创新主体构建专利资产、提升竞争实力、降低运营风险的重要手段，其重要性已经毋庸置疑。

世界领先通信企业拥有较多标准必要专利，参与标准制定较早，专利运营经验充足，在通信领域的垄断地位稳固；新兴企业的标准必要专利较少或者根本没有，对于标准的制定和专利运营还处于学习和探索状态，有望成为后起之秀。

从标准必要专利产出过程可以看出，标准必要专利的产出十分困难。因为标准的制定和专利权的获得均是一个不断修改的过程。标准制定过程中，从提出提案到最后的标准版本冻结，通常会历经数年时间，最后被写入标准的方案与最初的提案可能会存在较多区别。同时，在专利申请过程中，标准必要专利在提交专利申请阶段，由于标准并未确定，因此其权利要求通常与提案相对应，往往难以很好地覆盖标准中的相关内容。标准必要专利成立的条件之一就是其与标准的严格对应性，因此申请人在专利申请过程中往往会通过优先权、修改、分案等方式来调整其权利要求的保护范围，以求达到最佳的覆盖状态。正是因为这些因素，在专利申请时更不能将目光局限于获得权利，需要围绕标准或标准相关的技术进行专利申请和布局。因而本章侧重点在于以通信领域为例说明标准相关专利应如何进行申请。

3.2 申请时间策略

3.2.1 基础型的先导专利申请

通常来说，谋划专利申请策略是越早越好，"兵马未动，粮草先行"的提前谋划意识对于技术发展迅速、竞争激烈的行业来说尤为重要。在通信行业，技术标准通常反映了市场的需求，成为技术发展的指南针，指引着企业研发的方向。写入到标准中的技术内容往往是较为基础的技术，通信标准是以项目的方式推进的，而立项项目的选择往往来源于学术界的研究热点，可见，对于学术界研究热点的跟踪是标准组织的一大特色。例如1990年之后，全球无线通信领域开始就MIMO技术在学术上展开研究，成为当时最热门的关键技术之一，到2000年左右，MIMO技术在学术上的研究已较为充分，之后，各个标准组织开始研究在工业上实现MIMO技术的可行性，纷纷将MIMO技术纳入各种无线通信系统的物理层关键技术。因此，掌握行业前沿技术并有一定研发实力的企业应当及时跟进学术界的研究热点，对于基础性技术及早谋划专利申请策略。一些行业传统巨头公司通常同时也是各个标准组织的主推人，它们都与国际标准组织保持密切的联系与协作，长期以会员或观察员的身份参与或旁听标准的筹备、制定、修订等全过程，强化其对标准组织的影响；同时第一时间将收集到的技术、政策等信息反馈给企业决策的研发部门，为企业确定研发方向并制定专利申请计划提供"先人一步"的机会。

标准的制定需要一个长期的过程，包括预研、立项、起草、征求意见、审查、批准和出版等多个阶段。对于经济基础和研究实力均处于世界领先水平的公司而言，能够在标准立项之前就已经对技术进行深入研究，在标准组织会议召开前，已经设计或提出尽可能多的技术方案，这些技术方案足以覆盖标准技术要素相关的多种具体技术方案，因而在标准组织会议召开前就对这些技术方案设计好专利申请策略会更加适用。

下面以高通为例进行说明。高通作为国际领先的通信企业，其在 MIMO 技术的发展和相关标准制定中均处于领先地位，从 2002 年开始，高通就大量 MIMO 核心技术开始进行全面的专利申请布局。高通于 2003 年 10 月 24 日向中国国家知识产权局提交 5 件系列专利申请，这 5 件专利申请在 ETSI 中披露为 3GPP 标准和 IEEE 标准的必要专利，经核实其技术内容涉及 IEEE Std 802.11n-2009 标准，均要求优先权日为 2002 年 10 月 25 日的共同的美国优先权 US60/421309。该 5 件专利申请的共同发明人为 J. R. 沃尔顿、J. W. 凯淳、M. 华莱士以及 S. J. 海华德。其同族数量多达 362 件，分别进入 10 个国家审查，同族数位列在华的有效标准必要专利之首。为便于描述，对涉及的 5 件专利进行编号如下：

专利①：CN1717888B，被引用次数为 66 次，被引用次数在在华有效标准必要专利中排名第一位，于 2012 年 4 月被授权。2012 年高通又以该专利申请为母案提出了分案申请，该专利授权后在中国的维持年限已达 6 年。

专利②：CN100459535C，被引用次数为 56 次，被引用次数在在华有效标准必要专利中排名第六位，于 2009 年 2 月被授权，该专利授权后在中国的维持年限已达 9 年。

专利③：CN1729634B，被引用次数为 47 次，被引用次数在在华有效标准必要专利中排名第十位，于 2011 年 4 月被授权，该专利授权后在中国的维持年限已达 7 年。

专利④：CN1708936B，被引用次数为 42 次，被引用次数在在华有效标准必要专利中排名第 14 位，于 2011 年 5 月被授权，该专利授权后在中国的维持年限已达 7 年。

专利⑤：CN1708933B，被引用次数为 39 次，被引用次数在在华有效标准必要专利中排名第 15 位，于 2011 年 6 月被授权，该专利授权后在中国的维持年限已达 8 年。

表 3-1 示出了高通公司这 5 件专利在中国申请的相关信息，涉及申请号、发明名称、优先权信息、发明人、同族数目、原始申请的权利要求数目、法律状态及授权维持年限等。

为了更清晰地对高通的专利申请时间进行解析，首先对涉及的 IEEE Std 802.11n-2009 标准的产生和推进进行介绍。

表3-1 高通公司5件标准必要专利信息

编号	申请号（授权公告号）	优先权信息	发明人	同族数目/件	原始权利要求数目/项	发明名称	法律状态、维持年限
①	CN200380104553.1（CN1717888B）	US60421309（2002.10.25）US10693429（2003.10.23）	J.R.沃尔顿；J.W.凯淳；M.华莱士；S.J.海华德	362	60	多个空间多路复用模式的MIMO系统	授权6年
②	CN200380104560.1（CN100459535C）	US60421309（2002.10.25）US10693419（2003.10.23）	J.R.沃尔顿；J.W.凯淳；M.华莱士；S.J.海华德	362	216	MIMO WLAN系统	授权9年
③	CN200380102100.5（CN1729634B）	US60421309（2002.10.25）US10693535（2003.10.23）	J.R.沃尔顿；J.W.凯淳；M.华莱士；S.J.海华德	362	32	无线MIMO系统中的多模终端	授权7年
④	CN200380107050.X（CN1708936B）	US60421428（2002.10.25）US60421462（2002.10.25）US60421309（2002.10.25）US10693171（2003.10.23）	J.R.沃尔顿；J.W.凯淳；M.华莱士；S.J.海华德	362	59	TDD MIMO系统的信道估计和空间处理	授权7年
⑤	CN200380102101.X（CN1708933B）	US60421309（2002.10.25）US10448801（2003.05.31）	J.R.沃尔顿；J.W.凯淳；M.华莱士；S.J.海华德	362	63	多信道通信系统的闭环速率控制	授权8年

IEEE 802.11中关于MIMO技术的征集方案开始于2002年，经过反复的提案、修改，最终在2009年形成IEEE 802.11n版本标准，涉及无线局域网接入控制层和物理层相关标准。而高通在早期就MIMO技术申请的相关专利主要包括发射机、接收机、传输信道、信道估计、空间处理、反馈等。为了更好地体现标准必要专利在申请过程中与标准推进的关系，下文对于IEEE Std 802.11n -

2009 标准制定的过程和主要成果进行介绍。图 3-1 为 IEEE Std 802.11n-2009 的标准制定时间轴，示出了各个年份区间的进程。

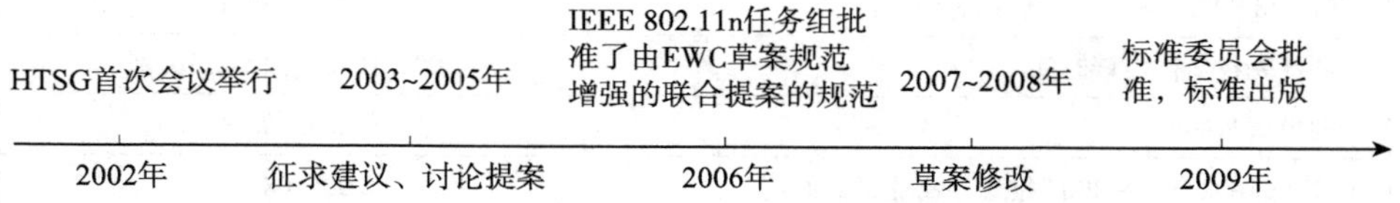

```
HTSG首次会议举行      2003~2005年    IEEE 802.11n任务组批     2007~2008年    标准委员会批
                                  准了由EWC草案规范                        准，标准出版
                                  增强的联合提案的规范
────────────────────────────────────────────────────────────────────▶
2002年          征求建议、讨论提案      2006年          草案修改        2009年
```

图 3-1　IEEE Std 802.11n-2009 的标准制定时间轴

2002 年 9 月 11 日，IEEE 高吞吐量研究组（High Throughput Study Group，HTSG）首次会议举行。无线下一代常务委员会（WNG SC）听取了有关他们关于为什么需要改变以及需要哪些修改才能满足目标吞吐量的报告。2003 年 9 月 11 日，IEEE-SA 新标准委员会（NesCom）批准了修改 802.11-2007 标准的项目授权请求（PAR）。新的 802.11 工作组（TGn）将制定一项新的修正案。TGn 修正案是基于 IEEE Std 802.11-2007、IEEE Std 802.11k-2008、IEEE Std 802.11r-2008、IEEE Std 802.11y-2008 和 IEEE P802.11w 修正的。TGn 针对的是 802.11-2007 标准的第 5 次修订，它将对 802.11 物理层（PHY）和 802.11 媒体访问控制层（MAC）进行标准化修改，以便能够实现具有更高吞吐量的操作模式，在 MAC 数据业务接入点（SAP）测量的最大吞吐量至少为 100 M 比特/秒（bit/s）。2003 年 9 月 15 日至 2005 年 7 月，进行多个提案的讨论和修改。2006 年 1 月 19 日，IEEE 802.11n 任务组批准了由增强无线联盟（EWC）草案规范增强的联合提案的规范。2006 年 3 月至 2009 年 7 月 17 日历经了 11 个版本草案的讨论和修改。2009 年 9 月 11 日，标准审查委员会/标准委员会批准；2009 年 10 月 29 日，IEEE Std 802.11n-2009 标准出版。

在提案征求和讨论过程中，2004 年 8 月 13 日，高通提交 4 个相关提案：

①11-04-870 高吞吐量系统描述和工作原理；

②11-04-871 高吞吐量提案合规声明；

③11-04-872 高吞吐量增强的链路层和系统性能结果；

④11-04-873 高吞吐量增强功能演示-功能和性能。

根据上述 IEEE Std 802.11n-2009 发展和推进的各个时间点，结合高通专利申请以及提案的各个阶段时间，可以得出时间对照表（见表 3-2）。

表 3-2 专利申请时间与技术标准推进时间对照表

事件	时间
IEEE Std 802.11n-2009 启动时间	2002.09.11
专利优先权文件申请时间	2002.10.23、2002.10.25
专利申请时间	2003.10.24
IEEE Std 802.11n-2009 推进中高通提案时间	2004.08.13
IEEE Std 802.11n-2009 提案、草案讨论修改	2003~2009
IEEE Std 802.11n-2009 标准出版时间	2009.10.29
专利申请实质审查、修改、授权时间	2005~2011

从表 3-2 可以看出，在 IEEE Std 802.11n 技术标准刚刚启动时，仅间隔 1 个月时间，高通已经开始着手相关专利的申请。从高通申请的多项优先权文件也可以看出，高通很早就开始对 MIMO 技术展开研究，并在标准启动时已经拥有一些研究成果和已经形成的初步技术方案，即在标准组织会议召开前，已经设计或提出尽可能多的技术方案。从 IEEE Std 802.11n-2009 推进过程中高通参与的多项提案的提交和讨论也可以看出高通在 MIMO 技术研发中所起的重要作用。在 2003~2009 年，IEEE Std 802.11n-2009 相关提案、草案讨论过程中，高通的多项专利申请也纷纷进入实质审查。专利审查与标准推进的同步，使得高通在实质审查过程中能够依照标准推进的方向对专利申请文件进行修改。这些专利申请在 2009~2011 年陆续被授予发明专利权，并披露为标准必要专利。

有研究❶表明，参与通信标准制定的企业通常在标准组织会议召开前 7 天内提交专利申请，这是因为标准组织会议的召开时间通常间隔 1~2 个月，围绕标准组织讨论的问题及需求而提出的标准提案通常在会议召开过程中被公开，因此与提案内容相关的专利申请必须早于标准提案的公开时间，以避免标准提案的内容破坏专利申请的新颖性或创造性。

在专利实务中，通常采用优先权的方式来抢占申请时机。由于优先权的期限有 1 年，采用优先权的方式使得申请人有充足的时间准备申请文件。这一点对于标准相关专利的申请尤为重要。这是由于国际标准组织会议的进程通常是非常紧凑的，而与标准提案相关的专利需要在标准组织会议召开前进行申请，

---

❶ KANG B, BEKKERS R. Just-in-Time Inventions and the Development of Standards: How Firms Use Opportunistic Strategies to Obtain Standard-Essential Patents (SEPs) [J]. International Conference on Standardization & Innovation in Information Technology, 2013, 83 (4): 1-3.

这种情况导致企业没有充足的时间来准备专利申请文件。美国临时申请是一种较为特殊并且在国际上使用最广的优先权方式。这是因为美国临时申请对于文件的形式限制较少，❶ 只需要提供说明书和必要的附图即可，而不一定要有权利要求书，专利申请人可以采用任意格式提出申请，对于申请语言也没有要求，可以不采用英文撰写。因此，一些大型企业充分利用美国临时申请的这些特点，在时间紧迫时仅将提案稍作修改，有的甚至不修改，而直接作为美国临时申请的说明书进行提交，以享有早于标准提案公开日的申请日，抢占申请先机。

企业在对核心基础技术进行专利申请时需尽量将申请文件准备充分，进而保证技术方案的完整性。从高通上述5项专利申请的基本信息中可以看出高通的专利申请时机策略。高通公司在专利正式申请提交前已经提交了多个临时申请文件（参见表3-1，US60421309、US10693429、US60421428、US60421462等），也就是高通采用多项优先权的方式来抢占申请时机。在优先权的1年期限内，高通有充足的时间准备更充分的专利申请文件，尤其是对核心基础技术充分准备，以保证技术方案的完整性。这一点对于标准相关专利尤为重要。

当然，也不能一味地追求早的申请时机。由于专利申请在申请日之后18个月即公开，过早地申请意味着过早地将技术曝光于竞争对手，可能给技术创新主体的发展带来不利影响。在标准讨论过程中曾经出现过因竞争对手获知公开的技术方案而联合多家公司反对将该方案写入标准的情形。

3.2.2 标准改进型的专利申请

标准制定过程中的任何一个阶段均可以实施专利申请策略，尤其是针对标准、协议或提案中所涉及的技术问题、技术方案提出改进技术方案。由于专利申请在时间要求上的特殊性，因此在标准推进过程中对专利申请提交时间也需要进行控制。

现以华为在标准推进过程中策划标准相关专利的案例进行说明。

申请号为CN200810066888.3，发明名称为"一种缓冲区状态报告的发送方法及其设备"，该发明专利目前处于授权后保护状态，涉及3GPP LTE（Rel-8 LTE-3G Long Term Evolution-Evolved Packet System RAN part）TS 36.321标准。TS36.321标准于2008年3月公布TS36.321v8.1.0（2008.03）版本，第5.4.5节涉及缓存状态报告的相关技术内容，在NOTE中提出了目前技术中存

---

❶ WHITEHORSE S. Introduction to Patent Portfolio Building and Management [EB/OL]. http://www.autm.net/AUTMMain/media/ThirdEditionPDFs/V3/TTP_V3_P3_Portfolio.pdf.

在的问题:当同时有多个 BSR 事件需要处理时,只有一个 BSR 可以被处理。针对 TS36.321v8.1.0(2008.03)中存在的技术问题,华为研究并提出多种解决方案,于 2008 年 4 月 6 日提交专利申请并提出实质审查请求。TS 36.321 v8.4.0(2008.12)版本于 2008 年 12 月公布,并将专利申请中原始权利要求所记载的技术方案写入标准中;华为于 2010 年 1 月 25 日对专利申请进行主动修改,根据说明书记载的技术方案撰写两组新的权利要求,新的权利要求保护范围涵盖了 v8.4.0 中的相应技术方案;2010 年 8 月 6 日,该专利申请被授予发明专利权,披露为标准必要专利(参见图 3-2)。

图 3-2 华为案例专利申请时机

从上述华为对专利申请时机的把握可以看出,对于通信标准改进型的专利申请,在申请时间上虽然是在所针对改进的协议之后,但由于技术方案的提出是针对现有的标准中存在的技术问题或针对现有的技术方案的替代方案,技术方案本身是具备新颖性和创造性的。为了不破坏专利申请的新颖性和创造性,这类专利申请需要在标准的下一版本公布前尽快申请,在争取到这个时间优势后,申请人则可以在专利申请实质审查过程中,参照或参考标准所推进的方向或已形成的标准,相应地修改专利申请内容,使专利能够成为标准必要专利。尤其是对于国内外的新创企业,由于企业研究实力、资金资源等多方面的限制,可以在标准推进过程中,有针对性地申请标准必要专利,逐渐提高企业在通信行业的竞争力。

3.3 申请地域策略

3.3.1 主要考虑因素

专利权具有地域性,只有在相应的国家或地区获得授权,才能在当地享有专利权。因此,在确定专利申请时,应当先选择拟申请的国家或地区。从上文的分析可以看到,国际上知名的跨国公司既重视在本国申请专利,也非常重视本土以外的域外市场的专利申请。随着中国企业核心竞争力的不断增强,域外市场的不断拓展，在"走出去"的过程中，应强化知识产权安全意识，提前做好域外专利布局。如果不给予足够的重视，将会给企业的域外运营埋下重大隐患，甚至可能给企业带来致命的打击。

考虑到企业在域外申请专利所需的成本一般比较高，企业在谋划域外专利申请时应当对申请地域有选择性，而不是盲目地"广撒网"。在选择申请国家或地区时，首先要考虑的因素是企业目前以及未来的重要市场国。针对产品销售的主要国家或地区以及未来的新兴市场进行专利申请或专利布局，以防范知识产权法律风险，阻止竞争对手的加入。如果企业在域外设有工厂或者产品由其他国家或地区代工生产，此时还应当考虑在产品的生产地申请专利。企业自身市场的专利申请的主要目的是保护自有产品，确保专利竞争优势，保证企业在市场运营中有足够自由。另外，充分考虑目前和未来的市场分布，根据市场的地域性进行相应的专利布局，做到专利与产品相匹配，并根据市场的利润和效益分布情况，进行不同的地域选择。

竞争对手的产品市场和竞争对手的生产地也是企业在选择专利申请的地域时应当考虑的因素。一方面，可以为企业将来进入相应地域做好准备，积累专利资源；另一方面，即使不进入竞争对手的市场和生产地，也可以作为遏制竞争对手的手段，或者可以作为未来和竞争对手在其他领域进行谈判的筹码。即专利申请不应局限于自有市场，而应该考虑长远些，充分利用专利的地域性特点，加强专利地域布局，以实现企业在优势地域与劣势地域的相互补充、相互促进，谋求企业在地域性上的全面发展。

为进一步说明市场因素是申请目标地域需要考虑的重要因素，现以 MIMO 技术标准必要专利的重要申请人的地域选择情况进行说明。图 3-3 是 MIMO 技术标准必要专利中申请量排名前 18 位的重要申请人在中、美、日、韩、欧 5 个国家或地区的专利申请情况。其中，每个气泡的大小表示该申请人在相应国家或地区的申请量占其所有标准必要专利总量的百分比。从图中可以看出，几乎所有的申请人都将美国作为其最重要的市场。这是由于美国汇集了当今的先进技术，具有良好的投资环境，其强大的经济实力吸引全球其他各国申请人在美国进行专利申请。申请量排名前三的 3 家公司，包括韩国的 LG、三星和美国的高通，除了本土市场外，其在主要域外市场也都有大量的专利申请。而排在第四、第五位的日本电气和美国苹果对于美国以外的市场的投入较少。北电网络和德州仪器两家传统的北美公司出乎意料地仅在美国本土和欧洲有专利申请，而在中、日、韩等国的专利申请几乎为空白。中兴和华为这两家中国企业对域外市场表现出了很大的重视程度。总体来说，各家公司对于中国和欧洲市场的重视程度仅次于美国，特别是中国的巨大市场潜力为各国技术研发和投资者所看好，无论作为重要市场国还是竞争对手的产品生产地，都吸引了大量的投资者和企业申请专利。日本和韩国由于地域、人口、企业规模和数量等多方因素，各家公司的专利申请量不如中国。

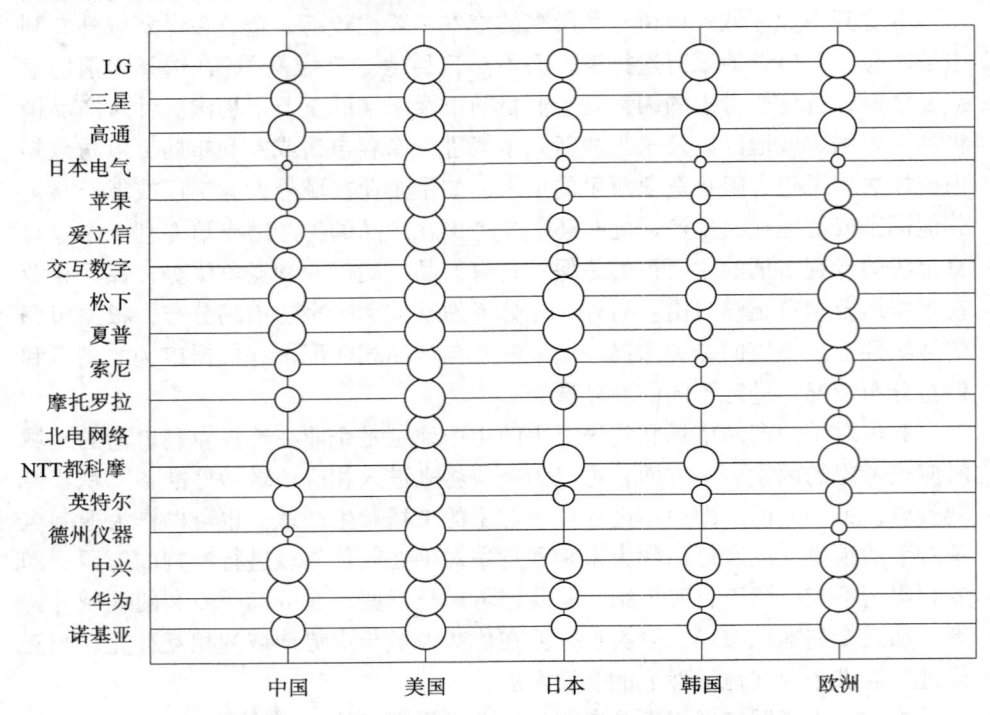

图 3-3 MIMO 技术标准必要专利重要申请人专利申请情况

在选择专利申请的地域时，除了上面提到的因素外，还应当考虑相关国际标准组织的成员国和标准的实施国。虽然国际标准组织制定的标准不是强制使用的，但在其成员所在国家或地区，通常都会优先考虑将其制定的某一系列的标准作为国家或行业标准。例如，我国作为 3GPP 和 3GPP2 的成员国，就在部署第三代移动通信系统时，将 3GPP 制定的 WCDMA 标准以及 3GPP2 制定的 CDMA 2000 标准均采纳为我国的行业标准。WCDMA 标准还被欧洲大部分国家和地区采纳为 3G 标准，CDMA 2000 被以美国为首的美洲多国采纳为 3G 标准。

在专利实务中，最常见的域外专利申请方式是以提交 PCT 国际申请的方式进行，《专利合作条约》（PCT）是专利领域继《保护工业产权巴黎公约》（以下简称《巴黎公约》）之后的重要国际条约，由世界知识产权组织国际局管理，方便专利申请人获得国际专利保护。申请人只要根据该条约提交一份国际专利申请，即可同时在条约所有缔约国中要求对其发明进行保护。但是，在以 PCT 方式进行申请时，还应当考虑目标地域是不是 PCT 的缔约国。对于不是 PCT 缔约国的国家或地区，还应当考虑其他的申请方式，比如《巴黎公约》的方式进行专利申请，而《巴黎公约》的基本目的是保证一成员国的工业产权在所有其他成员国都得到保护。

此外，在进行国际专利申请时，应当充分考虑各个国家或地区专利制度的差异性，尽可能地完善申请文件。目前各个国家或地区的专利制度、法律实体和程序上均有所差异，如果在所有国家或地区进行同样的专利申请，则可能会对创新主体或企业在专利保护上产生不利影响。因此，要充分了解和研究不同国家或地区的专利制度，从而实施行之有效的专利申请策略。例如，有的技术主题在中国属于不授予专利权的客体，因而中国不能被授予专利权，但在其他国家仍可以进行专利保护，例如美国对动植物的保护。

3.3.2 高通案例地域策略

下面继续以第 3.2.1 节中的高通案例，对高通的标准相关专利申请地域策略进行分析。表 3-3 示出了高通前述 5 项专利申请的国家或地区分布情况。

表 3-3 高通 5 项专利国家或地区分布

序号	申请号	亚洲地区	欧洲地区	PCT 缔约国
①	CN200380104553.1 PCT/US2003034519	中国 日本 韩国	欧洲专利局	美国、澳大利亚、墨西哥、俄罗斯、德国、以色列
②	CN200380104560.1 PCT/US2003034514	中国 日本 韩国	欧洲专利局	美国、澳大利亚、墨西哥、德国、以色列、加拿大、巴西
③	CN200380102100.5 PCT/US2003034565	中国 日本 韩国	欧洲专利局	澳大利亚、墨西哥、德国、俄罗斯、以色列、加拿大、巴西、印度
④	CN200380107050.X PCT/US2003034567	中国 日本 韩国	欧洲专利局	美国、澳大利亚、墨西哥、俄罗斯、加拿大、巴西、印度
⑤	CN200380102101.X PCT/US2003034570	中国 日本 韩国	欧洲专利局	澳大利亚、墨西哥、德国、俄罗斯、以色列、巴西、印度

从表 3-3 可以看出，高通这 5 项专利涉及的多个同族的国家或地区分布，

分别是亚洲地区、欧洲地区以及除上述地区包括的国家之外的 PCT 缔约国、其他国家或地区的分布。表明：

①这 5 项专利申请均在美国专利商标局提交了 PCT 国际申请，然后国际申请有选择地进入各个国家阶段，主要涉及的国家或地区有美国、中国、日本、韩国、欧洲专利局、德国、澳大利亚、英国、墨西哥、以色列、俄罗斯等。高通主要以 PCT 申请的方式实现域外布局，在选择域外国家或地区时，几乎所有的专利申请均进入了欧洲专利局、中国、日本、韩国，地域上考虑到了竞争对手的企业所在地区和生产地，其结果不但能作为遏制竞争对手的手段，还可以占领市场或考虑进行商业合作。同时也考虑到企业目前以及未来的重要市场国，高通的这些专利有针对性地进入多个 PCT 缔约国，例如澳大利亚、墨西哥、德国、俄罗斯、以色列、巴西等国家，以求得在这些重要缔约国的专利保护。

②这 5 项专利申请均是标准相关专利，对于标准相关专利的地域布局，还要充分考虑标准组织成员国及标准的实施国，对于同时满足多个考量因素的国家或地区作应作为首选的地域。通信领域中，标准组织成员国及标准的实施国通常是主要的市场国。从表 3-3 中也可以看出，高通选择国家或地区时，重点考虑的是美国、欧洲市场和亚洲市场。

③根据不同国家的专利制度，对相应专利申请的技术主题应有所调整。例如专利 CN200380102101.X，其在原始申请文件中记载一组计算机程序相关权利要求，技术主题为"一种用于存储指令的处理器可读介质，所述指令可用来：……"，在进入中国国家阶段时未进行删除，但当时该技术主题在中国属于不授予专利权的客体，因而审查员在实质审查中指出其不授予专利权的原因，申请人按照审查意见删除了相应权利要求。而在实务操作中，在了解和明确不同国家专利制度的差别后，有针对性地增加或删除相应制度下允许或禁止的技术主题，可以为申请人节约专利申请的时间成本和经济成本。

④世界五大知识产权局（以下简称"五局"），包括欧洲专利局、美国专利商标局、中国国家知识产权局、日本特许厅和韩国知识产权局。通过统计高通专利申请的地域也不难发现，其专利申请的重点地域必然包括上述五局所在国家或地区。新创企业要在全球范围内确定需要进行专利保护的区域，即目标区域，制定区域申请策略时，应该考虑行业特点，例如可以按照美国优先，其次是中国、欧洲，再次是日本、韩国，从而确保企业在整体市场中处于有利的竞争地位。对于通信领域新创企业来说，由于技术基础和资源、人员的局限性，在专利地域分布中无法做到广泛全面。对于中国的通信领域新创企业来说，在创立之初可能仅考虑国内市场，专利申请的重点放在国内。伴随着企业

的发展和壮大,结合通信行业发展快速的现状,新创企业应不仅满足于国内,而是将眼光放长远些,重视专利申请在企业发展中的重要作用,将专利地域延伸至域外,在充分考虑目前和未来市场国、竞争对手的生产地等多个因素基础上,还可优先选取在五局所属地申请专利。

3.3.3 LTE领域标准必要专利地域策略

为进一步对ETSI披露的标准必要专利进行地域策略分析,表3-4示出了ETSI披露的LTE领域标准必要专利的优先权地域的统计数据。

表3-4 LTE领域标准必要专利的优先权地域的统计数据　　单位:件

申请人地域 申请地域	美国	中国	日本	韩国	欧洲
US	2714	8	52	923	676
CN	32	1736	98	26	58
JP	36	15	1257		
KR	1			971	
EP	9		52		216
欧洲国家	46	1	113	17	283

从表3-4可以看出,LTE领域的标准必要专利绝大部分是以申请本国优先权为主。除此之外,以三星和LG为代表的韩国企业在本国申请优先权的同时也很重视以美国的优先权文件为基础进行后续布局;以诺基亚和爱立信为代表的欧洲企业对于优先权地域的选择以美国优先,其次才是向欧洲专利局或所在国家的专利局申请优先权文件。

图3-4示出了中美欧日韩的同族国家数分布情况,纵坐标是ETSI披露的有效LTE标准必要专利的同族国家数分布情况。其中,中国数据来源于华为、中兴和大唐的平均值,美国数据来源于高通,韩国数据来源于三星和LG的平均值,欧洲数据来源于诺基亚和爱立信的平均值,日本公司数据来源于松下和NTT都科摩的平均值,以上公司的有效专利数量位居前列,且计算平均值的公司的专利数量相当。由此可见,中国公司50%以上的专利仅申请了中国专利,或PCT国际申请仅进入了中国国家阶段,而其他公司几乎都申请了多于两个国家的专利申请。除此之外,中国公司几乎只在3~4个五局所属地申请同族专利,并且没有同时在10个以上国家或地区申请专利的标准必要专利。相对而言,其他国家的公司还重视对五局所属地以外的国家或地区申请专利,详见表3-5的数据对比。

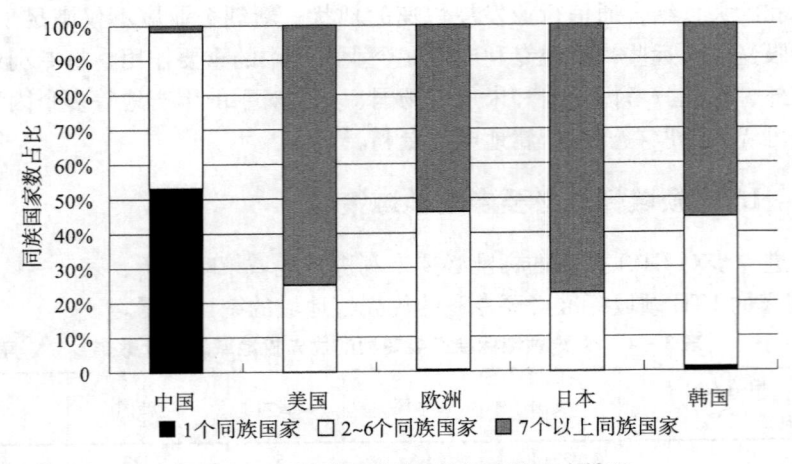

图 3-4 中美欧日韩的同族国家数分布情况

表 3-5 五局所属地以外的国家或地区的专利申请情况　　　单位：件

申请国家或地区	巴西（BR）	墨西哥（MX）	西班牙（ES）	加拿大（CA）
高通	471	333	281	550
爱立信	81	85	148	112
诺基亚	77	63	84	103
三星	103	22	48	294
LG	88	76	119	132
NTT 都科摩	135	137	43	151
松下	133	49	68	53
华为	48	6	81	16

3.4 权利要求的撰写策略

专利的保护是通过若干权利要求的组合所形成的保护范围来体现的。专利申请通常由技术人员、企业内部的知识产权工作人员以及外部专业机构的知识产权工作人员等多方合作完成。专利申请文件至少包括说明书摘要、权利要求书和说明书，必要时还可包括摘要附图和说明书附图，通过文字与图表相结合的方式清楚地阐述技术方案，由此限定出专利相应的保护范围。在获得专利授权之前，还可能因专利法律法规的要求、申请人自身需求等进行修改，但前提是不能超出原始申请文件公开的范围。专利的权利要求书是整个专利申请文件中最核心的部分，其撰写质量的好坏直接影响到专利权的稳定性。因此，以专利权的排他性范围为核心的专利申请，专利权的稳定性和不可规避性是这个层面专利布局的重点。标准相关专利的权利要求除了一般的权利要求申请策略之外，还因标准的不确定性、专利保护的技术方案需与标准对应而具有独特性，其中权利要求的层次性保护以及完善申请文件的修改基础显得尤为重要。

3.4.1　权利要求的层次性

权利要求书是申请人对技术方案中的技术特征用技术和法律语言进行的描述，也是授权后专利保护的范围。权利要求包括独立权利要求和从属权利要求。独立权利要求应从整体上反映技术方案的主要内容，应包含全部必要技术特征，可以独立存在。在撰写独立权利要求时，要仔细梳理哪些技术特征是解决技术问题所必需的，筛选出必要技术特征形成独立权利要求。从属权利要求的附加技术特征可以是对其引用的独立权利要求的技术特征的进一步限定，也可以是增加的技术特征。一项专利的从属权利要求与其独立权利要求相比，因为其保护范围更小，所以很容易通过回避绕开，但它维持有效的可能性更大，因此稳定性相对较强。

科学合理的专利申请要求将权利要求保护范围进行分层次的逐级限定，形成"倒金字塔"结构。独立权利要求限定的保护范围应概况得最宽，各从属权利要求逐级缩小保护范围，将说明书中的具体实施方式记载于保护范围最小的从属权利要求中。虽然独立权利要求的保护范围应当宽泛，但不是意味着越宽越好，而是应该有一个适度的把握。申请人在最初的专利申请时，应当基于检索到的现有技术以及本发明创造所要解决的技术问题，慎重考虑哪些技术特征是解决技术问题所必不可少的技术特征，因而必须要写入到独立权利要求中，哪些技术特征不必写入到独立权利要求中。如果由于对现有技术无法做到充分检索而不能确定出这些技术特征是不是必须写入独立权利要求中，那么此时合理的做法应当是将这些技术特征写入到从属权利要求中。

具体到标准相关专利的权利要求，如果标准已经基本形成，那么申请人在专利申请时，应首先制定权利要求技术特征与标准对照表。这样在撰写权利要求时，根据对照表进行撰写，以保证权利要求的保护范围涵盖标准的内容。通常来说，根据标准需要而进行的发明创造以增量式创新为主，因此，专利申请也以协议改进型为主。对于这类协议改进型专利申请，在撰写独立权利要求时，应将重点放在发明贡献点的保护上，而尽量省略发明贡献点以外的技术特征。发明的技术思想或者说发明构思贡献往往大于发明本身的价值，基于该发明的技术思想完全可能有很多类似的技术方案，甚至表面上看起来不同，而本质上相近的技术方案。也就是说通过对发明贡献点本质的分析，进行专利申请，积极保护发明的"技术思想"，而不是单一的技术方案，这才是一个行之有效的专利申请策略。专利申请中的技术特征如果是标准中相应特征的下位概念，例如专利申请中的特征是"MIB（Master Information Block，主信息块）"，标准中相应的特征是"系统信息"，则采用标准的技术方案不一定侵权，这样的专利不是标准必要专利。具体到独立权利要求的每一个技术特征，都应该保证是能够在技术标准中找到对应的技术措施或者是技术标准中的技术措施的上位概括。在进行从属权利要求撰写时，同样应当保证从属权利要求的附加技术特征是能够在技术标准中找到对应的技术措施或者是技术标准中的技术措施的上位概括。

现以第3.2.2节提及的华为的专利申请CN200810066888.3为例进行说明。

2008年3月3GPP TS 36.321v8.1.0（2008.03）发布。其中第5.4.5节涉及缓冲区状态上报，具体包括由不同事件触发的3种类型缓存状态报告（Buffer Status Report，BSR）：常规缓存状态报告（Regular BSR）、周期性缓存状态报告（Periodic BSR）和填充式缓存状态报告（Padding BSR），并且提出在缓存状态报告可被传输时，即使有多个事件发生，仅有一个缓存状态报告会携带在MAC数据包中（NOTE：Even if multiple events occur by the time a BSR can be transmitted, only one BSR will be included in the MAC PDU.）。由此引出了一个悬而未决的问题：当存在多个事件触发的多个缓存状态报告时，应当发送哪个缓存状态报告？

针对这个技术问题，华为于2008年4月26日提交了申请号为CN200810066888.3的专利申请，在背景技术部分引用上述技术规范中的现有内容，并提出了所要解决的技术问题是：在现有的技术方案中，当某一时刻，满足BSR发送过程的触发条件的BSR与标记为挂起状态的BSR的数量之和大于1时，终端将进行同时处理，可能导致资源浪费或系统出错，影响资源利用效率或系统稳定性。

原始独立权利要求摘录如下：

  1. 一种缓冲区状态报告的发送方法，其特征在于，包括：
  确定缓冲区状态报告BSR的类型优先级顺序；
  根据所述类型优先级顺序，选择一个BSR进行相应的处理。
  2. 根据权利要求1所述的方法，其特征在于，
  当多于一个BSR的发送过程的触发条件满足时，所述用户终端选择所述多于一个BSR之中类型优先级最高的一个BSR进行相应

处理。

……

6. 根据权利要求 1 至 4 任一项所述的方法，其特征在于，所述 BSR 的类型包括常规 BSR、周期性 BSR 和填充式 BSR。

7. 根据权利要求 6 所述的方法，其特征在于，所述类型优先级顺序为：常规 BSR 的优先级最高，周期性 BSR 的优先级次高，填充式 BSR 的优先级最低。

由此可见，独立权利要求 1 概括了较大的保护范围，因为其并没有具体限定不同 BSR 类型的优先级顺序，也没有限定按照何种优先级顺序来选择 BSR 发送，而以上细节均在从属权利要求中予以进一步限定，如从属权利要求 2 中进一步限定了选择类型优先级最高的 BSR 进行相应处理，从属权利要求 7 中进一步限定了 3 种 BSR 类型的具体优先级顺序。在标准 TS 36.321 v8.1.0 已经给出了 3 种 BSR 类型的定义的基础之上，可以预期最终写入标准的技术方案至少应该明确是指在触发多个 BSR 的情况下，具体地发送何种类型的 BSR，或者不发送何种 BSR。因此，上述原始权利要求的撰写方式将华为较为倾向的具体技术方案写入从属权利要求中，而非独立权利要求中，有效地应对标准推进过程中的不确定性。专利申请 CN200810066888 的原始权利要求与 TS 36.321.v8.4.0（2008.12）的对应性参见表 3-6。

2008 年 9 月底在布拉格召开的 RAN2 第 63bis 会议上，LG 提交提案 R2-085244 讨论关于多个 BSR 的问题，并给出 3 种选项：

（1）Option A：

Padding BSR is not triggered when regular BSR or periodic BSR has been triggered. In this way, triggering of different size BSRs can be avoided.

（2）Option B：

In a MAC PDU, maximum one of either Regular BSR or Periodic BSR can be included and maximum one of Padding BSR can be included.

（3）Option C：

If Regular BSR or Periodic BSR is triggered and if a padding BSR is also triggered, the largest BSR that fits into a MAC PDU is included.

会议讨论通过了第一种选项，并由此形成修改请求修改了标准 TS 36.321。3GPP TS 36.321v8.4.0（2008.12）版本中相关技术内容公布如下：

A MAC PDU shall contain at most one MAC BSR control element, even when multiple events trigger a BSR by the time a BSR can be transmitted in which case the Regular BSR and the Periodic BSR shall have precedence over the padding BSR.

可见，v8.4.0 版本已经将常规 BSR 和周期性 BSR 处理优先于填充 BSR 写入规范中。

表 3-6　专利申请 CN200810066888.3 的原始权利要求与标准的对应性

CN200810066888.3		标准 TS 36.321 v8.4.0（2008.12）	是否一致
原始权利要求1	一种缓冲区状态报告的发送方法	transmission in the UL buffers of the UE	是
	确定缓冲区状态报告 BSR 的类型优先级顺序	the Regular BSR and the Periodic BSR shall have precedence over the padding BSR	是
	根据所述类型优先级顺序，选择一个 BSR 进行相应的处理	when multiple events trigger a BSR by the time a BSR can be transmitted	是
原始权利要求6	所述 BSR 的类型包括常规 BSR、周期性 BSR 和填充式 BSR	Regular BSR, Periodic BSR, padding BSR	是
原始权利要求7	所述类型优先级顺序为：常规 BSR 的优先级最高，周期性 BSR 的优先级次高，填充式 BSR 的优先级最低	the Regular BSR and the Periodic BSR shall have precedence over the padding BSR	否

从上述原始权利要求的撰写可以看出，在独立权利要求 1 中仅确定 BSR 类型优先级顺序，并没有将 BSR 的具体类型优先级顺序写在权利要求 1 中，因而权利要求 1 的技术方案保护范围相对较大，其覆盖了标准记载的技术方案。从属权利要求 6 的附加技术特征也仅仅是对 BSR 的类型进行限定，其仍然能够覆盖标准。而对于从属权利要求 7，具体限定了 3 个类型优先级的顺序是按照常规 BSR 的优先级最高，周期性 BSR 的优先级次高，填充式 BSR 的优先级最低，其所限定的顺序过于具体和详细，则不再与标准中相应的内容进行对应。华为案例的独立权利要求与从属权利要求之间具备层次性，但未做到层层递进，独立权利要求 1 与从属权利要求 7 之间至少缺少一个中间层级：只限定两个不同类型 BSR 的优先级顺序，这导致原始权利要求中没有技术方案能够与标准强对应。华为案例充分体现了独立权利要求与从属权利要求在撰写方式上的不同，同时也进一步说明了按不同的层次来部署从属权利要求的重要性。

3.4.2　权利要求类型的组合

专利类型主要有发明专利、实用新型专利和外观设计专利。对于有可能成为标准的核心技术，基于专利权稳定性和保护期限的需求，应尽量采用发明专利保护形式。在涉及多个创新点时，可以根据创新点的技术内容以及创新成果的形式，采用发明专利为主、实用新型和外观设计专利为辅的保护方式。

发明专利的权利要求的类型主要包括产品权利要求和方法权利要求，而权利要求的类型由主题名称确定，产品权利要求和方法权利要求在专利保护方面各有利弊。

《专利法》第 11 条关于对产品、方法专利的侵权的规定如下："为生产经营目的制造、使用、许诺销售、销售、进口其专利产品，或者使用其专利方法以及使用、许诺销售、销售、进口依照该专利方法直接获得的产品"。两者行政救济的难易程度不同，在司法侵权诉讼中举证责任也有所不同。《专利法》第 61 条第 1 款规定："专利侵权纠纷涉及新产品制造方法的发明专利的，制造同样产品的单位或者个人应当提供其产品制造方法不同于专利方法的证明。"对于制造方法专利权来说，专利方法的使用总是在产品的制造过程中进行的，专利权人一般很难进入对方的制造现场取证，因此，要求专利权人提供证据，证明被控侵权人采用的制造方法与专利方法相同常常是一件相当困难的事情，因而才规定了举证责任倒置。上述规定考虑了待证事实的性质和当事人取证难易等因素，从实质主义角度出发，更合理地分配举证责任，从而给予方法专利权更有力的保护。

2018 年 4 月 26 日，广东省高级人民法院制定的《关于审理标准必要专利纠纷案件的工作指引（试行）》中指出，标准必要专利纠纷的侵权判断可遵循以下路径：①确定标准的具体内容并判断涉案专利是否为标准必要专利；②有证据证明被诉侵权产品符合标准必要专利所对应的标准的，可推定被诉侵权产品落入标准必要专利权利保护范围；③被诉侵权人否认被诉侵权产品落入标准必要专利权利保护范围的，须就未实施标准必要专利进行举证。标准必要专利纠纷的判断，有别于普通专利侵权的判断。尤其是通信领域的技术事实的认定难度非常大，因而在实务中，为了降低专利权人的举证责任负担，减轻法院的认定难度，可以采用推定的方法。也就是，在涉案专利是标准必要专利，而被诉侵权的技术方案又必须符合标准的情况下，就可以推定被诉侵权的技术方案落入标准必要专利保护范围，而不必要求专利权人就被诉侵权的技术方案全面覆盖标准必要专利的技术方案承担全面的举证证明责任。上述规定主要是减轻标准必要专利权人的举证证明责任，简化法院的事实认定方法。

虽然标准必要专利的侵权判断与普通专利的侵权判断有所区别，但是在权利要求的撰写中，为了对技术方案实现全面的保护，专利申请还是应当从方法、产品等多个角度进行撰写，全面保护企业的技术成果。

3.4.3 计算机程序的保护

在通信领域的技术方案中,软件和硬件已密不可分,硬件所包含的许多集成电路储存芯片内都装载有一些永久性或半永久性的程序,以确保这些硬件按照既定的要求完成工作。随着计算机技术的发展,大量的发明创造仅依靠计算机程序的创新即可实现,不必依赖于硬件的改动。考虑到涉及计算机程序的发明专利申请的特殊性,对于全部以计算机程序流程为基础,不涉及硬件结构改变的发明创造,除了提供方法权利要求的保护之外,还需对执行计算机程序流程所必需的功能模块的集合给予产品权利要求的保护。

根据国家知识产权局令第七十四号《关于修改〈专利审查指南〉的决定》,修改后的《专利审查指南2010》(以下简称"审查指南")第二部分第九章中规定,涉及计算机程序的发明专利申请的权利要求可以写成一种方法权利要求,也可以写成一种产品权利要求,例如实现该方法的装置。无论写成哪种形式的权利要求,都必须得到说明书的支持,并且都必须从整体上反映该发明的技术方案,记载解决技术问题的必要技术特征,而不能只概括地描述该计算机程序所具有的功能和该功能所能够达到的效果。如果写成方法权利要求,应当按照方法流程的步骤详细描述该计算机程序所执行的各项功能以及如何完成这些功能;如果写成装置权利要求,应当具体描述该装置的各个组成部分及其各组成部分之间的关系,所述组成部分不仅可以包括硬件,还可以包括程序。如果全部以计算机程序流程为依据,按照与该计算机程序流程的各步骤完全对应一致的方式,或者按照与反映该计算机程序流程的方法权利要求完全对应一致的方式,撰写装置权利要求,即这种装置权利要求中的各组成部分与该计算机程序流程的各个步骤或者该方法权利要求中的各个步骤完全对应一致,则这种装置权利要求中的各组成部分应当理解为实现该程序流程各步骤或该方法各步骤所必须建立的程序模块,由这样一组程序模块限定的装置权利要求应当理解为主要通过说明书记载的计算机程序实现该解决方案的程序模块构架,而不应当理解为主要通过硬件方式实现该解决方案的实体装置。

根据审查指南规定,涉及计算机程序的发明专利撰写成装置权利要求时,其组成部分不仅可以包括硬件,还可以包括程序。此外,审查指南中也允许采用"计算机可读介质+计算机程序流程"的撰写形式来保护主题名称为"介质"的产品类权利要求,以解决侵权判定中保护范围的界定及举证难的问题。

综上,除了按照方法流程的步骤描述计算机程序执行功能的方法权利要求之外,涉及计算机程序的权利要求撰写一般有如下4种形式:

① 一般的产品权利要求，如包括处理器的装置，其中处理器执行方法流程的步骤；

② 程序模块架构的产品权利要求，如包括实现各个方法步骤的程序模块的装置；

③ 组成部分包括程序的产品权利要求，至少包括处理器和存储器的装置，其中存储器存储有计算机程序指令，所述计算机程序指令被处理器执行以完成各个方法步骤；

④ "介质+计算机程序流程"的产品权利要求，如计算机可读存储介质，其上存储有执行各个步骤的计算机程序指令，该计算机程序指令被处理器执行以完成各个方法流程的步骤。

以专利申请 CN200380102101.X 为例，在原始权利要求的记载中既包括方法权利要求，也包括装置权利要求和涉及计算机程序的权利要求。该专利申请于 2011 年 1 月 19 日被授予发明专利权，在 2017 年审查指南修订之前，上述涉及计算机程序的权利要求属于不授权客体，按照审查意见进行了删除，而方法权利要求和装置权利要求经过审查已经授权。对于原始权利要求摘录如下：

方法权利要求的权利要求 51：

51. 一种在无线通信系统中在多个并行信道上发射数据的方法，包括：

获得所述多个并行信道的每一个的信道估计；

基于并行信道的信道估计计算所述多个并行信道的每一个的接收信噪比（SNR）；

基于并行信道的接收的 SNR 和 SNR 偏移量来计算所述多个并行信道的每一个的工作 SNR；

基于并行信道的工作 SNR 和由系统支持的一组传输模式的一种所需的 SNR 选择所述多个并行信道的每一个的传输模式，其中所述多个并行信道的每一个的传输模式表明所述并行信道的数据速率，和

根据为并行信道选择的传输模式处理所述多个并行信道的每一个的数据。

与方法权利要求 51 对应的产品权利要求 55：

55. 一种在无线通信系统中的装置，包括：

用来获得多个并行信道的每一个的信道估计的装置；

用来基于并行信道的信道估计计算所述多个并行信道的每一个的接收信噪比（SNR）的装置；

用来基于并行信道的接收的 SNR 和 SNR 偏移量来计算所述多个并行信道的每一个的工作 SNR 的装置；

　　用来基于并行信道的工作 SNR 和由系统支持的一组传输模式的一种所需的 SNR 选择所述多个并行信道的每一个的传输模式的装置，其中所述多个并行信道的每一个的传输模式表明所述并行信道的数据速率，和

　　根据为并行信道选择的传输模式处理所述多个并行信道的每一个的数据的装置。

与方法权利要求 51 对应的产品权利要求 58：

　　58. 一种在无线通信系统中的装置，包括：

　　操作用来提供多个并行信道的每一个的信道增益估计的信道估计器；

　　操作用来基于所述并行信道的信道估计计算所述多个并行信道的每一个的接收信噪比（SNR），基于并行信道的接收的 SNR 和 SNR 偏移量来计算多个并行信道的每一个的工作 SNR，并基于并行信道的工作 SNR 和由系统支持的一组传输模式的一组所需 SNR 来选择所述多个并行信道的每一个的传输模式的选择器，其中所述多个并行信道的每一个传输模式表明并行信道的数据速率；和

　　可操作用来根据为并行信道选择的传输模式处理所述多个并行信道的每一个的数据的数据处理器。

根据审查指南的规定，还可以采用如下形式撰写计算机程序权利要求。

方式一：

　　一种用于存储指令的计算机可读介质，其中所述指令使得计算机执行如下步骤：

　　获得在无线通信系统中的多个并行信道的每一个的信道增益估计；

　　基于所述并行信道的信道估计计算所述多个并行信道的每一个的接收信噪比（SNR）；

　　基于并行信道的接收的 SNR 和 SNR 偏移量来计算所述多个并行信道的每一个的工作 SNR；和

　　基于并行信道的工作 SNR 和由系统支持的一组传输模式的一种所需的 SNR 来选择所述多个并行信道的每一个的传输模式，其中所述多个并行信道的每一个的传输模式表明所述并行信道的数据速率，和其中数据是根据为所述并行信道选择的传输模式在所述多个并行信

道的每一个上进行发送的。

方式二：

一种在无线通信系统中的装置，包括：

存储器，存储有计算机指令；

处理器，与所述存储器连接，所述处理器运行所述计算机指令以执行如下方法步骤：

获得所述多个并行信道的每一个的信道估计；

基于并行信道的信道估计计算所述多个并行信道的每一个的接收信噪比（SNR）；

基于并行信道的接收的 SNR 和 SNR 偏移量来计算所述多个并行信道的每一个的工作 SNR；

基于并行信道的工作 SNR 和由系统支持的一组传输模式的一种所需的 SNR 选择所述多个并行信道的每一个的传输模式，其中所述多个并行信道的每一个的传输模式表明所述并行信道的数据速率，和根据为并行信道选择的传输模式处理所述多个并行信道的每一个的数据。

3.4.4 单侧撰写原则

在通信领域的技术方案中，一项发明创造通常需要通信双方，甚至多方的配合才能够实现。在此种情形下，权利要求的撰写不仅应当涉及多个单一的执行主体，通常建议将参与通信的多个执行主体作为一个整体进行描述。特别需要注意的是，在撰写单一的执行主体时，建议遵循单侧撰写原则。单侧撰写的目的是将潜在侵权主体限定为单一的直接侵权主体。所谓单侧撰写，顾名思义，就是在撰写方法权利要求的过程中，仅以方法交互中的一侧设备作为执行主体来描述方法权利要求的各个步骤。在方法权利要求中，单侧撰写在针对多交互的技术方案时，不再分别描述不同执行主体的执行动作，而是仅描述一个执行主体的执行动作，而对于其他执行主体的执行动作，建议不再进行详细限定。由于单侧撰写方法权利要求中各个步骤的执行主体是唯一的，因此，在采用全面覆盖原则进行专利侵权判定时，完全可以针对该一个执行主体判断其是否实施了方法权利要求的所有步骤，避免了多侧方法权利要求无法针对一个执行主体采用全面覆盖原则进行侵权判定的缺陷。

对标准相关专利同样推荐采用单侧撰写原则，除了便于侵权判定之外，还考虑到标准撰写的方式与单侧撰写更为接近，便于将权利要求的技术特征与标准进行对应性分析。以通信领域 3GPP 的 36 系列协议为例，其以一系列的标准规定了 LTE 的各个网元和网元之间的接口的运行规则。以随机接入过程为例，TS 36.321 中规定了用户终端侧如何初始化随机接入流程、选择随机接入资源、发送随机接入前导、接收随机接入响应等，但并未规定与用户终端侧配合实现整个随机接入过程的基站侧的行为，例如在非竞争随机接入的情况下，基站基于何种策略为用户终端选择进行随机接入的前导和物理随机接入信道（PRACH）资源；如果采用多侧撰写，势必导致在基站侧行为相关的技术特征与标准的对应性分析中出现争议，有可能影响标准必要专利的认定。

以专利申请 CN200380104553.1 为例，其撰写方式保护了发送方的发送方法和相应装置，以及接收方的接收方法和相应装置。具体地，如权利要求 40 请求保护的是一种接收数据的方法，仅从接收的角度或接收主体撰写该权利要求，未提及与发送主体有关的技术特征，也就是对发送主体未进行具体限定。这样撰写的权利要求保护范围相对较大，既保障了技术方案的完整性，在侵权判定时也有利于将技术方案与标准进行对应性分析。

其相关权利要求如下：

35. 在无线多输入多输出（MIMO）通信系统内发送数据方法，其特征在于包括：

对第一组数据流编码和调制以获得第一组数据码元流；

用第一组操纵向量对第一组数据码元流进行空间处理以获得第一组发射码元流，所述码元流用于在第一传输间隙内从多个天线发送到第一用户终端；

对第二组数据流进行编码和调制以获得第二组数据码元流；以及

提供第二组数据码元流作为第二组发射码元流，用于在第二传输间隙内从多个天线发送到第二用户终端。

39. 无线多输入多输出（MIMO）通信系统内的装置，其特征在于包括：

发射数据处理器，用于

对第一组数据流编码和调制以获得第一组数据码元流；以及

对第二组数据流编码和调制以获得第二组数据码元流；以及

发射空间处理器，用于

用第一组操纵向量对第一组数据码元流进行空间处理以获得第一组发射码元流，用于在第一传输间隙内从多个天线发送到第一用户终端，以及

提供第二组数据码元流作为第二组发射码元流，用于在第二传输

间隙内从多个天线发送到第二用户终端。

40. 在无线多输入多输出（MIMO）通信系统内接收数据的方法，其特征在于包括：

根据第一空间多路复用模式对第一组接收到码元流执行接收机空间处理，以获得第一组恢复的数据码元流；

根据第一组速率对第一组恢复的数据码元流进行解调和解码以获得第一组经解码的数据流；

根据第二空间多路复用模式对第二组接收到码元流执行接收机空间处理，以获得第二组恢复的数据码元流；以及

根据第二组速率对第二组恢复的数据码元流解调和解码，以获得第二组经解码的数据流。

48. 无线多输入多输出（MIMO）通信系统内的装置，其特征在于包括：

接收空间处理器，用于

根据第一空间多路复用模式对第一组接收的码元流执行接收机空间处理，以获得第一组恢复的数据码元流；以及

根据第二空间多路复用模式对第二组接收到码元流执行接收机空间处理，以获得第二组恢复的数据码元流；以及

接收数据处理器，用于

根据第一组速率对第一组恢复的数据码元流进行解调和解码以获得第一组经解码的数据流，以及

根据第二组速率对第二组恢复的数据码元流进行解调和解码以获得第二组经解码的数据流。

3.4.5 关键部件与整体产品分别保护

在专利申请时，应当尽量对专利产品的关键部件和整体产品分别撰写权利要求。关键部件的权利要求正好覆盖发明贡献点的部件，这可防止侵权人通过制造、销售、进口专利产品的关键部件来规避直接侵权。此外在发生专利侵权纠纷后，还可以通过保护专利产品整体的权利要求计算侵权人的赔偿数额，为企业谋取更多的侵权赔偿数额。

例如，发明专利申请的发明点在于对接收端一关键部件的改进，在撰写权利要求时，有关该关键部件的改进可以形成单独的一组权利要求，包括该改进的关键部件的接收端和/或接收方法可以形成单独的一组权利要求，与之相对应的发射端和/或发送方法可以形成单独的一组权利要求，更进一步地，包括

上述接收端和发射端的整个系统也可以形成单独的一组权利要求。由此形成更好的保护范围。

再如，在标准推进过程中，大部分技术方案具有延续性，采用关键部件与整体产品分别保护的撰写方式能够使技术方案的覆盖范围更广。以干扰协调技术为例，常见的几乎空白子帧（ABS 子帧）方案可以解决异构网络中的下行干扰问题，包括宏基站与中继节点组成的异构网络、宏基站与家庭基站组成的异构网络等，这种情况通常建议以方法权利要求和产品权利要求分别保护 ABS 子帧方案相对应的产品和装置，并进一步保护包括上述装置或功能模块的宏基站、中继站、家庭基站等。由此可见，仅包含 ABS 子帧相关方案的权利要求概括了较大的保护范围，可以影响后续使用该方案的各种具体产品。

3.4.6　完善的原始申请文件

在专利实务中，权利要求是专利保护的核心，但由于申请人在撰写权利要求的过程中，检索信息不够充分，或者概括的范围不合理等因素，导致在专利实质审查过程中不可避免地面临修改以获得最合理的保护范围和最稳定的权利。按照《专利法》及其实施细则的相关规定，申请人可以主动修改权利要求，也可以依据审查意见修改权利要求，然而这两种修改方式均对修改后的权利要求有一些限制。如果申请人认为初始撰写权利要求难以通过修改进行弥补，那么还可以通过分案申请的方式重新撰写权利要求。无论是修改权利要求，还是分案申请，修改后的权利要求都不应当超出原申请记载的范围。因此，专利申请说明书的内容的完善程度决定了修改以及分案申请的可操作空间。撰写专利申请文件时，一份高质量的专利申请说明书是至关重要的，可以为专利申请演变成标准必要专利打下基础。申请人可以根据标准的内容，基于专利申请公开的事实修改权利要求，从而使得授权的权利要求覆盖标准的内容。

下面仍以第 3.2.2 节中描述的华为的专利申请 CN200810066888.3 为例进行说明。

该发明提出的技术方案为：用户终端确定缓冲区状态报告 BSR 的类型优先级顺序；所述用户终端根据所述类型优先级顺序，选择一个 BSR 进行相应的处理。原始权利要求的从属权利要求中进一步限定了 BSR 的类型优先级顺序为 Regular BSR > Periodic BSR > Padding BSR。说明书中记载了 3 种方法，具体包括 7 个涉及优先级顺序的实施例，公开了多种可以实施的技术方案，如表 3-7 所示。

表3-7 专利申请 CN200810066888.3 实施例的技术方案

实施例编号	技术方案	BSR 优先级
实施例一	挂起常规 BSR 后，满足周期性 BSR 的触发条件时，不触发新的 BSR	常规 BSR > 周期性 BSR
实施例二	挂起周期性 BSR 后，满足常规 BSR 的触发条件时，触发常规 BSR	常规 BSR > 周期性 BSR
实施例三	挂起周期性 BSR 后，有上行资源且满足填充式 BSR 的触发条件时，仅发送周期性 BSR	周期性 BSR > 填充式 BSR
实施例四	挂起常规 BSR 后，有上行资源且满足填充式 BSR 的触发条件时，仅发送常规 BSR	常规 BSR > 填充式 BSR
实施例五	挂起某类型 BSR 后，满足同类型 BSR 的触发条件时，不触发新的 BSR	无
实施例六	有上行资源且满足常规 BSR、周期性 BSR 和填充式 BSR 的触发条件时，仅发送常规 BSR	常规 BSR > 周期性 BSR > 填充式 BSR
实施例七	有上行资源且满足周期性 BSR 和填充式 BSR 的触发条件时，仅发送周期性 BSR	周期性 BSR > 填充式 BSR

如表3-8所示，通过对比实施例的技术方案与标准记载的技术内容发现，实施例中的多个技术方案与标准对应一致，如实施例三、实施例四和实施例七，由此提供了足够的改进基础，使得申请人可以根据标准的推进而进一步修改原始权利要求，保证最终的权利要求与标准的技术方案具有较强的对应性。

表3-8 专利申请 CN200810066888.3 实施例的技术方案与标准的对应性

CN200810066888.3		标准 TS 36.321 v8.4.0 （2008.12）	是否一致
实施例一、实施例二	常规 BSR > 周期性 BSR	the Regular BSR and the Periodic BSR shall have precedence over the padding BSR	否
实施例三	周期性 BSR > 填充式 BSR	the Regular BSR and the Periodic BSR shall have precedence over the padding BSR	是
实施例四	常规 BSR > 填充式 BSR	the Regular BSR and the Periodic BSR shall have precedence over the padding BSR	是
实施例六	常规 BSR > 周期性 BSR > 填充式 BSR	the Regular BSR and the Periodic BSR shall have precedence over the padding BSR	否
实施例七	周期性 BSR > 填充式 BSR	the Regular BSR and the Periodic BSR shall have precedence over the padding BSR	是

在发明专利申请进入实质审查阶段后,申请人于2010年1月25日对权利要求进行主动修改,基于说明书中第[0036]~[0039]段对于第三实施方法的技术内容,补充了两组新的权利要求,包括一种缓冲区状态报告的发送方法和对应的装置,一种缓冲区状态报告的发送方法包括3个并列的技术方案。表3-9示出了修改的权利要求与标准的对应性。

表3-9 专利申请CN200810066888.3与标准的对应性

修改的权利要求1	标准 TS 36.321 v8.4.0 (2008.12)	是否一致
一种缓冲区状态报告的发送方法	transmission in the UL buffers of the UE	是
当多于一个缓冲区状态报告BSR的发送过程的触发条件满足,且如下任一条件满足时	A Buffer Status Report (BSR) shall be triggered if any of the following events occur:	是
所述多于一个BSR包括常规BSR和填充BSR(并列方案一),选择一个常规BSR进行相应处理	when multiple events trigger a BSR by the time a BSR can be transmitted in which case the Regular BSR and the Periodic BSR shall have precedence over the padding BSR	是
所述多于一个BSR包括常规BSR和周期性BSR(并列方案二),选择一个常规BSR进行相应处理		否
所述多于一个BSR包括常规BSR、周期性BSR和填充BSR(并列方案三),选择一个常规BSR进行相应处理		否

从表3-9中的对应性可以看出,新增加的权利要求1中所包括的并列技术方案之一也为标准中的技术方案。申请人基于原始说明书中撰写的技术内容,采用并列技术方案的方式撰写了新的权利要求,对同时存在的多种BSR情形分别限定,增加了可以保护的其他技术方案,可以概括为常规BSR的优先级高于其他类型的BSR的优先级。而权利要求1中的并列技术方案之一则为常规BSR的优先级高于填充型BSR,其与3GPP TS 36.321v8.4.0 (2008.12)规范的部分方案相同,也即新增加的技术方案也为规范中的技术方案。这样在实质审查过程中主动修改权利要求的方式,大大提高了专利申请成为标准必要专利的可能性。

2009年3月4日,该专利被披露为标准必要专利;2010年8月6日,该发明专利申请被授予专利权，授权公告号为 CN101562894B。

通常在与标准中的技术方案相关的专利申请中，专利所要保护的技术方案本身一般不是全新的技术方案，往往是对现有标准中技术方案的改进，解决现有技术中存在的某些问题。因此，在权利要求的撰写上，最好能结合标准使用的语言和思路撰写权利要求，使专利与标准的对应更为清晰明了。由于一个技术方案在标准中的表达通常是较为分散的，故针对标准的这一特点，撰写策略上不必将发明贡献点直接限定在独立权利要求中，而可以将其限定在从属权利要求中。这种撰写策略既有利于实质审查获权，也有利于与标准更好地对应。标准必要专利的说明书撰写也要尽可能地覆盖多种实施方式，在后续跟进技术协议或者规范时，为增加或修改权利要求提供充分的依据，为专利能够成为标准必要专利做好铺垫。

第四章 标准必要专利的诉讼

> **本章提示**：解析美国、欧洲、中国三个主要国家或地区的专利诉讼体制，从移动通信领域、移动通信领域标准必要专利两个层次介绍诉讼的相关情况，重点分析标准必要专利诉讼领域的热点议题，为企业在诉讼特别是标准必要专利相关的诉讼方面提供参考。

4.1 专利诉讼体制

在全球标准必要专利诉讼数量日益增多的背景下，对涉诉人而言，提前了解涉诉国家的专利诉讼体制是必不可少的。

4.1.1 美国专利诉讼体制

美国是采用联邦制的国家，在各个州呈现出联邦法院和州法院并存的现象，各州制定的州法和联邦制定的联邦法律也形成并存关系。属于州法内容的诉讼案件，由州法院管辖；属于联邦法内容的诉讼案件，由联邦法院管辖。《美国专利法》属于联邦立法范围的内容，根据联邦法第 28 章第 85 节所规定的管辖权，专利有关的案件由联邦法院管辖。另外，针对与进口相关的专利纠纷案件，即违反《美国关税法》第 337 节（以下简称"337 条款"）规定的案件，由美国国际贸易委员会（International Trade Commission，ITC）管辖。1930 年《美国关税法》337 条款明确规定："由产品所有人、进口商或承运人进口侵犯美国专利、版权、注册商标的商品、销售进口上述商品的行为"属于非法，第 332 节授权 ITC 调查违反 337 条款规定的侵权进口行为。因此 ITC 的管辖是法院诉讼管辖之外保护美国知识产权权利人的另一个途径，具有准司法的性质。"337 调查"主要涉及专利、著作权和注册商标的侵权，也涉及非法盗用商业秘密、假冒伪劣及不正确的货物原产地说明等不正当竞争行为。通过美国专利方法制造的产品的进口和销售也是 337 条款中明确禁止的。

图 4-1 示出了美国与专利诉讼有关的诉讼法院。从图中可以看出，美国的联邦法院采用三审制，一审法院为联邦地区法院或 ITC，二审法院即上诉法院分布在联邦全体的 13 个巡回区（Circuit），管辖各巡回区所在的地方法院的一般上诉案件。

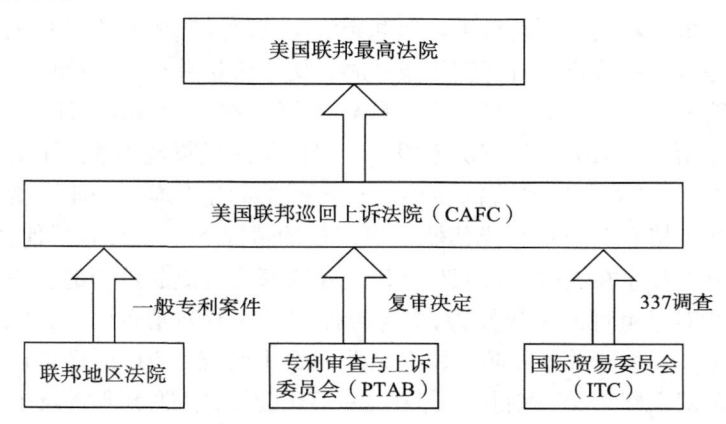

图 4-1　美国与专利诉讼有关的诉讼法院

图 4-2 示出了各个联邦巡回上诉法院管辖的边界图。对于有关专利纷争的案件，由 1982 年创设、在哥伦比亚特区华盛顿所在的联邦巡回上诉法院（CAFC）进行专属管辖，美国联邦最高法院为三审的终审法院。此外，对美国专利商标局所属的专利审判与上诉委员会（PTAB）的复查决定不服而提起的上诉，也由 CAFC 专属管辖。

图 4-2　美国联邦巡回上诉法院管辖的边界图

美国联邦法院和 ITC 对专利诉讼均具有管辖权，但两者之间具有非常大的差异，当然也存在一些相同点。

相同点：①无论是联邦法院的管辖，还是 ITC 对 337 条款相关的专利诉讼管辖中，都可以同时审查涉诉专利是有效还是无效；②对专利纠纷案，ITC 与联邦地区法院的管辖并不排斥，前者属于准司法性质的行政调查，后者属于法院诉讼，当事人对其专利纠纷可以向联邦法院起诉，对专利进口相关的案件可以向 ITC 提出，在符合各自管辖权条件时，两个诉讼并行是可能的；③无论是对联邦法院的判决，还是对 ITC 行政裁定不服，都可以向联邦巡回上诉法院（CAFC）上诉，对 CAFC 的判决不服，可以向美国联邦最高法院上诉。

不同点：①ITC 启动调查的要件，要求原告证明"国内产业"要件，系为避免原告在仅持有美国专利或其他知识产权的情况下，而没有任何商业活动，利用 ITC 诉讼程序在美国进行 ITC 诉讼；在联邦法院提起诉讼的，不用证明国内产业；②对于审理专利权侵害，决定被控产品的专利是否侵权在联邦法院由陪审团决定，而 ITC 并不需陪审团，因此就费用而言，ITC 诉讼可以节省数十万美元陪审团审判部分的费用；③在单一 ITC 诉讼中举出多方及多个被诉产品，这可以节省开支，此外，ITC 对于任何进口物品皆实施对物管辖权，因此无须对被诉方确立属人管辖权；④联邦法院可以就权利人的损害赔偿额作出判决，ITC 属于行政机构，并无权决定专利侵权的损害数额，所以原告的目的如果是想要请求专利损害赔偿，必须到联邦法院提起专利诉讼，而非请求 ITC 进行调查，启动 ITC 最主要目的在于对被控厂商核发进口禁止令❶；⑤在诉讼程序上，ITC 诉讼程序更快，从开始到最终决议平均为 16 个月；⑥不同于州地方法院的做法，ITC 在双方复审程序仍在进行的情况下往往拒绝中止 ITC 诉讼，然而，双方复审对 ITC 调查有着显著影响，这取决于 PTAB 在双方复审未决期间所作裁定以及诉讼的最后结果。

近年来，通信领域无论是技术还是用户数量都呈现了飞速的发展，同时，通信企业之间的纠纷也愈演愈烈，企业之间的竞争方式已经从传统的经营、销售手段扩展到专利诉讼手段。普华永道会计师事务所发布的美国 2017 年专利诉讼报告❷，从侵权赔偿额中值、原告胜诉率等多个维度对在美国的专利诉讼进行分析。下面仅分析专利诉讼数量和侵权赔偿额中值两个维度。

图 4-3 示出了 1997~2016 年在美专利诉讼量排名前十的领域。从图 4-3 中可以看出，消费者产品领域专利诉讼量最多，排名第一，占总诉讼量的

---

❶ 王嘉宏. 浅谈 ITC 美国国际贸易委员会[J]. 冠中智讯, 2015 (14)：10-11.

❷ www.pwc.com/us/en/forensic-services/publications/patent-litigation-study.html.

16%；通信领域专利诉讼量排名第七，占总诉讼量的 6%。在通信领域专利诉讼中，由非专利实施主体（NPE）发起的专利诉讼量占总诉讼量的 2%，由实体公司发起的专利诉讼量占总诉讼量的 4%，NPE 发起的专利诉讼量仅低于生物技术领域、计算机硬件/电子、软件 3 个领域；另外，在通信领域，NPE 发起的诉讼量与实体公司发起的专利诉讼量比例在这 10 个领域中最大，排名第一。由此可见，在通信领域专利诉讼中，NPE 占据非常重要的地位。

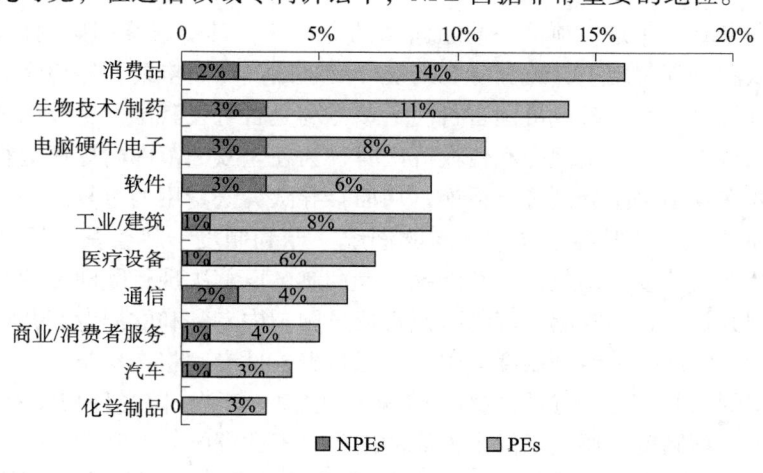

图 4-3 专利诉讼排名前十领域

图 4-4 示出了 1997～2016 年在美国专利诉讼各领域侵权赔偿额中值，侵

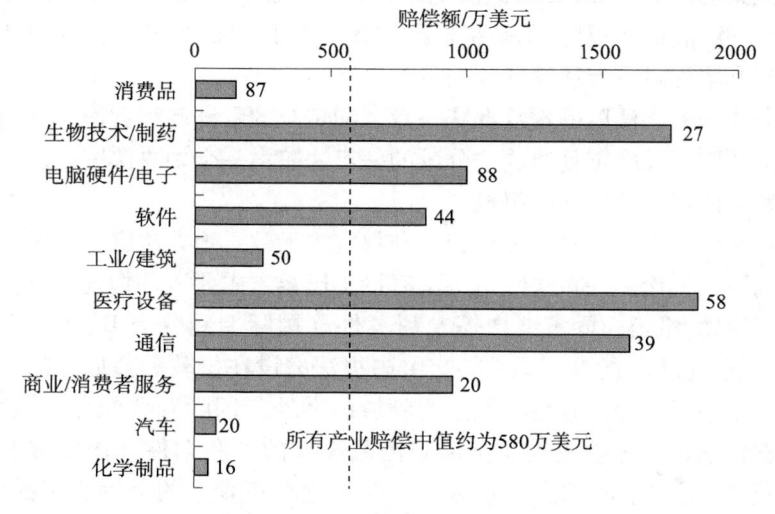

图 4-4 各领域侵权赔偿额中值

注：已确认的损害赔偿决定的数量在相应的行中列出。

权赔偿额中值指平均每件专利诉讼的侵权赔偿额。从图中可以看出，通信领域侵权赔偿额仅次于医疗器械、生物技术两个领域，排名第三。另外，通信领域每件专利诉讼涉及的侵权赔偿额较高，这也是通信领域专利诉讼高发的一个重要原因。

4.1.2 欧洲专利诉讼体制

欧洲专利并非是一项单一的超国家的专利权，其受成员国国内法的约束。在现行欧洲专利制度下，欧洲专利局统一受理欧洲专利申请，经检索、审查与授权等审批流程后，各成员国自行决定该专利是否可在其国内生效以及负责授权后的维持。因此，出现专利侵权诉讼时，为在全欧洲范围内更好地行使专利权，需要在各国法院分别进行诉讼，从而会导致诉讼费用的重复。

2012年底，欧盟终于同意创建欧洲统一专利制度，尽管其实际业务方面的详细情况仍持续在调整，但欧洲统一专利制度以解决现行欧洲专利制度所存在的问题为目的，建立起一套与欧盟各成员国国内专利和欧洲专利并行的跨国专利制度。欧洲统一专利制度的引入，意味着一件专利将在参与统一专利保护制度框架的欧盟26个成员国内统一生效、由统一专利法院受理相关专利纠纷。欧洲统一专利制度主要包括两个方面的内容，即欧洲统一专利和欧洲统一专利法院。欧洲统一专利，是指由欧洲专利局根据《欧洲专利公约》规则和程序授予专利权，自授权公告起1个月内，根据权利人的申请，在参与统一专利保护制度框架内的26个成员国提供统一保护并具备统一效力，有效期自申请日起20年。欧洲统一专利法院是指根据《统一专利法院协议》在欧盟地区建立数级对专利案件具有专属管辖权的专利法院。

欧洲统一专利法院受理欧洲统一专利和传统的欧洲专利诉讼，其由一审法院、上诉法院以及登记处组成。分散的一审法院由一个中央法庭以及位于各成员国的地方法庭、地区法庭组成。

一审法院的中央法庭主要负责专利权宣告无效，地方法庭、地区法庭主要负责专利侵权诉讼。一审法院中央法庭设于巴黎，主要审理物理、电子、计算机科学、织物/纸类、固定结构等专利案件（国际专利分类B、D、E、G、H类）；涉及特定主题的专利案件将交由中央法庭设在伦敦和慕尼黑的分院集中处理，其中慕尼黑分院管辖机械工程领域的案件（国际专利分类F类），伦敦分院管辖化学、冶金以及人类生活必需品类型的专利案件（国际专利分类A类及C类）。对一审法院决定不服，可向设置在卢森堡的上诉法院提出诉讼。上诉法院的判例对地方法庭、地区法庭具有统一的指导作用。统一的登记处在每个一审法院分庭设有分支机构，此外，统一专利法院还将在匈牙利的布达佩

斯设立法官培训中心,以及分别在葡萄牙的里斯本和斯洛文尼亚的卢布尔雅那设立专利仲裁和调解中心。❶

4.1.3 国内专利诉讼体制

依照法律,中国法院审判案件实行"四级两审"的审判制度,即法院系统分为基层人民法院、中级人民法院、高级人民法院和最高人民法院四级,审判案件则须经一审、二审两审终审。大多数专利纠纷案件都在中级人民法院、高级人民法院的一、二审程序中审结;也有少数专利侵权案件由于诉讼标的的数额巨大或有重大影响等由高级人民法院作为一审法院,这类案件如果上诉,上诉审法院就是最高人民法院。依照法律,最高人民法院还具有进行专利诉讼司法解释和对全国各级人民法院进行审判监督的特殊职能。如果发现错案,无论哪一级别、哪一地方的法院终审审结的,都有权予以提审或指令再审。在法院内部,分设刑事、民事、经济、行政、海事交通、知识产权等审判庭,分别负责各类审判工作。专利纠纷案件由知识产权审判庭的首席法官、法官和助理法官审判。依照中国法律,审判专利纠纷案件均由3、5、7等单数法官组成合议庭进行审判,第一审程序中可以聘请不是法官的法律或技术专家作为人民陪审员与法官组成合议庭审判案件,法官任审判长,但第二审程序必须由职业法官组成合议庭审判案件。

2014年11月6日,中国第一家知识产权法院即北京知识产权法院正式挂牌成立,并于同年12月16日首次开庭;2014年12月16日,中国第二家知识产权法院即广州知识产权法院成立;2014年12月28日,中国第三家知识产权法院即上海知识产权法院挂牌成立。

为了避免三大知识产权法院和当地中级人民法院之间管辖的混乱,2014年10月31日《最高人民法院关于北京、上海、广州知识产权法院案件管辖的规定》(以下简称《规定》)对三家知识产权法院的管辖进行明确规定。

在受理的案件类型上,知识产权法院管辖所在市辖区内的下列第一审案件:①专利、植物新品种、集成电路布图设计、技术秘密、计算机软件民事和行政案件;②对国务院部门或者县级以上地方人民政府所作的涉及著作权、商标、不正当竞争等行政行为提起诉讼的行政案件;③涉及驰名商标认定的民事案件。同时,北京知识产权法院还管理以下特殊的案件:①不服国务院部门作

---

❶ 国家知识产权局专利局专利审查协作北京中心. 欧洲统一专利与专利司法制度相关问题研究:助力中国企业开拓海外市场[R]. 北京:国家知识产权局学术委员会(2015年度"青春求索"课题研究项目),2015.

出的有关专利、商标、植物新品种、集成电路布图设计等知识产权的授权确权裁定或者决定的；②不服国务院部门作出的有关专利、植物新品种、集成电路布图设计的强制许可决定以及强制许可使用费或者报酬的裁决的；③不服国务院部门作出的涉及知识产权授权确权的其他行政行为的。

在地域管辖上，北京知识产权法院审理北京地区的知识产权案件，北京地区以外的案件还是由地方法院负责管辖；上海知识产权法院与上海市第三中级人民法院等合署办公，审理上海地区的知识产权案件；广州知识产权法院审理广州地区的知识产权案件，并且，《规定》还对其地域管辖进行了扩充。

跨区域管辖是我国知识产权法院的一大特点。《规定》明确，广州知识产权法院对广东省内相关案件实行跨区域管辖，案件类型包括第一审专利、植物新品种、集成电路布图设计、技术秘密、计算机软件等技术类民事和行政案件以及第一审涉及驰名商标认定的民事案件。即广州知识产权法院可跨区域管辖，对广东省内的部分案件享有一审管辖权，对广东省内基层法院的部分上诉案件，享有二审管辖权。

4.2 移动通信领域专利诉讼

移动通信领域在经历了 1G 到 4G 的发展后，目前正稳步地向 5G 发展。2017 年 12 月 3 日，在美国里诺举行的 3GPP 分组大会上，3GPP 第一个 5G 版本 Release 15 正式冻结。在移动通信领域快速发展的同时，移动通信领域的专利诉讼不断涌现，逐渐成为影响企业经营乃至公司成败的重要因素。

目前各个国家对外公布的相关的诉讼信息各不一样，其中美国对外公布的信息相对比较全面，因此，绝大多数诉讼相关的数据库中的数据都是来源于美国诉讼，缺少其他国家的诉讼。基于此，本节主要以移动通信领域为例分析移动通信领域在美专利诉讼的整体情况，并重点介绍中国企业在美国专利诉讼的情况。

4.2.1 移动通信领域在美专利诉讼整体情况

本节以 RPX 数据库❶所提供的在美专利诉讼数据为基础，检索了移动通信领域（设置 Market Sector 字段为 Mobile Communications and Devices）的专利诉讼数据，共得到 2228 件专利诉讼信息，以此为基础进行相关分析。

---

❶ http://www.rpxcorp.com/.

图 4-5 示出了移动通信领域在美国专利诉讼量趋势。从图中可以看出，在 2000~2004 年，在美国诉讼量较少，在 2005 年诉讼量有一定的增加，至 2009 年期间诉讼量变化不大，基本维持每年 50 件左右，在 2010 年后专利诉讼量快速增长，在 2013 年诉讼量达到峰值后开始快速下降，2016~2017 年，专利诉讼量维持在 150~200 件。其中，从 2014 年开始，移动通信领域在美国诉讼量开始快速下降，一个重要因素是 2014 年美国联邦最高法院关于 Alice 案的判决。该案的判决在一定程度上遏制了 NPE 的诉讼量，之后 NPE 的诉讼案也显著下降。

图 4-5 移动通信领域在美诉讼量趋势

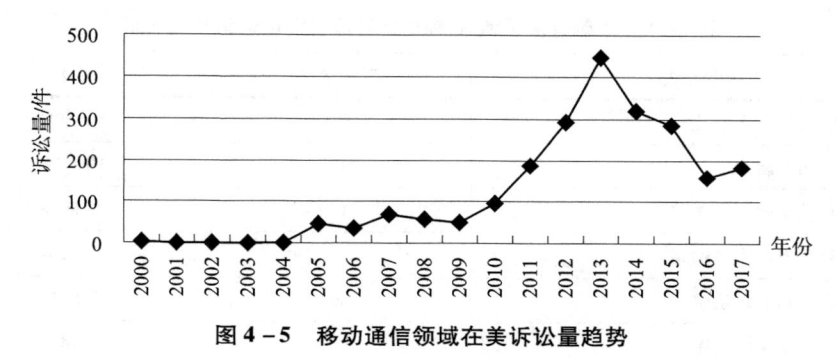

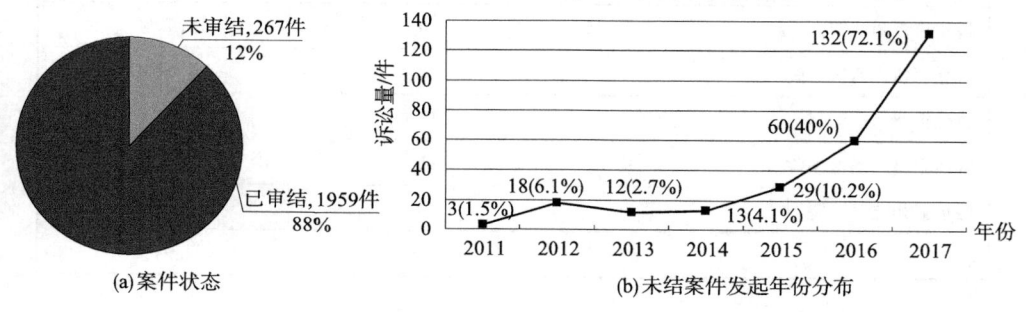

图 4-6 示出了移动通信领域在美专利诉讼案件状态。从图中可以看出，在 2226 件诉讼中，有 1959 件诉讼已审结（Closed）；仅有 267 件诉讼未审结（Open），占总诉讼量的 12%。针对未结案的 267 件专利诉讼按年份进行统计可以看出，其中大部分未审结诉讼在 2015~2017 年发起；在 2011~2014 年发起但未结案的专利诉讼共 46 件，占总未结案专利诉讼总量的 17.2%；2011~2014 年未结案诉讼量分别为 3 件、18 件、12 件、13 件，占当年总诉讼量的比例分别为 1.5%、6.1%、2.7% 和 4.1%。上述比例较小，反映了在移动通信领域专利诉讼中，经历的时间一般不是很长，通常诉讼周期为 2~3 年。

(a) 案件状态

(b) 未结案件发起年份分布

图 4-6 移动通信领域在美专利诉讼案件状态

表4-1示出了移动通信领域在美国专利诉讼案件起诉法院分布。从表中可以看出有949件专利诉讼案件选择在得州东区法院进行起诉，占比高达42.59%。其中，特拉华州法院以427件诉讼量排名第二。得州东区法院的受理量要远远高于其他法院，主要原因是移动通信领域的在美专利诉讼案件中，有一大部分的专利诉讼是由NPE发起，而在处理过程中，得州东区法院受理的NPE案件胜诉率要高于其他地区法院，也就导致了NPE大都喜欢在得州东区法院提起专利诉讼。上述情况直接影响移动通信领域的专利诉讼大多集中在得州东区法院。

表4-1 移动通信领域在美国专利诉讼案件起诉法院分布

诉讼法院	诉讼量/件	占比
得克萨斯州东区法院	949	42.59%
特拉华州法院	427	19.17%
加利福尼亚州北区法院	149	6.69%
加利福尼亚州南区法院	89	3.99%
伊利诺伊州北区法院	80	3.59%
弗吉尼亚州东区法院	61	2.74%
加利福尼亚州中区法院	54	2.42%
得克萨斯州北区法院	53	2.38%
佛罗里达州中区法院	50	2.24%
华盛顿州西区法院	38	1.71%
佛罗里达州南区法院	30	1.35%
新泽西州法院	29	1.30%
纽约州南区法院	29	1.30%
马萨诸塞州法院	18	0.81%
科罗拉多州法院	16	0.72%
得克萨斯州西区法院	13	0.58%
密歇根州东区法院	12	0.54%
威斯康星州西区法院	11	0.49%
佐治亚州北区法院	10	0.45%
其他	110	4.94%

表4-2示出了移动通信领域在美国专利诉讼案件原告信息。从表4-2中

可以看出 Adaptix，Inc. 和蜂窝通信设备公司（Cellular Communications Equipment LLC）分别以 64 件和 33 件专利诉讼位居原告的前两名，Adaptix，Inc. 在 2012 年 1 月被 Acacia 公司收购，而蜂窝通信设备公司则是 Acacia 的子公司，可见 Acacia 是通信领域主要的 NPE 之一。另外，在专利诉讼量排名前 15 的原告中，仅有 Vantage Point Technology 这一家公司是实体公司，其余原告均是 NPE。

表 4-2　移动通信领域在美专利诉讼案件原告统计

原告	诉讼量/件
Adaptix，Inc.	64
Cellular Communications Equipment LLC	33
Blue Spike，LLC	30
Golden Bridge Technology Inc.	29
Bluebonnet Telecommunications LLC	28
Uniloc USA，Inc.	24
Orlando Communications LLC	23
Novo Transforma Technologies LLC	22
Vantage Point Technology，Inc.	22
Dynamic Hosting Company LLC	21
911 Notify LLC	18
Iris Connex，LLC	18
NovelPoint Tracking LLC	18
Magnacross LLC	17
Remote Locator Systems，LLC	17

4.2.2　移动通信领域中国企业在美国被诉概况

为分析移动通信领域中国企业在美诉讼情况，选取了诉讼量靠前的 10 家公司作为分析的对象。由于移动通信领域中国公司在美国主动发起专利诉讼的数量非常少，因此此处介绍的"中国企业在美诉讼情况"中数据仅包含"中国企业在美被诉情况"的数据，不包含"中国企业在美主动起诉情况"的数据"。这 10 家公司具体为 HTC、联想、中兴、华为、华硕、TCL、酷派、小米、欧珀和维沃。

表4-3示出了移动通信领域中国主要通信企业在美专利被诉量情况。从表4-3中可以看出台湾地区的HTC在移动通信领域以219件诉讼量排名第一，占10家厂商在移动通信领域总诉讼量的34.90%。在这10家企业中，共有4家公司（HTC、联想、中兴、华为）在美被诉量均超过100件，远远大于其余6家中国公司在美的被诉量。

表4-3 移动通信领域中国主要通信企业在美被诉量

公司	诉讼量/件	诉讼占比
HTC	215	34.90%
联想	179	29.06%
中兴	156	25.32%
华为	123	19.97%
华硕	35	5.68%
TCL	35	5.68%
酷派	9	1.46%
小米	4	0.65%
欧珀	2	0.32%
维沃	2	0.32%

图4-7示出了移动通信领域中国主要通信企业在美国专利被诉量按年份的分布趋势。该分布趋势与图4-5中移动通信领域在美国被诉量的趋势基本保持一致，在2009年后被诉量开始快速增长，在2013年达到峰值，在2014年之后被诉量开始下滑，不同之处在于2015年被诉量有短暂的回升后又开始快速下滑，在2016~2017年被诉量基本维持在70件左右。在2015年出现回升的一个主要原因是该年度各大NPE集中对中兴发起了高达31件的专利诉讼。

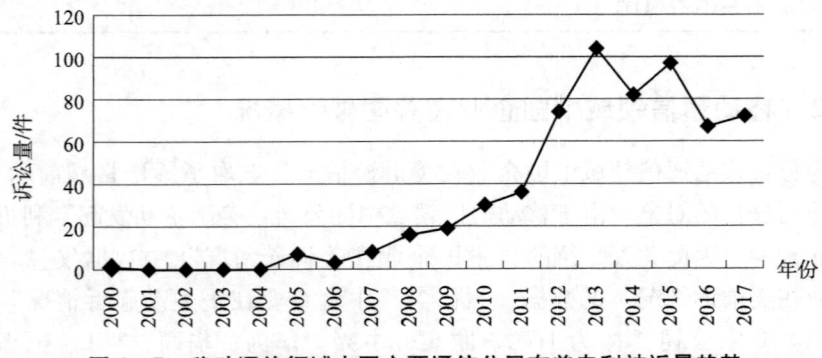

图4-7 移动通信领域中国主要通信公司在美专利被诉量趋势

表4-4示出了移动通信领域中国主要通信公司在美专利被诉案件起诉法院分布。将表4-4中国主要通信公司在美国被诉的起诉法院分布和表4-1整个移动通信领域在美诉讼起诉法院分布对比可知,两者中排名第一的均是得州东区法院,占比均接近50%,远远高于其他法院;另外,两者排名前十的法院名单相同,区别仅在于部分起诉法院对应的诉讼量排名有调整。

表4-4 移动通信领域中国主要通信公司在美被诉案件起诉法院

诉讼法院	诉讼量/件	占比
得克萨斯州东区法院	314	50.97%
特拉华州法院	100	16.23%
加利福尼亚州南区法院	34	5.52%
加利福尼亚州北区法院	33	5.36%
伊利诺伊州北区法院	22	3.57%
佛罗里达州中区法院	17	2.76%
弗吉尼亚州东区法院	16	2.60%
得克萨斯州北区法院	13	2.11%
华盛顿州西区法院	13	2.11%
加利福尼亚州中区法院	9	1.46%
佛罗里达州南区法院	8	1.30%
其他	37	6.01%

表4-5示出了移动通信领域中国主要通信公司在美专利被诉案件原告信息。将表4-5中国主要通信公司在美国专利诉讼原告分布和表4-2整个移动通信在美国专利诉讼原告分布进行对比可知,两者中绝大部分原告均属于NPE。在表4-5中,除Freeny是个人以及Multiplayer Network Innovations, LLC是实体公司外,其余原告均为NPE。另外,表4-5和表4-2中,原告为NPE的名单也大体相同,主要包括Adaptix, Inc.、Cellular Communications Equipment LLC(蜂窝通信设备公司)、Golden Bridge Technology Inc.、Uniloc USA、Inc.、Orlando Communications LLC、Blue Spike、LLC、Iris Connex、LLC。

表4-5 移动通信领域中国主要通信公司在美专利被诉案件原告统计

原告	诉讼量/件
Adaptix, Inc.	24
Cellular Communications Equipment LLC	22
Golden Bridge Technology Inc.	19
Uniloc USA, Inc.	16

续表

原告	诉讼量/件
Orlando Communications LLC	15
Blue Spike，LLC	12
Cypaleo，LLC	12
Iris Connex，LLC	12
SPH America，LLC	12
Freeny（个人）	9
SmartPhone Technologies LLC	9
Cell and Network Selection LLC	8
Deshodax LLC	8
FastVDO LLC	8
Multiplayer Network Innovations，LLC（实体公司）	8

4.3 移动通信领域标准必要专利诉讼

在上一节介绍了移动通信领域专利诉讼的情况，从移动通信领域在美国诉讼的数量上来看，数量高达2228件，可见移动通信领域的专利诉讼呈现高发态势。在这些移动通信领域专利诉讼中，有一定比例的诉讼是和标准必要专利相关的专利诉讼。其主要原因是移动通信领域作为一个技术和用户都高度密集的领域，很多大公司都积极投入到技术的研发中，并期待自己的研发技术能被标准组织采纳并写入标准。其他公司或个人制造的标准相关产品需要销售时，首先必须要符合标准，在符合标准的同时，也就实施了标准中包含的标准必要专利，即其他制造该产品的公司或个人需要获得专利权人的许可或授权。正是基于这个原因，很多公司都积极投入到标准必要专利的布局中。标准必要专利数量的增加以及标准必要专利与行业标准的密切关系，在很大程度上推动标准必要专利诉讼数量的增加。

4.3.1 标准必要专利诉讼概述

和普通的专利诉讼相比，标准必要专利诉讼具有以下3个特点。①诉讼的参与者至少一方是大型企业。其主要原因是标准必要专利涉及的发明贡献点被标准采纳，在一定程度上说明了标准必要专利的质量高，要作出如此高质量的专利贡献需要有很大的研究成本,而一般只有大型企业才能够负担如此高额的研究成本;②涉案的标准必要专利技术性较高,案件涉及的标的额较大。标准必要专利的技术方案作为行业的标准,是所有制造相关产品的企业无法绕开的;③诉讼的结果对企业的影响非常大,由于标准必要专利是产品上市销售所无法规避的,一旦败诉则相当于使用该标准必要专利的所有产品都侵权,给企业带来的损失非同小可,甚至在一些情况下可能关系到企业的生存。

在标准必要专利纠纷中,当事人基于主观权利以及对案件所涉及客观事实的不同认识,会在起诉时形成不同的诉因,并提起不同类型的诉讼主张。这限制了法院案件审理的范围,也影响当事人实体权利的实现。综观国际上的诉讼实践,目前标准必要专利诉讼大致分为合同之诉、侵权之诉和反垄断之诉3类。❶

(1) 合同之诉

在相当一部分标准必要专利诉讼中,当事人以及法院是根据合同法来审视相关问题的。标准必要专利权人与标准实施者是否存在合同关系,如何在合同订立与实施中确定FRAND原则下的交易条件,与这些问题相关的诉讼请求属于合同之诉,需要利用合同法的理论与规则来解释。

从合同法的角度去认识专利权人与实施者的关系时,不能草率认定两者间存在合同关系。但FRAND原则作为一项有法律意义的原则,无论是从诚实信用抑或禁止反言出发,还是从请求权基础或维护第三方受益人利益考虑,它对当事人缔结合同和裁判者判定交易条件的合理性都具有现实意义。

(2) 侵权之诉

专利被纳入标准后,专利权人对标准的实施者提起专利侵权诉讼的案件逐年增加。德国联邦法院认为,一般情况下是允许标准实施者针对专利权人的侵权指控提出强制许可抗辩的。这是专利实施者对具有市场支配地位的专利持有人在合理的情况下拒绝授权许可时排除侵权禁令的救济方法。但是,法院认为抗辩需要满足的条件是:潜在的被许可人必须已向专利持有人请求许可;专利权人拒绝许可没有实质性的理由,因而是滥用其优势地位,以及潜在的被许可人必须像真正的被许可人一样有意愿履行相关义务。

基于标准必要专利的特殊性,标准必要专利权人对所有标准实施者均负有FRAND许可的义务。对愿意支付合理使用费的善意标准实施者,专利权人不

---

❶ 张永忠,王绎凌. 标准必要专利诉讼的国际比较:诉讼类型与裁判经验[J]. 知识产权,2015(3):84-91.

得拒绝许可，否则将不恰当地将技术标准实施者排除在市场竞争之外，有悖FRAND原则的要求。但如果实施者无意支付专利使用费，专利权人提起侵权禁令（包括判令停止侵权）、损害赔偿之诉无疑是合理的。

（3）反垄断之诉

在标准实施过程中，标准必要专利权人凭借其对知识产权的把持，有可能向标准实施者索要高于正常竞争水平的垄断价格，对相同的交易对象设置不合理的交易条件，歧视交易相对人，拒绝交易。对此，标准实施者可从竞争法的路径提起反垄断诉讼。

在司法实践中，当事人基于对标准必要专利纠纷法律关系的不同认识，大致从合同法、侵权法和竞争法三条路径来提出诉讼主张。但在某一具体案件中当事人也可能综合使用多种法律依据，因而现实中的标准必要专利诉讼又具有诉讼类型交叉、混同的特点。这对当事人和裁判者提出了更大的挑战。

4.3.2 标准必要专利在华诉讼概况

随着移动通信领域2G、3G和4G标准技术的逐步商用，中国移动通信用户的数量呈爆炸式增长，中国市场在全球通信市场中的地位越来越重要，许多国外通信巨头逐步将中国市场作为其全球发展的核心。在全球通信领域专利诉讼案件数量不断增加的背景下，移动通信领域在华专利诉讼的数量也逐年增加，专利诉讼似乎成了移动通信领域的常态，仅2010年发生在通信行业的专利诉讼就有数百起。同时，随着北京、上海、广州知识产权法院的相继成立，这可以说是一件皆大欢喜的事情，既省去了原有知识产权诉讼案件的烦琐程序，同时也证明了国家对知识产权更加重视。专利诉讼作为制约竞争对手的强有力武器已经得到企业的普遍认同。

相对于其他领域，通信领域之所以受专利影响较大，专利诉讼频发，其中一个主要原因是通信标准是通信领域的关键，在通信产品进入市场时都需要满足一定的通信标准。在这种情况下，如果在通信标准下部署了标准必要专利，就无异于拥有了必经之路上的收费站，其他公司的产品要想进入市场就必须获得标准必要专利持有人的许可。由此可见，在通信领域中，标准必要专利是一种至关重要的专利，相比普通的专利，其影响也相对较大。因此，在通信领域专利诉讼中，标准必要专利相关的诉讼层出不穷，不断进入公众的视野，成为讨论的焦点。表4-6示出了近年来国内法院审理的通信领域标准必要专利相关的典型诉讼案件信息。

表4-6 国内法院审理的通信领域标准必要专利相关的典型诉讼案件信息

时间	原告	被告	审理法院	涉案标的额
2011年12月	华为	交互数字	深圳市中级人民法院	2000万元
2015年8月	西电捷通	索尼	北京知识产权法院	3300余万元
2016年4月	西电捷通	苹果	陕西省高级人民法院	1.5亿元
2016年5月	华为	三星	深圳市中级人民法院	8000余万元
2016年6月	高通	魅族	北京知识产权法院	5.2亿元
2016年7月	三星	华为	北京知识产权法院	1.61亿元
2016年11月	无线未来科技公司	索尼	南京市中级人民法院	800万元
2017年6月	迪阿尔西姆科技有限公司	三星	南京市中级人民法院	1100余万元
2017年11月	美国L2移动技术有限责任公司	HTC	北京知识产权法院	250万元

2011年12月，华为向深圳市中级人民法院起诉美国交互数字滥用无线通信标准必要专利领域的市场支配地位，对其专利许可设定不公平的过高价格，对条件相似的交易相对人设定歧视性的交易条件。该案作为国内首起标准必要专利诉讼案件，具有里程碑式的意义。课题组将在后续章节进一步详细介绍。

2015年8月和2016年4月，西电捷通先后以侵权为由起诉国外通信巨头索尼和苹果，涉案专利为"一种无线局域网移动设备安全接入及数据保密通信的方法"（专利号为ZL02139508.X），为GB15629.11-2003/XG1-2006《信息技术系统间远程通信和信息交换局域网和城域网特定要求 第11部分：无线局域网媒体访问控制和物理层规范 第1号修改单》的标准必要专利。2017年3月22日，北京知识产权法院就西电捷通诉索尼移动通信产品（中国）有限公司发明专利侵权案作出一审判决，认定索尼侵犯西电捷通涉WAPI标准必要专利，判决立即停止侵犯涉案专利权行为，判赔共计910余万元。索尼上诉后，北京市高级人民法院于2018年3月28日作出二审裁判，驳回上诉，维持原判。在西电捷通于2016年4月起诉苹果专利侵权后，后者随即针对西电捷通涉案专利发起了专利无效宣告请求。2016年5月，苹果以说明书公开不充分、缺少必要技术特征、权利要求得不到说明书的支持、不具备新颖性和创造性等为理由，向国家知识产权局专利复审委员会提出涉案专利无效宣告请求。2017年2月20日，国家知识产权局专利复审委员会作出第31501号决定，驳回了苹果的全部无效宣告请求，维持涉案专利有效。对此结果，苹果表示不服被诉决定，遂向北京知识产权法院提起诉讼，请求法院判决撤销被诉决定并判令国家知识产权局专利复审委员会重新作出审查决定。

2016年5月，华为在深圳市中级人民法院起诉称三星侵害其8件4G标准必要专利（发明专利），案号分别为（2016）粤03民初840号、815号、816号、817号、838号、839号、841号、842号，专利号分别为：201010137731.2、200810091957.6、201110269715.3、200610058405.6、200810091433.7、200880008361.3、201010146531.3、201110264130.2，均要求被告方停止侵权。在该案审理的过程中，针对上述专利，三星向国家知识产权局专利复审委员会提出无效宣告申请，国家知识产权局专利复审委员会作出无效决定，宣告华为（2016）粤03民初817号案件的专利（200610058405.6）全部无效，（2016）粤03民初838号案件的专利（200810091433.7）部分无效，其余案件的专利全部有效。三星也在深圳市中级人民法院起诉华为，称其2件3G、6件4G标准必要专利（发明专利）被侵权，案号分别为（2016）粤03民初1382号、1383号、1384号、1385号、1386号、1387号、1388号、1389号，专利号分别为：201180027314.5、201310305946.4、201310065415.2、201210298757.4、200510129702.0（3G）、201210293613.X、200480001088.3（3G）、200880126492.1，要求华为停止侵权。在审理过程中，华为也就上述专利向国家知识产权局专利复审委员会提出无效宣告申请。2017年9月、10月，国家知识产权局专利复审委员会作出无效决定，宣告三星（2016）粤03民初1383号、1384号、1386号、1387号案件的专利全部无效，（2016）粤03民初1382号案件的专利部分无效，（2016）粤03民初1385号、1388号、1389号案件的专利有效。2018年1月11日，深圳市中级人民法院一审判令三星停止对涉案专利201010137731.2号和201110269715.3号的侵权行为。

2016年6月，高通起诉魅族，一周内连续向北京和上海两地的知识产权法院提交诉讼申请，指控魅族侵犯了高通持有的3G/4G无线通信标准等相关智能手机专利，其中在北京要求判决提供给魅族的专利授权协议符合中国法律规定，在上海则直接起诉魅族侵权。主要诉求包括：①请求法院确认高通向魅族发送的《中国专利许可协议》中的许可条件不违反《反垄断法》、符合高通的相关FRAND承诺；②判令将上述许可条件作为高通与魅族就无线标准必要中国专利达成专利许可协议的主要条款；③判令两被告赔偿相应损失约5.2亿元。高通主张的5.2亿元的经济损失是基于专利许可费的收取比例（根据国家发展和改革委员会的整改措施，对在中国境内使用而销售的手机，按整机批发净售价的65%收取专利许可费）并结合魅族手机的实际销售情况而综合计算的。同年12月30日，高通发布公告称，已与魅族双方在平等谈判的基础上达成了专利许可协议。根据双方签订的协议条款，高通授予魅族在全球范围内开发、制造和销售CDMA2000、WCDMA和4G LTE（包括"三模"GSM、TD-SCDMA和LTE-TDD）终端的付费专利许可。这意味着，双方长达半年的在中国、德国、法国和美国的多国诉讼和舆论对峙结束。高通和魅族已经同意采取适当步骤终止或撤回专利侵权诉讼及相关专利无效宣告请求或其他相关诉讼。

2016年7月，三星在北京知识产权法院起诉华为专利侵权，索赔8050万元。三星称华为的Mate 8、荣耀等手机和平板电脑使用了其6件专利的专利权，其中"用于在移动通信系统中发送和接收随机化小区间干扰的控制信息的方法和装置"（专利号为200880007299.6）和"在移动通信系统中使用预定长度指示符传送/接收分组数据的方法和设备"（专利号为200680015426.8）属于通信领域标准必要专利。三星为此起诉，要求华为停止生产、销售、许诺销售的侵权行为。一同被诉的还有北京亨通达百货有限公司，索赔8050万元，合计1.61亿元。2017年8月，"在移动通信系统中使用预定长度指示符传送/接收分组数据的方法和设备"被维持专利有效。"用于在移动通信系统中发送和接收随机化小区间干扰的控制信息的方法和装置"未提起无效宣告程序。2017年11月，三星提出撤诉。

2016年11月，索尼被无线未来科技公司（Wireless Future Technologies Inc.）以索尼旗下两款XperiaZ5手机产品涉嫌专利侵权为由诉至南京市中级人民法院，索赔800万元并申请法院禁令。原告无线未来科技公司是著名NPE公司WiLAN旗下的子公司之一，其中涉案专利属于标准必要专利。这是国内首起由外国NPE发起的标准必要专利诉讼。该案一出，引起行业极大关注和讨论，可谓一石激起千层浪。涉案专利为中国授权专利ZL200880022707.5（CN101689884B），名为"通信网络系统中控制信道"，申请人为诺基亚西门子通信公司，申请日期为2008年5月6日，授权公告日期为2013年4月3日，专利授权后被转让给无线未来科技公司。该专利技术内容是对3GPP LTE物理下行链路共享控制信道结构的设计，对控制信道配置至少一个控制信道元素，其携带用于检测控制信道的相应标识符的信息，进而降低控制信道解码的复杂性。简单来说，从技术内容来看，由于该专利涉及LTE（4G）网络中控制信道的分配和解码，与3GPP TS 36.213、中国通信行业标准YD/T2560.4-2013标准中关于物理下行控制信道过程的内容较为相关，因此，该专利构成标准必要专利。无线未来科技公司与索尼移动曾针对该专利进行了长达2年的谈判，谈判无果后，无线未来科技公司发起了该次诉讼。与此同时，该公司也在德国对索尼提起专利侵权诉讼。由于标准必要专利是实施相应标准产品的生产、制造无法绕开的专利，一旦该专利被认定构成标准必要专利，那么，需要为使用该专利"买单"的就不会仅是索尼，而是国内整个智能手机行业。虽然该案索赔金额不大，但是最终的专利认定及侵权与否判定，与整个智能手机行业密切相关。该案件可能是国外NPE试水国内知识产权或专利权司法保护的"探路石"。如果案件结果理想，不排除有更多的NPE将诉讼战场选在中国，更不排除未来有一些NPE会在中国向国内智能手机厂商提起诉讼。

2017年6月，因涉嫌专利侵权，迪阿尔西姆科技有限公司将三星诉至南京市中级人民法院。涉案专利为"改进的GSM蜂窝终端"（专利号为CN99803020.1）的发明专利，最初由乔治·利维罗蒂和但丁·托涅蒂，于1999年2月15日共同提出申请，并于2008年10月22日获得授权。该专利提供了一种GSM蜂窝终端，其特征在于包含天线装置、控制装置、信号处理装置，其中SIM卡可以和信号处理装置关联，以连接到对应的服务网，所述GSM蜂窝终端适合于同时作为几个SIM卡的主机，并在它们之间切换。值得注意的是，在专利审查授权期间，两位申请人于2006年6月9日将专利申请权转让给S. I. SV. EL. 意大利电子发展协会股份公司。2016年6月8日，S. I. SV. EL. 意大利电子发展协会股份公司又将涉案专利转让给迪阿尔西姆科技有限公司，而后者是注册登记在美国得克萨斯州的一家美国公司。2017年6月19日，三星就涉案国家知识产权局专利向专利复审委员会提起无效宣告请求，2017年11月9日，国家知识产权局专利复审委员会作出宣告该专利全部无效的审查决定。这意味着在这场与NPE机构的专利诉讼中，三星可能并不会败诉。

2017年11月，北京知识产权法院受理了美国L2移动技术有限责任公司（以下简称"L2公司"）诉台湾宏达国际电子股份有限公司（以下简称"宏达电子公司"）、宏达通讯有限公司（以下简称"宏达通讯公司"）、北京京东世纪信息技术有限公司（以下简称"京东世纪公司"）、北京京东叁佰陆拾度电子商务有限公司（以下简称"京东叁佰陆拾度公司"）侵害发明专利权纠纷两案。L2公司拥有名称为"处理一传输时间间隔集束的重传的方法及通讯装置""提升无线资源控制程序重启效率的方法及其通讯装置"两件标准必要专利。工业和信息化部发布的LTE通信标准中包括上述专利，在中国合法销售的LTE手机只要符合上述标准，就意味着实施了涉案专利部分权利要求的技术方案。宏达电子公司是宏达通讯公司全资控股的公司。L2公司基于公平、合理、无歧视的原则，向宏达电子公司发出许可协商请求，但是宏达电子公司拒不回应。宏达电子公司与宏达通讯公司未经L2公司许可，制造、许诺销售、销售的"HTC U11"等3款LTE手机，均落入涉案专利的保护范围，构成《专利法》第11条第1款中规定的侵犯专利权的行为，京东商城销售上述侵权产品亦构成侵权。据此，L2公司请求法院判令四被告立即停止侵权，并要求共同赔偿其经济损失两案共计人民币150余万元、合理支出两案共计人民币100万元。上述两件涉案专利最初由华硕分别于 2009 年 8 月 4 日、2008 年 11 月 21 日提交申请,并于 2013 年 4 月 17 日和 2014 年 7 月 2 日获得授权。华硕最初将两件涉案专利转让给创新因素有限公司。2017 年 6 月 9 日,创新因素有限公司又将上述两件专利转让给了 L2 公司。

纵观移动通信领域这些标准必要专利诉讼情况,可以预测今后移动通信领域的标准必要专利诉讼会越来越多,国内智能终端企业,尤其是可能会涉及诉讼的企业,需要更加重视标准必要专利以及标准必要专利相关的诉讼。

4.3.3 涉及非专利实施主体的标准必要专利诉讼

移动通信领域作为专利诉讼的高发领域,自然也少不了 NPE 的身影。特别是在移动通信领域,Interdigital、Acacia、WiLAN、Blue Spike、Unwired Planet 等这些耳熟能详的 NPE 通过自己申请和收购等方式获得大量的核心专利,并不断对各个移动通信公司(包括三星、诺基亚、苹果、索尼、黑莓、HTC、华为、中兴、小米等)发起专利侵权诉讼或"337 调查",以谋取高额利益。而其中有一定比例的诉讼属于标准必要专利诉讼,即 NPE 采用标准必要专利发起专利诉讼,该诉讼一旦被判定为侵权,势必对被告产生巨大的影响。NPE 在国外发起专利诉讼和"337 调查"的数量已经较多,国内企业在国外遭遇 NPE 的围追堵截也屡见不鲜,然而,值得关注的是 NPE 已经逐渐将战火引向国内。根据知识产权案例数据库 Darts – ip 发布的报告显示,2011 ~ 2016 年,NPE 在中国共发起 6 件专利侵权诉讼,诉讼的领域主要集中在通信等热门领域。伴随着 NPE 将诉讼战火烧至中国,不排除国内厂商也会在中国市场卷入专利侵权纠纷的可能。了解 NPE 手头的专利资源,增强风险意识,对于中国企业来说迫在眉睫。

一些专门从事专利经营的 NPE 会伺机从实体企业购买自己所看好的专利,然后寻找市场上运用该技术成果的企业,通过诉讼或者跟对方谈判的方式解决争端。对于 NPE 这种商业模式,业内各家有各家的看法。有人认为 NPE 这种乘人之危的专利经营模式,扰乱了正常的企业经营,破坏了正常的市场秩序;也有人认为 NPE 的介入激活了专利技术交易市场的内在潜力,促进了知识产权应用多元化的发展,对于推动专利技术转化和交易有着深远的意义。可以说,NPE 的角色定位具有双面性,用得好,就像是专利市场的鲶鱼,促使企业更好地拿起专利的武器保护自己的产品,并且在专利深层次的运营中获得利润,从而形成良好的创新保护生态环境。

NPE 通常能够收集到来源更广、范围更大、种类更全、数量更多、质量更高、威力更猛的专利组合,其中,标准必要专利常常是 NPE 的收购目标。本节以 LTE 领域在华标准必要专利为例，归纳整理了 NPE 掌握的标准必要专利的重要来源，并以中美两国的 3 件典型案例剖析涉及 NPE 的标准必要专利诉讼应对过程。

4.3.3.1 非专利实施主体概述

NPE 即非专利实施主体，从字面意思上看，NPE 是指拥有专利权的主体本身不实施专利技术，即不将技术转化为用于生产流通的产品。NPE 是专利商业化运营发展的产物。目前虽然许多学者给出了关于 NPE 的多种定义，但是都存在一定分歧，关于 NPE 暂时没有统一的定义。对于 NPE 涉及的主题，例如从专利投机者和专利价值捍卫者的不同角度和利益诉求出发，对 NPE 的解读也不尽相同。

按照非专利实施主体的运营目的，可以将其分为研发型 NPE、攻击型 NPE 和防御型 NPE。下面详细介绍各种 NPE 各自的特征。

研发型 NPE 和普通的实体公司一样，通过进行科技创新来申请专利，并进一步获得专利权，通过专利的转化和运维来维持进一步的研发，较少发起专利诉讼。常见的研发型 NPE 是主要包括高校和科研机构成立的主体。例如，2009 年 2 月由中国科学院国有资产经营有限公司投资成立的深圳中科院知识产权投资有限公司，提供包括知识产权许可、转让、投资、代理、咨询、管理和技术转移产业化等服务；斯坦福大学技术许可办公室是斯坦福大学主要负责技术转移和科技成果转化的部门。

攻击型 NPE 和研发型 NPE 不同，它们不进行发明创造，其专利权的来源主要是购买，通过发掘有价值专利后对这些有价值专利进行购买，然后根据购买的专利寻找市场上侵犯其专利的企业，进而对这些企业发起专利诉讼，通过专利诉讼来获得专利侵权赔偿金或诉讼和解费。在诉讼中，由于 NPE 不从事生产制造或销售产品，因此被告无法对其发起反诉。

防御型 NPE 是和攻击型 NPE 相对的一个概念，这类 NPE 的主要目的并不是通过专利的转化、运维、诉讼来获利，其主要是公司或团体为了防止攻击型 NPE 对自己发起专利诉讼，影响自己的生产经营而成立的主体。

虽然对于 NPE 没有统一的界定，NPE 也存在多种不同的类型，但是 NPE 存在一些共性的特征，主要包括以下几个特征。①NPE 不从事生产制造或销售产品，即不实施专利。这是其与一般的实体公司的最大区别，也正是因为这个原因，其他公司无法因为专利侵权对 NPE 提起诉讼。②NPE 获得专利权的主要方式包括独立研究、专利转让、专利许可或其他专利权人的委托。③NPE 获得专利权的主要目的是进行专利转化、专利诉讼和防御。普通的实体公司主要是利用专利进行生产、制造、销售或许诺销售相关的产品,通过产品来获取利润,而 NPE 获得专利的主要目的并不是从事产品的生产、制造、销售或许诺销售,这是 NPE 和普通的实体公司的一个很大区别。

4.3.3.2 通信领域重要非专利实施主体介绍

(1) 高智

高智(Intellectual Ventures)作为公认的美国最大的 NPE,创建于 2000 年,运营总计 1276 家知名的"空壳"公司。截至 2011 年 5 月,其在全球拥有 30000~60000 件专利,包括近 8000 件美国专利以及 3000 件美国未决专利申请,所拥有的专利技术几乎覆盖了所有工业领域,从计算机硬件到生物医药,从电子消费品到纳米技术等。其中 954 家"空壳"公司在自己名下拥有专利;另有 242 家没有专利记录,但持有专利许可或通过与专利有关的交易获取资产分配;其他"空壳"公司则只具有管理职能,或仅负责处理投资事宜。据相关数据显示,高智为美国第五大专利持有者,在全球位列前 15 名,其迄今为止已从专利许可中获益 20 亿美元。高智的运营策略是从研发的源头对发明人进行资助,旨在获得该项专利的排他性授权许可,为下一步专利权的商业化运营奠定基础。

目前与高智签约合作的国际知名公司包括苹果、eBay、谷歌、英特尔、微软、诺基亚和索尼。这些公司通过支付巨额资金获得某些专利组合的特许使用权,从而构建专利防御体系,有效防范知识产权侵权案件的骚扰。

(2) 阿卡西亚研究院

阿卡西亚研究院(Acacia Research Corporation)成立于 1993 年,总部位于美国加利福尼亚州,是纳斯达克上市公司。阿卡西亚研究院按照技术领域不同成立相应的子公司,通过旗下多个子公司,在美国从事专利技术的投资、开发、许可、诉讼和实施。其目前有超过 230 家子公司,拥有 1200 多项(约 4000 件)专利,已签署专利授权协议数量超过 1200 个。

阿卡西亚研究院在成立之初的商业模式主要是同大学和研究机构合作,帮助合作伙伴来实现技术和专利的产业化。随后阿卡西亚研究院的策略变得更加激进,在 2012 年初,其宣布出资 1.6 亿美元收购 Adaptix 公司,此次交易的主要目标是其手中所拥有的 230 件有关 4G 通信的专利和专利申请。阿卡西亚研究院在通信领域的另一家知名子公司为蜂窝通信设备公司。

阿卡西亚研究院作为运作成功的一家 NPE 代表,总共发起 300 多起专利诉讼,是发起诉讼最多的专利运营公司。在通信领域诉讼对象包括微软、三星、华为、中兴等,获取了超过 12 亿美元的收入,给专利合作伙伴创造了超过 7 亿美元的投资回报。

(3) WiLAN

WiLAN 成立于 1992 年，总部位于加拿大渥太华，是一家从事技术研发以及知识产权许可的公司。WiLAN 属于转化型 NPE 公司，即原为专利实施主体，后因故退出实体业务，但仍保有专利的主体。WiLAN 原来是加拿大一家在无线通信领域颇有创新成果的小公司，在主营业务衰败之后，转型为专注专利许可的知识产权许可公司。

WiLAN 与全球超过 320 家公司如三星、诺基亚、LG、思科和 HTC 等签订了价值超过 90 亿美元的专利许可协议。WiLAN 曾多次高调收购专利权。2012 年 7 月，收购了诺基亚西门子涉及电信网络管理以及移动多媒体的 40 余项专利。2015 年 6 月，斥资 3300 万美元从英飞凌收购奇梦达的专利组合，涉及 7000 件专利和专利申请。2015 年 11 月，收购飞思卡尔涉及处理器、存储器、半导体封装、无线和物联网技术的 3300 余件专利。WiLAN 手里拥有大量的 WiFi、蓝牙和 3G/4G 专利，其中，不少为标准必要专利，其实力不容小觑。

WiLAN 在美国已经针对 100 多家高科技公司发起过约 300 起专利诉讼，被告范围颇广，包括智能终端和无线通信设备等领域的诸多厂商，比如苹果、LG、惠普、高通、爱立信等，国内公司中 TCL、联想、海信和中兴等也都曾经在美国被起诉过。2016 年，其子公司无线未来科技公司向南京市中级人民法院起诉日本索尼移动公司侵犯发明专利权，提出禁令请求并要求赔偿 800 万元。这是首家外国 NPE 在中国进行的专利诉讼。

(4) Unwired Planet

Unwired Planet 成立于 1996 年，总部位于美国加利福尼亚州的雷德伍德城，公司目前仅有 16 人，但是手上拥有专利约 2500 件。其中，授权专利最集中的是无线通信网络、电通信技术传输、电通信技术数字信息的传输。数据显示，Unwired Planet 的专利 80% 来自爱立信，主要是 2G、3G、4G、LTE 相关的技术专利。

Unwired Planet 在发展初期并不是一家专利运营公司，而是从事当时先进技术 WAP 的研发。WAP 是现如今手机能够访问互联网的最基础、最原始的技术协议。1997 年，Unwired Planet 改名为 Phone.com，并联手爱立信、诺基亚和摩托罗拉成立了赫赫有名的 WAP 论坛。该论坛是为移动设备终端提供 Internet 访问而建立标准的非营利性机构。在 1998 年 3 月，Unwired Planet 发布了 WAP 标准 WAP1.0，可以说，WAP1.0 是当今很多无线通信标准的鼻祖。然而，Unwired Planet 对通信设备业务并不感兴趣，Unwired Planet 在 1999 年和 Software.com 合体，改名为 Openwave System，专注开发移动互联网应用程序，并研发出手机浏览器 MobileBrowser 等很多明星产品。但是，好景不长，由于经营不善，Openwave System 在 2012 年宣布倒闭。在公司倒闭时，仅把主营业务转售出去，而保留了专利，重新恢复 Unwired Planet 的名字，专注于专利许可业务。

早在 2013 年，Unwired Planet 收购了奄奄一息的爱立信的 2000 多项专利。这些专利中有一大批是关于手机 2G、3G 和 4G 网络的标准必要专利。

（5）IP Bridge

IP Bridge（知识产权桥）是日本第一家，也是最大的一家专利基金公司，其主要股东为日本显示公司（JDI）和日本创新网络公司（INCJ），前者是索尼及松下的盟友企业，而后者是日本政府与东芝、松下、夏普、日立等 19 个主要法人共同创建的公私合营企业。日本创新网络公司成立于 2009 年，以"在开放式创新环境下促进日本企业竞争力"为宗旨，为日本企业提供资本及技术管理支持，其经营与投资业务由日本经济贸易工业部管辖。

与美国知名的专利运营公司一样，IP Bridge 正是以授权及诉讼作为其主要业务手段，现阶段主要以构建专利池并管理经营日本企业受让的重要专利为主营业务。不难看出，IP Bridge 正是日本电子科技产业专利运营的"国家队"。2015 年，IP Bridge 在美国向中国企业 TCL 发起了诉讼。

4.3.3.3 在华标准必要专利的重要来源概况

近年来，随着中国企业在通信领域表现越来越强势，全球知名 NPE 纷纷盯上了中国企业，频频发起对中国企业的诉讼。而另一方面，诸如诺基亚、爱立信等传统电信企业看似已经退出了手机市场，但是，它们通过大量的专利资产实现着非常高的盈利，股价翻番，利润增长更快，特别是在对待专利运营市场上的活跃分子 NPE 的态度上，正在发生着转变，越来越多的 NPE 与实体企业的合作正在上演。它们通过将专利转让给 NPE，利用 NPE 专利运营方面的优势将专利交给 NPE 进行管理，以降低自身的专利成本。

（1）来源于诺基亚的标准必要专利

诺基亚曾经是 2G 时代的手机产业霸主，但是随着智能手机时代的到来，苹果的称霸以及各安卓手机厂商的强势崛起，诺基亚在操作系统和产品设计方面的创新失败，致使诺基亚逐渐被市场所淘汰。但是诺基亚是过去 2G 专利的主要拥有者，并且掌握有大量的 WCDMA 专利，通过积极参与 LTE 标准研发，还拥有数量可观的 4G LTE 标准必要专利。如图 4-8 所示，诺基亚在 LTE 领域一共披露了 595 件在华标准必要专利，诺基亚已将其中的 58 件标准必要专利转让给了其他企业，占据其标准必要专利总数的 10%，其中，NPE 作为受让人的专利转让占据了 60%，可以说，NPE 成了诺基亚在专利运营上最主要的合作伙伴。诺基亚已经从曾经的手机巨头逐步转变为以专利运营为主业的公司。为了能更好地从技术创新成果中持续获得商业回报，降低自身专利管理成本，同时掩人耳目，避免反垄断监管部门打击，诺基亚开始将其拥有的大量专利通过出资或转让等方式转给相关 NPE。

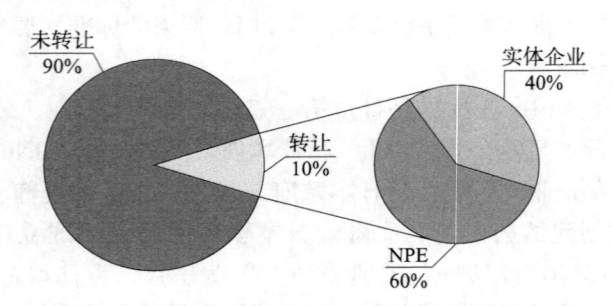

图 4-8　诺基亚在华 LTE 标准必要专利转让分布

曾经收购或者引进诺基亚在华 LTE 标准必要专利的 NPE 如表 4-7 所示。其中，申请人为 NPE 的，表明该专利申请在授权前即已经转让给 NPE。从表中可以看到，与诺基亚合作最多的 NPE 为阿卡西亚研究院的子公司蜂窝通信公司，其从诺基亚手中收购的 LTE 标准必要专利多达 22 件；其次为 WiLAN 的子公司无线未来科技公司。从 ETSI 声明的公司可以看到，维睿格基础设施和西斯威尔国际两家公司都采用了与诺基亚联合声明的方式向 ETSI 披露标准必要专利。

表 4-7　收购诺基亚在华 LTE 标准必要专利的 NPE 一览

ETSI 声明公司	申请人	专利权人	件数
诺基亚	蜂窝通信公司	蜂窝通信公司	3
诺基亚	核心无线许可公司	核心无线许可公司	1
诺基亚	无线未来科技公司	无线未来科技公司	1
诺基亚	诺基亚	蜂窝通信公司	19
诺基亚	诺基亚	核心无线许可公司	4
诺基亚	诺基亚	无线未来科技公司	10
诺基亚、维睿格基础设施	诺基亚	维睿格基础设施	1
诺基亚、西斯威尔国际	诺基亚	西斯威尔国际	1
诺基亚	诺基亚	罗克 ND 投资	1

表 4-8 为蜂窝通信公司从诺基亚收购的在华 LTE 标准必要专利清单。从

表中可以看到，蜂窝通信公司从诺基亚收购的 LTE 标准必要专利大多为 2007～2011 年申请的，这正好也是 LTE 标准快速推进的阶段。2011 年后，随着诺基亚的转型，其在标准制定过程中的活跃程度也有所下降。

表 4-8 蜂窝通信收购的诺基亚在华 LTE 标准必要专利清单

申请日	申请号	维持年限/年	法律状态	发明名称
2007.09.10	CN201510885751.0	—	公开	封闭订户组的访问控制
2010.10.05	CN201510657495.X	—	公开	信道状态信息测量和报告
2007.11.05	CN201410201996.2	—	公开	缓冲器状态报告系统和方法
2008.09.22	CN201410397749.4	—	公开	用于提供冗余版本的信令的方法和设备
2011.08.15	CN201180072631.9	—	撤回	信令
2011.08.10	CN201280038854.8	—	公开	用于在 UE 中应用扩展接入等级禁止的方法和装置
2011.01.18	CN201180065273.9	—	撤回	用于上报信道信息的方法和装置
2010.10.05	CN201180048119.0	—	撤回	信道状态信息测量和报告
2010.03.25	CN201080066992.8	2.2	有效	信道信息信令
2009.10.16	CN200980162642.9	1.9	有效	用于发送物理信号的方法和装置
2008.09.26	CN200880132102.1	3.2	有效	用于提供封闭订户组接入控制的方法、设备和计算机程序产品
2008.09.22	CN200980146400.0	3.3	有效	用于提供冗余版本的信令的方法和设备
2008.06.30	CN200980133571.X	4.8	有效	在正常和虚拟双层 ACK/NACK 之间选择
2008.06.24	CN200880130857.8	—	撤回	用于小区类型检测的方法、设备、系统和相关计算机程序产品
2008.03.26	CN200980119369.1	—	驳回	功率净空报告的扩展以及触发条件
2007.11.05	CN200880124035.9	3.9	有效	缓冲器状态报告系统和方法
2007.11.26	CN200880125565.5	3.3	有效	指示本地服务在一位置的可用性的设备、方法和计算机介质
2007.10.30	CN200880123540.1	4.1	有效	用于资源分配的方法、设备、系统和相关计算机程序产品
2007.09.14	CN200880116589.4	3.8	有效	启用 HARQ 的循环带宽分配方法
2007.09.10	CN200880115743.6	2.1	有效	封闭订户组的访问控制
2007.06.20	CN200880103990.4	2.8	有效	功率上升空间报告方法
2005.10.25	CN200680040035.1	5.1	有效	无线通信系统中的同频测量和异频测量

从法律状态看，已经审结的 17 件案件中，仅有 1 件被驳回，这也能看出蜂窝通信公司从诺基亚收购的这批专利的质量尚可。表中前 4 件专利申请为蜂窝通信公司从诺基亚收购专利后提交的分案申请。以申请号为 201510885751.0 的专利申请为例，该案的母案申请号为 200880115743.6，母案于 2015 年 9 月 23 日由中国国家知识产权局发出授予发明专利权通知书；母案申请人诺基亚于 2015 年 12 月 4 日提交了该分案；随后，诺基亚与蜂窝通信公司签订了专利申请/专利权转让合同，将该母案与分案都转让给了蜂窝通信公司，该转让合同于 2016 年 2 月 15 日在国家知识产权局登记生效。这种方式无疑是诺基亚为了降低专利运营成本的一种合理选择。

表 4-9 为无线未来科技公司从诺基亚收购的在华 LTE 标准必要专利清单。从法律状态看，这批收购的专利中已经审结的案件全部维持有效。从技术领域看，涉及反馈技术、载波聚合技术、移动性管理、干扰协调、混合自动重传请求（HARQ）等 LTE 关键技术。值得一提的是，表 4-9 中申请号为 200880022707.5 的专利，正是无线未来科技公司在南京起诉索尼的两款 Xperia Z5 手机侵犯其专利权的专利。该专利涉及 LTE 网络中控制信道的分配和解码，与 3GPP TS 36.213 标准以及中国通信行业标准 YD/T 2560.4-2013 中关于物理下行控制信道过程的内容相关。可见，NPE 已经开始使用诺基亚转让的专利向智能手机制造商发起了进攻。诺基亚这种将专利转让给 NPE 运营的方式有利于保护和实现诺基亚在标准和底层通信技术领域作出的创新贡献和经济利益。

表 4-9　无线未来科技公司收购的诺基亚在华 LTE 标准必要专利清单

申请日	申请号	维持年限/年	法律状态	发明名称
2008.06.04	CN201310445959.1	—	公开	用于持久/半持久无线电资源分配的信道质量信令
2010.04.01	CN201180027108.4	2.0	有效	使用载波聚合的周期性信道状态信息信令
2009.12.15	CN200980163446.3	2.7	有效	用于决定切换信令方案的方法、设备、相关计算机程序产品和数据结构
2008.12.08	CN200880132786.5	4.3	有效	蜂窝电信系统中的上行链路控制信令
2008.06.04	CN200980120561.2	2.9	有效	用于持久/半持久无线电资源分配的信道质量信令
2008.04.01	CN200980111902.X	3.2	有效	用于域间切换的方法和实体

续表

申请日	申请号	维持年限/年	法律状态	发明名称
2007.06.20	CN200880103764.6	3.3	有效	用于码序列调制的低PAR零自相关区域序列
2007.08.22	CN200880112565.1	3.3	有效	用于干扰协调的调度策略的交换
2007.08.03	CN200880110265.X	—	公开	无线网络中移动站的确认和否认的聚集
2007.05.07	CN200880022707.5	3.9	有效	通信网络系统中控制信道
2010.04.01	CN201610085764.4		公开	使用载波聚合的周期性信道状态信息信令

（2）来源于松下的标准必要专利

松下为日本知名的跨国公司，其在数码、家电、通信等多个领域都有涉足，目前，主攻数码视听、小家电、办公用品、日用家电、特殊领域的专业设备等领域。虽然松下将产品重心放在了家电领域，在移动手机领域并没有太大的动作，但是，其非常重视知识产权的保护，无论是在前期的技术研发还是在后期投入量产阶段，松下都坚定地将知识产权融于其中。同时，松下还积极参与标准制定工作，其手上握有数量可观的标准必要专利。如图4-9所示，松下在LTE领域一共拥有374件在华标准必要专利，松下转让了其中63%的标准必要专利，并且这些转让的受让人全部为NPE。

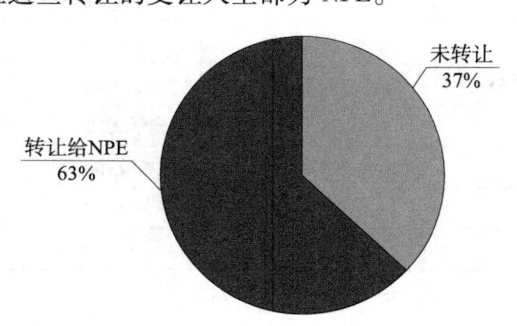

图4-9 松下在华LTE标准必要专利转让分布

表4-10所示为松下已转让的在华LTE标准必要专利与未转让的专利的法律状态对比。从中可以看出松下出让的这批标准必要专利的专利权有效占比明显高于未出让的部分，这也能够反映出松下将其中质量较高的一部分专利转让给了NPE。松下近年来由于市场不景气，业绩下滑严重，为了简化运营以提升利润，对公司的业务结构进行了调整，缩减了移动通信相关业务，因此出售了

大量移动通信相关的专利资产。其转让专利资产以降低自身专利管理成本的做法与诺基亚颇为相似。但二者的不同是，诺基亚已经将专利运营作为其主营业务，因此，仅仅是出让了其大量专利资产的很小一部分，而松下是因为业务结构调整、资源整合优化而作出的专利转让。

表4-10　松下在华LTE标准必要专利法律状态对比

	未转让专利	已转让专利
已结案/件	127	192
有效/件	85	191
有效专利占比	66.90%	99.50%

收购或者引进松下在华LTE标准必要专利的NPE如表4-11所示。其中，超过六成的专利转让给了总部在美国纽约的太阳专利信托公司。其次是日本最大的专利运营公司IP Bridge，其为松下在知识产权领域的重要合作伙伴。同样来自美国的光学无线技术公司也从松下收购了40件LTE标准必要专利。其余的专利被来自美国的两家NPE英伟特SPE和Wi-Fi One瓜分。从中可以看到，美国的NPE仍然是全球专利收购市场上表现最为活跃的，来自日本的IP Bridge实力也不可小觑。

表4-11　收购松下在华LTE标准必要专利的NPE一览

ETSI声明公司	申请人	专利权人	件数
松下	松下	太阳专利信托公司	147
松下	松下	IP Bridge	42
松下、光学无线技术公司	松下	光学无线技术公司	29
松下	松下	光学无线技术公司	11
松下	松下	英伟特SPE	4
松下	松下	Wi-Fi One	2
松下、Wi-Fi One	松下	Wi-Fi One	1

4.3.3.4　典型案例

在第4.3.2节介绍了国内通信领域标准必要专利相关的典型诉讼案件。从表4-6可以看出，目前为止国内涉及通信领域标准必要专利相关的诉讼案件共9件，其中由NPE发起的诉讼案件仅3件（无线未来科技公司诉索尼，迪阿尔西姆科技有限公司诉三星，美国L2移动技术有限责任公司诉台湾宏达），这些诉讼均已详细介绍，并且NPE在华发起诉讼还属于新兴事件，因此，本节主要选取 NPE 在美关于通信领域标准必要专利的诉讼案例。

（1）案例 1：高智 v. AT&T 等

1）案情简述

2012 年 2 月，高智以侵犯专利权为由对 AT&T 及其关联公司以及 Cricket Wireless LLC、New Cingular Wireless 公司、SBC Internet 公司、Sprint Spectrum LP 公司等提起系列诉讼（诉讼包括 1：13 – cv – 03777、1：13 – cv – 01632、1：13 – cv – 01633、1：13 – cv – 01637、1：13 – cv – 01634、1：13 – cv – 01636 等），诉讼法院为 Delaware 地方法院，涉案专利达 15 件。

2）案例分析

该案中被告不仅包括 AT&T 及其子公司，还包括使用 AT&T 产品和技术的合作伙伴、客户等，对 AT&T 的打击力更大，以期给 AT&T 造成足够大的压力和震慑。另外，该案的涉案专利涉及各类标准必要专利和重要技术的基础专利，包括 MMS、SMS 基础技术以及 LTE、IEEE 802.11e/g/i、WAP、WAP2、CDMA、TKIP 等，由于涉及标准必要专利的赔偿数额受到 FRAND 等标准许可原则的制约，同时向被告发布禁令的请求很难得到法院支持，因此高智在该案中采用了基础专利 + 标准必要专利 + 相似专利的多种类型组合方式，充分发挥出涉诉专利组合的整体价值。

从涉案专利的来源来看，部分专利来自高校或科研院所（如香港科技大学申请的 US5960032A 专利），部分来自科技创新企业（如 Conexant Inc. 申请的 US6977944B2、诺基亚申请的 US6170073B1 等），部分来源于 NPE 同行或金融投资机构（如 Info Development & Patent AB 申请的 US5557677A 等），还有部分来源于被告的关联公司——BELL ATLANTIC 申请的专利（如 US5339352A 等）。另外，这些专利是由高智于 2011 年 7 月 18 日、2012 年 2 月 6 日两个时段集中买入。虽然这些专利的来源各不相同，但是都有一个共同的特点，即与 AT&T 的产品和技术密切相关，这充分说明了高智嗅觉敏锐，对相关专利的价值评估能力较强，收集专利的来源更广，范围更大，种类更全，数量更多，质量更高，威力更猛，其向目标发起专利诉讼的效率更高，方式更多样化，手法也更隐蔽。

（2）案例 2：核心无线许可公司（Core Wireless Licensing） v. 苹果

1）案情简述

2016 年 12 月，核心无线许可公司在美国北加州地方法院向苹果提起了两起与 GSM 和 LTE 等技术相关的专利侵权诉讼（涉案专利号分别为 US6477151B1 和 US6633536B1），声称苹果给其造成了 730 万美元的损失。这些专利实际上是从曾经的手机行业巨头诺基亚那里购得。美国地方法院认为苹果侵犯了核心无线许可公司两项专利，法院裁决苹果要赔偿核心无线许可公司730万美元。

2）案例分析

核心无线许可公司拥有一个包括400个专利家族的专利组合，其中包含原来由诺基亚提交的大约2000件无线通信领域的专利和专利申请，其中100个专利家族（包括大约1200件专利和专利申请），已被宣布为2G、3G和4G通信标准［（包括全球移动通信系统（GSM）、通用移动电信服务/宽带码分多址移动通信系统（UMTS/WCDMA）与长期演进技术（LTE）］的基础专利。该公司于2011年9月被MOSAID技术公司收购，作为MOSAID技术公司的全资子公司运营，是一家典型的NPE。

该案中核心无线许可公司的两件涉案专利，主要是用来提高智能手机的信号以及电池的续航能力，而刚好被苹果的iPhone、iPad等智能设备（型号分别为iPhone 3G与iPhone SE之间所发布的iPhone系列型号，以及蜂窝数据版的iPad、iPad 3、iPad 4、iPad Mini、iPad Air、iPad Air 2和iPad Pro）所应用。

3）应对策略

①分析权利要求，对诉讼案件结果作一个预判，并根据预判结果制定相应的策略。

发明专利申请的保护范围以权利要求的内容为准，在判定侵权时，也主要是以权利要求作为判定的对象。因此，在遭到NPE发起的诉讼后，需要从整个技术方案角度解读本申请，重点关注权利要求，依据权利要求的内容确定涉案专利的保护范围。在确定涉案专利的保护范围之后，通过和产品进行比对，对诉讼案件结果作一个预判，即初步确定产品是否构成侵权；随后可以根据预判的结果制定相应的策略。例如通过预判，可以很明确地判断产品构成侵权，则可以将诉讼的应对重点放在谈判和解上，尽量降低自己的损失；如果很明确地判断产品不构成侵权，则可以将诉讼的应对重点放在侵权判定上，充分听取对方的观点和意见，充分阐述不构成侵权的理由；如果很难判断产品是否构成侵权，则可以做两手准备。

②尽早提起侵权专利复审和无效宣告请求。

作为NPE发起诉讼的被告，可以尽早提起侵权专利的复审和无效宣告请求。国内外都提供了非常方便和快捷的复审和无效宣告程序，例如，在国内，主要是向国家知识产权局专利复审委员会提起无效宣告请求，不服专利复审委员会的无效决定，还可以向法院提起诉讼；在美国设立了专利授权后复审、双方复审机制，授权后复审程序和双方复审程序都由PTAB负责，费用总体低于法院诉讼程序，程序也较简单。

通过复审和无效程序，一种可能是侵权专利被宣告无效，则诉讼所依赖的专利就不复存在；还有一种可能是 NPE 通过专利修改来维护侵权专利的稳定性，然而修改专利会使得权利要求的保护范围缩小，可能将侵权产品排除在外，即原本侵权的产品将不构成侵权。

③在美诉讼合理利用中止动议。

由于结案速度对于 NPE 十分重要，它们希望迅速裁决以降低诉讼成本，因此可以考虑拖延诉讼进程，提交动议中止审判或禁令。中止理由可以是以下两种情况。第一，以等待专利复审结果请求中止。但复审中止审判的情况十分有限，不是所有法庭都同意在等待复审结果期间中止诉讼程序，比如 NTP 起诉 RIM 案，RIM 请求中止审理等待复审的动议未果。是否作出中止专利诉讼的决定也取决于法官的偏好，例如，加利福尼亚州地区法院的法官通常会作出中止决定，以等待复审结果，而得克萨斯州东区的法院则很少作出中止决定。第二，以重大公众利益提出中止禁令。RIM 遭到 NTP 的侵权起诉和禁令时，根据美国联邦民事诉讼规则 62（c），提出在向联邦巡回上诉法院上诉期间请求地方法院中止禁令，且美国政府根据 28U.S.C. §517，以给 RIM 禁令会使重大公众利益受损为由出面要求法院中止禁令，法官顾及公众利益同意中止禁令。同样，在 ITC，法官在判决时也是非常重视重大公众利益这一因素的。

4.3.4　涉及标准必要专利诉讼的专利储备

诺基亚等传统电信巨头作为 2G 时代的"拓荒者"和 3G 时代的引领者，在通信技术发展和标准推进过程中，沉淀了大量"含金量"较高的标准必要专利，使得后来者很难轻易绕过。因此，苹果、华为、小米等智能手机市场参与者，在曾经的手机市场巨头（包括诺基亚、爱立信等）难挽颓势退出手机市场时，对于其专利资产应保持敏锐的商业和产业触觉，尽早选择合适时机，通过合适方式实现对有价值专利的收购或独占许可实施权。从上一节的分析可以看出，来自美国、日本、加拿大的 NPE 都在积极从各大通信公司收购高价值的专利，构建自己的专利池，积极发起诉讼。目前，中国企业收购专利资产主要属于防御型收购，而走出国门较早的大型企业在这方面已经有了一定的成功经验。相比之下，国内中小企业则整体缺乏长远的战略考虑，在没有专利风险预判的情况下，其很容易成为国外竞争对手起诉的标靶。

我们从华为的一件案例出发，看其如何利用收购的标准必要专利主动出击。在此基础之上，归纳整理小米和联想收购标准必要专利的现状。这些收购的标准必要专利可能作为后续应诉或起诉的专利储备。

(1) 华为

华为作为国内通信行业的龙头企业，走出国门较早，在专利资产收购方面也有了一定的成功经验。本节将介绍华为在 LTE 领域的专利收购情况，为国内其他公司提供经验借鉴。

华为在 LTE 领域一共拥有 620 件标准必要专利，其中有 20 件专利是华为从夏普手中收购而来。这也是华为在 LTE 领域唯一的一次专利收购，这次专利收购一共涉及 20 件 LTE 标准必要专利，这 20 件 LTE 标准必要专利均涉及 OFDM 及 MIMO 的底层通信技术，这也是 LTE 物理层最核心的两项关键技术。MIMO 和 OFDM 技术属于 4G 乃至 5G 标准中都绕不过去的底层技术。随着华为在 4G LTE 市场的不断扩张，为了抵御知识产权风险，亟须在底层基础技术上布局专利，因此，华为选择了收购其他企业的基础专利的方式来完成对于薄弱技术领域的专利布局。由此可以看出华为在专利策略运用上已较为成熟，其专利运营走在了国内企业的前面。

华为收购的这 20 件专利的专利转让时间均发生在 2013 年 7 月到 9 月之间。经过对这 20 件专利的发明人进行统计，发现其涉及多个发明人团队，其中最主要的是以发明人山田升平为核心组成的研发团队，成员包括加藤恭之和相羽立志，如图 4-10 所示，在 2013 年以前，山田升平团队主要以夏普株式会社为申请人提出专利申请，其中虚线框内的专利申请在 2013 年 7 月至 9 月

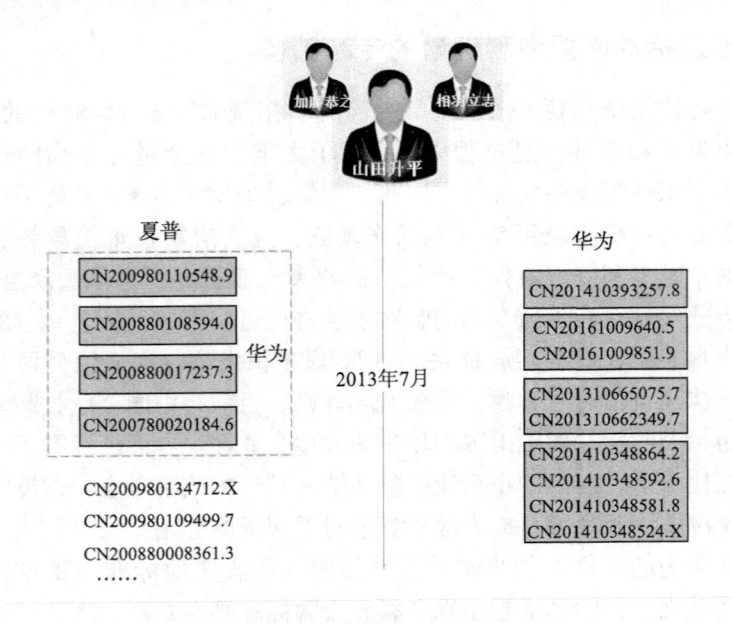

图 4-10 华为 & 夏普收购关系

由夏普将专利权转让给了华为，同期一起转让涉及 OFDM 和 MIMO 以及随机接入方向等技术若干专利申请。在转让事件之后，以山田升平团队为发明人、以华为为申请人提出了一系列分案申请，全部都是要求以虚线框内 4 件申请为母案。这是由于分案申请在《专利法》中有明确规定，分案申请的申请人应当与原申请人相同，发明人应当是原申请的发明人或者其中的部分成员。收购事件之后山田升平团队在夏普的研发方向主要转向载波聚合技术。华为此次收购专利事件涉及相关技术的全部底层专利以及衍生的专利，原发明人团队已经没有继续研发的必要，因此转向其他领域的研究。

表 4-12 所示为华为从夏普收购的 LTE 标准必要专利清单。

表 4-12 LTE 领域华为收购夏普专利清单

申请年份	申请号	维持年限/年	法律状态	技术领域
2006	CN200680038892.8	4.25	有效	OFDM
2009	CN200980143300.2	2.33	有效	OFDM、家庭基站
2009	CN200980109499.7	3.08	有效	MIMO、控制信道
2009	CN200980139448.9	1.17	有效	OFDM、MIMO
2008	CN200880008361.3	3.5	有效	随机接入、同步、OFDM
2003	CN03813304.0	5.42	有效	OFDM、干扰抑制
2008	CN200880108594.0	0.58	有效	MIMO、反馈技术
2007	CN200780008158.1	3.33	有效	MIMO、反馈技术
2005	CN200580031925.1	4.17	有效	MIMO、OFDM
2006	CN200680035083.1	—	撤回	MIMO、反馈技术
2009	CN200980110548.9	2	有效	MIMO、反馈技术
2008	CN200880023624.8	3	有效	MIMO、HARQ
2008	CN200880112913.5	3.25	有效	随机接入
2008	CN200880007005.X	3.42	有效	MIMO、预编码
2009	CN200980102260.7	—	公开	MIMO、传输模式
2008	CN200680052927.3	4.33	有效	MIMO、反馈技术
2009	CN200880007991.9	1.33	有效	OFDM、随机接入
2007	CN200880017237.3	4.2	有效	随机接入
2005	CN201210567512.7	4.9	有效	随机接入

2016 年 5 月，华为在美国起诉三星专利侵权（案件号：3：16-cv-02787），从公开信息来看，指控三星侵犯 11 件 4G LTE 无线通信标准必要专利。其中包括 US8885583（以下简称"583 专利"，上述申请号为 CN200880008361 的同族专利），583 专利的原始申请人是夏普，其优化了 EUTRA 上行

链路同步中的一个问题，当移动台装置基于随机接入的响应中所包含的时刻偏移信息进行时刻调整（同步偏移的校正）时，由移动台装置管理的上行链路同步/异步状态与由基站装置管理的上行链路同步/异步状态产生不一致，导致不必要的错误恢复处理。华为宣称该专利的权利要求 3 和权利要求 7 涵盖标准 3GPP LTE TS36.300（v8.1.0 及后续版本），具体技术方案如下：

权利要求 3：

3. A mobile station device comprising:

circuitry which transmits a random access preamble; and

circuitry that receives a random access response to the random access preamble and performs uplink timing alignment based on timing deviation information included in the random access response,

wherein, in an uplink synchronous status, upon reception of the random access response including the timing deviation information transmitted from a base station device in response to the random access preamble whose preamble ID is randomly selected by the mobile station device, the mobile station device ignores the timing deviation information;

otherwise, upon reception of the timing deviation information the mobile station device performs the uplink timing alignment based on the timing deviation information.

权利要求 7：

7. A processing method of a mobile station device, comprising:

transmitting a random access preamble to a base station device;

receiving from the base station device a random access response to the transmitted random access preamble; and

performing uplink timing alignment based on timing deviation information included in the random access response,

wherein, in an uplink synchronous status, upon reception of the random access response including timing deviation information transmitted from the base station device in response to the random access preamble whose preamble ID is randomly selected by the mobile station device, the mobile station device ignores the timing deviation information; otherwise, upon reception of the timing deviation information the mobile station device performs uplink timing alignment based on the timing deviation information.

由此可见，华为之所以购买专利是为了优化自己的专利组合，提升自身应付诉讼的能力。

近年来，国内移动互联网、智能手机等领域蓬勃发展，新创企业层出不穷。随着市场份额的扩大，国内通信厂商正越来越多地面临来自国际竞争对手的知识产权压力。因此，在产业不断发展、专利申请相对落后而域外诉讼风险已经有所显现的情况下，国内通信领域新创企业专利拥有量与企业快速发展的势头并不匹配。新创企业由于成立时间短，想在短时间内积累大量的专利技术是不现实的，除了加大研发力度，加快专利申请速度，有针对性地提出专利申请之外，还可以通过购买专利技术，储备自己的专利，增强自身的防御能力。

（2）小米

短短的 8 年时间，小米已经迅速成长为智能手机领域的巨人。虽然其市场规模迅速膨胀，但在核心专利领域仍然较弱。这一弱点显然已经被众多专利大鳄与竞争对手盯上。小米的初创团队多有谷歌、微软、摩托罗拉的履历背景，积极创新、专利保护的意识显然是具备的。在加快自有专利的申请的同时，小米在专利运营方面也有所动作。据智慧芽的统计数据显示，仅仅在美国，小米就收购了 365 件专利。为了掌握自主研发芯片的能力，小米收购了大唐旗下联芯科技的 3G/4G 相关专利。2017 年，小米宣布与诺基亚联手，收购诺基亚的基础专利。

作为 4G LTE 标准的后来者，小米在 LTE 领域拥有 15 件标准必要专利，全部购买自其他公司。如图 4-11 所示，这 15 件标准必要专利包括来自诺基亚的 6 件，瑞萨电子株式会社的 4 件，大唐的 2 件以及美国博通公司的 3 件。其中，大唐的 2 件专利转让来自 2014 年 12 月小米与联芯科技的合作，诺基亚的 6 件专利来自 2017 年 7 月小米与诺基亚的合作。

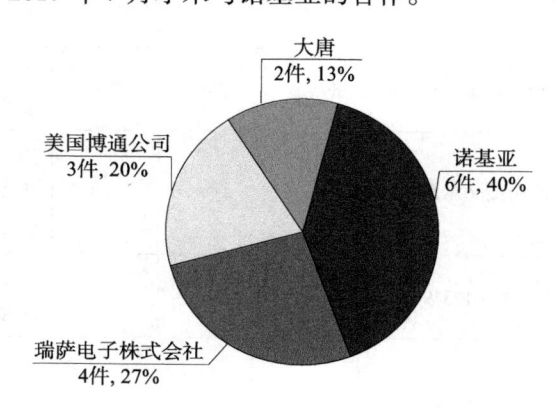

图 4-11　小米 LTE 标准必要专利收购转让人分布

表 4-13 为小米收购的 LTE 标准必要专利清单。从表中可以看出已审结的案件中,全部为专利权维持有效,这也说明小米收购的这批专利的质量还是有保障的。同时也可以看到,这批收购的专利大多涉及 LTE 的底层技术例如控制信道、MIMO、反馈技术、载波聚合等。可以看到,小米不断通过寻找合作伙伴来弥补自身在基础技术上的短板。

表 4-13 小米收购的 LTE 标准必要专利清单

申请日	申请号	转让人	法律状态	维持年限/年	发明名称
2010.08.10	CN201010250200.4	大唐	有效	3.8	一种上行控制信息 UCI 传输和接收方法及设备
2010.04.30	CN201010164678.5		有效	3.9	一种 PDCCH CC 搜索空间的确定方法和设备
2012.01.31	CN201380007610.8	美国博通公司	公开		用于通知 UE 关于接入禁止的方法和装置
2011.10.17	CN201180074213.3		公开		用于控制网络共享环境中的移动性的机制
2011.04.01	CN201280025339.6		公开		不同无线电接入技术网络之间的快速重新选择
2011.01.07	CN201280009859.8	诺基亚	有效	1.1	信道质量指示符报告
2011.01.10	CN201180064581.X		有效	0.4	支持动态多点通信配置
2010.06.01	CN201080068111.6		有效	2.5	在通信系统中选择波束组和波束子集的装置、方法和计算机程序产品
2010.05.03	CN201180032979.5		有效	2.6	用于无线电间接入技术载波聚合的反馈
2009.08.17	CN201080036760.8		有效	3.0	用于在通信系统中初始化和映射参考信号的装置和方法
2008.06.23	CN200980123798.6		有效	3.0	用于提供确认捆绑的方法和设备

续表

申请日	申请号	转让人	法律状态	维持年限/年	发明名称
2011.04.29	CN201180070520.4	瑞萨电子株式会社	公开		用于重新调整针对具有不同时分双工子帧配置的分量载波的下行链路（DL）关联集合大小的方法和装置
2011.02.09	CN201280017102.3		有效	1.0	针对信道测量时机的优先级测量规则
2011.04.01	CN201280015030.9		公开		用于小区更新过程中安全配置协调的方法，装置和计算机程序产品
2011.02.09	CN201280008242.4		有效	0.6	用于邻居小区通信的方法和装置

（3）联想

联想作为全球电脑市场的龙头企业已经有较为悠久的历史，但是其移动业务是最近几年才发展起来的，从这个层面上来说，联想也被归到了移动通信行业的新创企业。联想在企业及专利资产收购上有较为成功的经验。2003年，联想收购了 IBM 的 PC 业务。2014年，联想完成了对摩托罗拉移动的收购。2016年，联想以13亿元人民币买下了日本具有百年历史的通信巨头日本电气90%的股份。

联想在4G LTE 标准组织中表现得较为活跃。如表4-14所示，联想一共拥有31件 LTE 标准必要专利，其中，有29件来自其入股的日本电气。此外，还有2件来自爱立信。值得一提的是，联想购自爱立信的申请号为 CN99807479.9 的专利，最初由爱立信于2013年6月27日在办理登记手续期间将专利权转让给了 NPE Unwired Planet，Unwired Planet 于2014年12月26日转让给了联想，相当于 Unwired Planet 在联想从爱立信购买专利的过程中起到了中介的作用。NPE 由于手中专利数量多、质量高，并且其有丰富的专利运营经验，因此能够更快速地帮助企业寻找到目标专利。

表4-14 联想收购 LTE 标准必要专利情况一览

ETSI 声明公司	申请人	专利权人	件数
爱立信	爱立信	联想	1
Unwired Planet	爱立信	联想	1
日本电气	日本电气	联想	29

4.4 标准必要专利诉讼热点议题

本书第一章第1.3节对标准必要专利的热点议题进行了简要介绍，本节中将结合涉及标准必要专利的中外典型诉讼案例，进一步详细阐述FRAND许可使用费、侵权救济和滥用市场支配地位与反垄断三大热点议题，并进一步说明专利诉讼的重要环节——权利要求的解读。

4.4.1 FRAND原则相关规定

4.4.1.1 FRAND原则的法律效力和性质

（1）法律效力

1）可诉性

不同于其他，FRAND原则来源于国际标准组织的知识产权政策，是从产业实践中，而非法理中发展而来的原则，可以说是一种私人协议，因此其法律性一直受到质疑，对其定性也不够确切，其可诉性在司法实践中一直受到广泛的争议。

为了消除争议，强化效力，需要对FRAND原则进行进一步的转化。各国一般将其转化为国内法，或在法律中作出规定，或在判决中运用成为判例供后来案件引用。这就避开了直接引用国际标准组织协议带来的FRAND原则效力争议，确保了其可诉性。

我国司法实践中已经将其接纳为裁判的依据，如在2016年4月1日施行的《最高人民法院关于审理侵犯专利权纠纷案件应用法律若干问题的解释（二）》中，虽然没有直接使用"FRAND原则"的名称，但是实际上已经有"公平、合理、无歧视"的规定。FRAND原则可诉性效力的争议已不复存在。

2）许可声明的不可撤销性

专利权人作出的FRAND承诺能否撤销一直众说纷纭。有人认为其不可撤销，也就是说，该声明一经作出，就必须按照该原则的要求许可他人实施其专利技术。而另一种观点则认为，即使作出过FRAND许可声明，如果标准组织对能否撤销该原则没有规定，那么根据"法不禁止即自由"的私法精神，在将来的许可中专利权人仍可以不遵循该声明，即实际上可以撤销之前作出的FRAND许可声明。

目前，占据主流的说法是FRAND许可声明不可撤销。同时，FRAND许可声明不可撤销也是各大标准组织惯常采用的做法。如果声明可以随意撤销，那么标准组织的协议或政策的权威性必将承受较大影响，这甚至可能关系到标准组织的存续。本书第 1.2.1.2 节指出，ETSI 在 2007 年对其知识产权政策作出修改，新政策中规定当 ETSI 发现某件专利与特定标准或规范有关时，组织总干事应要求其权利人在 3 个月内给出关于其将根据公平、合理和无歧视的条件进行许可的承诺，该承诺不可撤销。虽然 ETSI 的知识产权政策并未给出 FRAND 原则的解释，但其规定 FRAND 许可应遵循"互惠"条件，并且对于专利权人给予被许可人按照 FRAND 许可原则实施所产生的法律后果的声明不可撤销。

（2）法律性质

FRAND 原则是标准组织要求标准必要专利权利人许可标准实施者使用专利时必须遵循的准则。FRAND 原则涉及了标准组织、标准必要专利权利人和标准必要专利实施者三方主体，近似于三方之间惯常的约定。关于 FRAND 原则的性质，也是学界一直讨论的热点之一。

第一种观点认为 FRAND 承诺是一种善意协商义务。有学者认为 FRAND 承诺是一种善意协商义务，究其根源来说，实质上是一种先合同义务，即在某种行为的基础上，衍生出一种信赖关系，又在这个信赖关系的基础上所产生的一种非给付义务。❶ 在通常订立专利许可合同的过程中，因为当事人双方享有契约自由，他们可以在磋商阶段决定需不需要和对方订立合同，自主协商需要在许可合同中加入哪些条款。但就标准必要专利而言，专利权人既然作出了 FRAND 承诺，就要在与可能成为被许可人的主体进行磋商的时候遵循公平、合理、无歧视的原则，因此，标准实施者有充分的理由相信专利权人在缔约过程中的行为是善意的。这种合理信赖的存在，使得专利权人对标准实施者负有善意协商的先合同义务。根据我国《合同法》的相关规定，专利权人对该义务的违反将会损害标准实施者的信赖利益，需要承担缔约过失责任。

第二种观点认为 FRAND 承诺是一种强制缔约义务。在这种观点中，标准必要专利权利人对标准实施者负有的义务是以公平、合理、无歧视条件进行许可，这种义务和公用事业经营者所要履行的强制缔约义务有着性质上的相似点。❷ 这种义务的出发点是维护公共利益，是公用事业的垄断企业所应该承受

---

❶ 胡洪. 司法视野下的 FRAND 原则：兼评华为诉交互数字案[J]. 科技与法律，2014（5）：895-897.

❷ 叶若思，祝建军，陈文全，等. 关于标准必要专利中反垄断及 FRAND 原则司法适用的调研[J]. 知识产权法研究，2013（2）：1-31.

的负担。相对于标准实施者,标准必要专利许可人的地位较为强势,标准实施者需要向许可人获得授权才能生产制造符合标准的产品,这种特殊地位是对标准实施者订立合同自由的束缚。二者的相似之处是垄断企业和专利权人都处于缔约中强势一方的位置,当垄断企业不愿意与对方当事人订立合同,将会损害公共利益;而在标准必要专利许可合同中,拒绝订立许可合同的是标准必要专利权人,他的这种行为将会对相关产业的正常发展造成不良影响。

更多的学者倾向于将 FRAND 承诺理解为专利许可意愿的表达,而非专利许可合同。正如前面分析的,FRAND 原则实际上是不稳定的,其含义不明确,仅仅只是标准组织的知识产权政策,在法律上不具有强制力,并不能直接作为裁判依据,只有对 FRAND 原则的解释与现行法律规定相符时才能作为正当的评价依据。另外,标准必要专利权人即便与其专利实施者进行了实质性的专利许可谈判,并不能必然得出标准必要专利权人将与被许可人签订专利许可合同的结论。因为影响合同签订的因素还有很多,如合同目的。此外,FRAND 承诺的重要特点是缺乏可操作性,一旦发生纠纷,其根本无法保障双方当事人的利益。

4.4.1.2 FRAND 原则的法律依据

(1) 美国

美国标准中对专利权滥用的判定主要依据专利法和反垄断法,而实践中反垄断法的运用更为普遍。

美国专利法中列举了几类不属于专利权滥用的行为,包括:专利权人自己销售主要具有侵权用途而又不为专利权所覆盖的重要成分;专利权人授权他人销售主要具有侵权用途而又不为专利权所覆盖的重要成分;以提起侵权或者帮助侵权之诉实施自己的专利权;拒绝使用或拒绝许可使用专利权中的任何权利;以获得其他专利权的许可或者授权为前提条件,许可专利权或者销售专利产品。但以上 5 种情况并不适用于已占有优势地位的专利权人。

(2) 欧洲

2017 年 11 月 29 日,欧盟委员会发布《标准必要专利的欧盟方案》。委员会认为,通过善意的谈判,各方最好能对公平的许可条件和公平的费率达成共识。

①双方必须愿意进行善意的谈判,以建立公平、合理和无歧视的许可条件。签署标准必要专利许可协议的各方善意进行谈判,以确定最适合其具体情况的 FRAND 条款。

②出于效率的考虑,双方合理的许可费预期以及实施者为促进标准的广泛传播而采取的措施都应当被包括在内。在这方面应该强调的是,对于 FRAND

原则来说，没有一个适合所有人的解决方案，公平、合理的因素在不同领域之间以及随着时间的推移而有所不同。为此，委员会鼓励各利益相关方进行行业性的讨论，以根据此次交流所反映的结论，建立统一的许可做法。

目前，由于 FRAND 的含义不清，存在不同的解释，使得授权受到阻碍。委员会认为应考虑以下知识产权价值评估原则。

①许可条款必须与专利技术的经济价值有明确的关系。这个价值主要关注技术本身，原则上不应包括任何决定将技术纳入标准的因素。如果技术主要是为标准而开发，在标准之外没有市场价值，则应考虑替代的评估方法，相比于其他贡献，例如技术在标准中的重要性应该加以考虑。

②根据 FRAND 原则进行估值时，应该考虑到专利技术赋予的现有价值，该价值与非由专利技术价值带来的产品的市场成功无关。

③FRAND 的价值应该确保能够持续激励标准必要专利专利权人将他们最好的技术贡献给标准。

④最后，为了避免许可费堆叠，在利用 FRAND 进行估值时，不应孤立地考虑单独的标准必要专利。各方需要考虑到标准的合理的总费率，评估技术的整体附加值。关于标准必要专利透明度的措施的实施已经可以支持这一目标。这些问题在未来都能够得到解决，在欧盟竞争法的框架内，通过建立行业许可平台和专利池，或基于标准化参与者的指标，以最大的累积速度，可以合理地设想或预期。

（3）中国

1)《国家标准涉及专利的管理规定（暂行)》

本书第一章提及的《国家标准涉及专利的管理规定（暂行)》，可以用来合理处置标准中涉及的专利问题。

《国家标准涉及专利的管理规定（暂行)》第 9 条规定："国家标准在制修订过程中涉及专利的，全国专业标准化技术委员会或者归口单位应当及时要求专利权人或者专利申请人作出专利实施许可声明。该声明应当由专利权人或者专利申请人在以下三项内容中选择一项：（一）专利权人或者专利申请人同意在公平、合理、无歧视基础上，免费许可任何组织或者个人在实施该国家标准时实施其专利；（二）专利权人或者专利申请人同意在公平、合理、无歧视基础上，收费许可任何组织或者个人在实施该国家标准时实施其专利；（三）专利权人或者专利申请人不同意按照以上两种方式进行专利实施许可。"第 11 条、第 12 条规定了拒绝许可后的相关处理措施，具体如下：除强制性国家标准外，涉及专利但未获得专利权人或专利申请人根据第 9 条第（一）项和第（二）项规定作出的专利实施许可声明的，国家标准草案不予批准发布。国家标准发布后,发现标准涉及专利但没有专利实施许可声明的,国家标准化管理委员会应当责成全国专业标准化技术委员会或标准归口单位在规定时间内获得专利权人或专利申请人作出的专利实施许可声明,同时报国家标准化管理委员会。除国家强制性标准外,如未获得上述专利实施许可声明,国家标准化管理委员会可视情况暂停该国家标准,并责成对应的技术委员会或归口单位修订该标准。

2) 司法文件

2016年3月22日,最高人民法院发布了《最高人民法院关于审理侵犯专利权纠纷案件应用法律若干问题的解释(二)》(法释〔2016〕1号)(以下简称"法释〔2016〕1号解释")。其中第24条对标准必要专利许可的公平、合理、无歧视(FRAND)原则进行了规定:"推荐性国家、行业或者地方标准明示所涉必要专利的信息,专利权人、被诉侵权人协商该专利的实施许可条件时,专利权人故意违反其在标准制定中承诺的公平、合理、无歧视的许可义务,导致无法达成专利实施许可合同,且被诉侵权人在协商中无明显过错的,对于权利人请求停止标准实施行为的主张,人民法院一般不予支持。"

同时,北京市高级人民法院于2017年4月颁布了修订后的《专利侵权判定指南(2017)》,其中对"标准必要专利"作了较大篇幅的规定。"指南"的规定,较好地补充了最高人民法院"法释〔2016〕1号解释"中对于标准必要专利的规定。

《专利侵权判定指南(2017)》第149条中规定:"虽非推荐性国家、行业或者地方标准,但属于国际标准组织或其他标准制定组织制定的标准,且专利权人按照该标准组织章程明示且做出了公平、合理、无歧视的许可义务承诺的标准必要专利,亦做同样处理。"上述规定,将"法释〔2016〕1号解释"第24条规定的专利权人违反FRAND许可义务,而专利实施人无明显过错时,法院一般不予支持专利权人的禁令请求这一法律适用标准,明确从推荐性国家、行业或者地方标准中推广到了"国际标准",既明确了"国际标准"法律适用上的可预期性,又避免了中国企业在全球化市场竞争中可能面临的不利竞争局面。

4.4.1.3 FRAND原则的适用

以美国为例,表4-15示出了美国部分标准必要专利司法判例概览。

表4-15 美国部分涉及标准必要专利的司法判例

判例名称	发布日期	判决法院	争论要点
CORE WIRELESS v. LG	2016.09.02	美国得克萨斯州地方法院	标准必要专利故意侵权提高损害赔偿的标准

续表

判例名称	发布日期	判决法院	争论要点
TCL v. Ericsson	2016.08.09	美国加利福尼亚州地区法院	爱立信对第三方（TCL的竞争对手）的许可是否构成违反FRAND义务
HaloElecs. v. Pulse Elecs.	2016.06.13	美国联邦最高法院	标准必要专利故意侵权提高损害赔偿的标准
Commonwealth Scientific and Industrial Research organisation v. CISCO Systems, Inc	2015.12.03	美国联邦巡回上诉法院	FRAND许可费率的计算基础：最小的专利实施单元
Ericsson v. D-Link Systems	2014.12.04	美国联邦巡回上诉法院	标准必要专利许可费的确定；许可费叠加的举证责任
Apple Inc. v. Motorola, Inc.	2014.04.25	美国联邦巡回上诉法院	标准必要专利禁令的适用条件：四要素分析法
Apple Inc. v. Motorola, Inc.	2012.06.22	美国伊利诺伊州地区法院	标准必要专利禁令的适用条件：四要素分析法
Rembrandt Social Media, LP v. Facebook, Inc.	2013.12.03	美国弗吉尼亚州地区法院	标准必要专利许可费的确定：区分专利特点和非专利特点，费率基准为最小的专利实施单元
In re Innovatio IP Ventures, LLC Patent Litigation	2013.10.03	美国伊利诺伊州地区法院	FRAND许可费率的计算基础：最小的专利实施单元
Realtek Semiconductor Corp. v. LSI Corp.	2013.05.20	美国加利福尼亚州地区法院	四要素分析法
Microsoft Corp. v. Motorola, Inc.	2013.04.25	美国华盛顿地区法院	确定许可费要考虑的因素；许可费的确定方法：对传统虚拟谈判法的改进
Microsoft Corp. v. Motorola, Inc.	2012.07.28	美国联邦第九巡回上诉法院	微软的禁诉命令（禁止摩托罗拉在他国对其提起诉讼）是否应得到支持
Microsoft Corp. v. Motorola, Inc.	2012.06.06	美国华盛顿地区法院	FRAND承诺的性质：专利权人与标准制定组织达成的第三方受益的合同；摩托罗拉是否违反其合同义务

续表

判例名称	发布日期	判决法院	争论要点
Microsoft Corp. v. Motorola, Inc.	2012.05.14	美国华盛顿地区法院	标准必要专利禁令亦适用四要素分析法
eBay Inc. v. MercExchange, LLC.	2006.05.15	美国联邦最高法院	一般专利的禁令规则：四要素分析法

可以看出，标准必要专利纠纷的关注焦点主要集中在 FRAND 原则许可、许可费率的确定、侵权救济——禁令以及滥用市场支配地位等方面。

4.4.2 许可使用费

4.4.2.1 域外许可费率考量计算

（1）美国

在美国，合理的专利许可费用并不只是发生在 FRAND 原则相关的领域。相反地，对于非 FRAND 专利案件也是很常见的议题。这里主要关注遵循标准必要专利 FRAND 原则的情况。

1）考量因素

关于专利许可费用，有几个需要考虑的重要因素，包括确定专利许可费用、费用基数以及分配比例。第一，假设性双边协商，其中需要考虑在一些不同情况下的时机和不确定性。传统地，采用 15 项 Georgia - Pacific 因素分析合理的专利许可费，同时也被美国的法院用来进行 FRAND 专利评估。实践中，FRAND 承诺在不同案件中并不尽相同，法院对上述 15 项因素作出了一些调整，例如微软 v. 摩托罗拉案。第二，有时候整体市场原则是需要考虑的例外因素。第三，考虑标准的价值以及标准必要专利对标准作出的贡献来计算其占比。此外，如果存在可比较的 FRAND 许可，也可能被纳入考虑因素。

2）计算规则

基于上述考量因素，美国法院关于标准必要专利许可费的确定有以下几种计算规则。

①假设性双边协商。所谓假设性双边协商是指通过模拟在具备 FRAND 授权义务下进行假设性双边协商的方法来确定 FRAND 许可费，分以下三步：一是确定许可费的计算基础；二是确定起始的许可费率；三是对许可费作出调整，得到最终的 FRAND 标准必要专利许可费。

假设性双边协商是假设专利权人和被控侵权人在任何侵犯专利权的行为发

生的那一刻进行一项专利许可模拟谈判,像自愿买方与卖方那样去寻求双方可能达成一致的专利许可费,❶ 其可以使得确定的专利许可使用费满足标准必要专利权人与其专利实施者之间的利益要求。但是,其忽略了专利技术一旦被纳入标准,标准就赋予了该项专利的强制力,实施者无法选择其他可替代技术,这就导致双方谈判地位发生了变化,实施者只能被迫同意专利权人提出的许可费要求。❷ 因此,在适用该方法时,为了使确定的专利许可费更加合理,应注意维持许可双方谈判地位的平等。

②"最小可销售单元法"与"终端产品法"。一般而言,专利权人许可费的计价基础分零部件与终端产品两种。终端产品的价格远远高于产品零部件的价格,以终端产品销售额作为专利许可费的计算基础,可以保证专利权人获得足够的经济回报,增强参与标准的积极性。然而,在利益的驱使下,以终端产品销售额作为专利许可费的计算基础,往往会使专利权人获得非侵权零部件的收益,甚至会造成专利劫持,导致专利许可费不符合 FRAND 要求。因此,美国法律规定,除非情况极其特殊,否则不允许专利权人以价格高昂的终端产品作为专利许可费的计算基础,而应将专利许可费的计算基础"分割"至产品中相对应的专利技术特征的零部件上。也就是说,利润率以"最小可销售专利实施单元"(SSPPU)作为基数来计算。

然而"最小可销售单元法"也有一些缺陷。第一,可能会造成专利技术对产品的贡献价值被低估,例如虽然一些技术可能由某一单一元件来实现,但技术的价值可能远超过元件本身。❸ 第二,采用"最小可销售单元法"确定的专利许可费,可能不足以弥补标准必要专利权人的投资,导致标准必要专利权利人参与标准制定的积极性降低。第三,严格适用"最小可销售单元法"可能会造成法院判决与现实应用之间产生紧张关系。例如,当前技术市场上大都是以终端产品作为计算专利许可费的基础。因此,如果严格适用"最小可销售单元法"可能使得原本可以用来作比较的许可协议不能再用来作比较,或者更加难以比较。因而"最小可销售单元法"和"终端产品法"各有优缺点,应根据实际情况进行选择。

在 Laser Dynamics 案件中,美国联邦巡回上诉法院解释说:"其中具有多个组成部分的产品的最小元素被控侵权,基于整个产品计算利润会带来风险,

---

❶ 杨东勤. 确定 FRAND 承诺下标准必要专利许可费费率的原则和方法:基于美国法院的几个经典案例[J]. 知识产权, 2016 (2):103 – 106.

❷ 闫路萍. 标准必要专利合理许可费率问题研究 [D]. 天津:天津师范大学, 2015.

❸ LAYNE – FARRAR A, WONG · ERVIN K W. 计算"公平、合理、无歧视"专利许可费损失办法[J]. 崔毅,侯磊,杨晨,译. 竞争政策研究, 2015 (11):89 – 110.

即专利权人可能会不恰当地因该产品的不侵权的组成部分获得补偿。"然而,法院进一步认为"整体市场原则是上述总体规则的非常特别的例外",基于整体产品来计算侵害赔偿只有在"能够证明被授权专利的特征驱动了对整个多组成部分产品的需求"的情况下才能得到保证。❶

③增量值法。所谓增量值法,首先确定专利技术相对于次等级的最好的替代技术的价值增量,然后计算出该替代技术的具体价值,最终得到标准必要专利技术的价值。该方法在微软 v. 摩托罗拉案中由微软提出,最后法院部分拒绝了该方法。

④"从上至下"法。该方法在 In re Innovatio 案中由法官 Holderman 提出,❷ 其中需要考虑以下几点:必须区分技术的内在价值以及技术标准化的价值;专利实际上覆盖了标准的哪个部分;必须足够高,使得创新者有合适的动机来投资未来的发展并将其发明贡献给标准制定过程。

Holderman 法官确定 FRAND 许可费的"从上而下"法与我国华为案中的"比例原则"相似,他将比例原则进行具体的适用,将标准所带来的经济利益在标准必要专利持有人之间进行合理分配,一定程度上能够避免许可费堆叠的现象。然而,在专利许可费确定时考量的因素还有很多,例如必要专利的数量、是否利于标准的推广等。因此,仅以利润空间、专利贡献率确定专利许可费的方法很难具有普适性。

⑤"事前"基准法。在苹果 v. 摩托罗拉案中,法官波斯纳(Posner)认为,计算"公平、合理、无歧视"的专利许可费应首先了解专利在被纳入标准之前专利被许可人获取专利许可的成本,以衡量该专利作为标准必要专利的价值。当然,在具有对比许可协议或双方事前许可的情况下,该种方法对于 FRAND 许可费的确定是比较方便的,但在没有对比许可协议或双方事前许可的情况下,该如何确定标准必要专利的事前价值,有待研究。

(2)欧洲

欧洲的法院以及欧盟委员会在如何计算合理的许可费方面并没有提供特定的指导。尽管欧盟委员会明确拒绝提供 FRAND 许可的指导性费率,其认为法院和仲裁机构更适合于确定合同条款,但欧盟委员会确实给出了关于解释与 FRAND 许可费相关的欧盟反不正当竞争法的进一步的指导。❸

---

❶ LaserDynamics, Inc. v. Quanta Comput., Inc., 694 F. 3d 51 (Fed. Cir. 2012).
❷ In re Innovatio IP Ventures, LLC, 2013 U. S. Dist. LEXIS 144061, at *47 (N. D. Ill. 2013).
❸ LI B C. The Global Convergence of FRAND Licensing Practices: Towards "Interoperable" Legal Standards[J]. Berkeley Technology Law Journal, 2016, 31 (2): 429–465.

欧盟法院（CJEU）曾明确拒绝提供"FRAND许可的特定条款"，但是力求确定"基于FRAND条款的标准必要专利的许可的框架将被协商"。在提供标准必要专利许可的协商框架的顶端，欧盟法院（CJEU）进一步陈述，如果双方在FRAND条款的细节上达不成协议，可以请求独立的第三方来确定费率。

4.4.2.2 国内许可费率的相关法规

目前，我国对确定FRAND许可费时的考量因素和计算规则尚未明确。关于我国对于标准必要专利许可费的相关规定，可以参见国家标准化管理委员会的《国家标准涉及专利的管理规定（暂行）》《关于滥用知识产权的反垄断指南》以及最高人民法院发布的相关司法解释等文件。

①《国家标准涉及专利的管理规定（暂行）》。《国家标准涉及专利的管理规定（暂行）》中列举了3项专利权人加入标准所要作的许可费选择。

②《关于滥用知识产权的反垄断指南》（征求意见稿）。2017年3月，国务院反垄断委员会在4家单位草案建议稿的基础上会同委员会专家咨询组研究提出了新的《关于滥用知识产权的反垄断指南》（征求意见稿），其第14条"以不公平的高价许可知识产权"中指出："具有市场支配地位的经营者，可能滥用其市场支配地位，以不公平的高价许可知识产权，排除、限制竞争。分析其是否构成滥用市场支配地位，可以考虑以下因素：（一）许可费的计算方法，及知识产权对相关商品价值的贡献；（二）经营者对知识产权许可作出的承诺；（三）知识产权的许可历史或者可比照的许可费标准；（四）导致不公平高价的许可条件，包括限制许可的地域或者商品范围等；（五）在一揽子许可时是否就过期或者无效的知识产权收取许可费。"

③《最高人民法院关于审理侵犯专利权纠纷案件应用法律若干问题的解释（二）》（法释〔2016〕1号）。根据该司法解释第24条第1款、第2款，在标准必要专利许可中，若标准必要专利实施者无明显过错，而标准必要专利权人无正当理由地利用标准挟持标准必要专利的实施者向其索取高昂的专利许可费，那么标准必要专利权人通过专利侵权诉讼要求标准必要专利实施者停止使用专利技术的手段将不会获得法院的支持。此外，该司法解释第24条第3款还提出了法院在认定FRAND许可费时应当综合考量的因素，包括涉案专利的创新程度以及该专利对标准发挥的作用、标准的性质以及该标准所属的技术领域、标准的实施范围以及其他相关的许可条件等。

4.4.2.3 经典案例——华为 v. 交互数字案

(1) 案情简述

华为和美国交互数字同是 ETSI 的成员。交互数字宣称自己握有无线通信领域 2G、3G，甚至 4G 时代的许多核心专利。华为承认交互数字这些必要专利已经被纳入中国无线通信标准，作为全球较大的手机生产商，其要生产符合标准的手机，就不可能绕开交互数字的专利。但二者就专利许可使用费问题长期以来却没能达成一致意见。

2008 年 9 月至 2012 年 8 月，交互数字先后 4 次给华为发送书面授权要约。第一次和第二次书面要约中，交互数字希望从华为获得的 2009~2016 年的权利金相当于同期给苹果的 100 倍，相当于同期给三星的 10 倍。第三次书面要约中交互数字希望从华为获得的权利金相当于同期交互数字给苹果的 35 倍。第四次书面要约中交互数字希望从华为获得的权利金相当于同期交互数字给苹果的 19 倍。在这 4 次要约中，交互数字没有对标准必要专利和非标准必要专利作出任何区分。在第四次要约中，交互数字明确表示，对任何一个具体要约条款的拒绝意味着对整个要约的拒绝。

2011 年 7 月和 9 月，交互数字分别向美国 ITC 和美国特拉华州联邦地区法院投诉和起诉，控告华为的通信产品侵犯其专利权，要求颁发禁令，禁止华为产品进口至美国境内以及销售。

华为于 2011 年 12 月向深圳市中级人民法院提起诉讼，控告交互数字的 4 次要约都违反 FRAND 原则，并要求交互数字以符合 FRAND 原则的权利金授予其中国标准必要专利许可。

深圳市中级人民法院于 2013 年 2 月 4 日对本案作出了判决：交互数字应将其标准必要专利按照 FRAND 原则进行许可授权，且对争议双方的许可费作出了较为合理的判定。

交互数字对该判决不服，上诉至广东省高级人民法院。广东省高级人民法院认为：交互数字负有按 FRAND 原则对华为进行专利许可授权的义务，且原审法院在确定许可费时，考量了影响专利许可费高低的因素，较为公正地确定了该案合理的专利授权许可费。因此，2013 年 10 月，广东省高级人民法院驳回了交互数字的上诉，维持原判。

(2) 案情分析

①华为 v. 交互数字案，核心在于"公平、合理、无歧视"的标准必要专利许可使用费的确定，而其中更为关键的是对"公平、合理、无歧视"的 FRAND 原则的内涵的理解。为此，法院首次对 FRAND 原则的内涵给出解释，

其指出 FRAND 义务就是公平、合理、无歧视许可义务，对愿意支付合理使用费且具有善意的标准使用者，标准必要专利权人不得直接拒绝许可。此外，FRAND 义务一方面应保证专利权人能够从技术创新中获得足够的回报，另一方面也要避免标准必要专利权利人借助标准所形成的强势地位索取高额许可费或附加不合理条件。❶

根据法院的解释，FRAND 原则应具有以下 3 个方面的内涵：第一，标准必要专利权人不得对善意的标准必要专利实施者拒绝许可；第二，标准必要专利权人收取的专利许可费需要能保证其获得足够回报；第三，应避免标准必要专利权人索取高额许可费或附加不合理的许可费条件。法院在对 FRAND 原则进行解释的时候，采用了"利益平衡"的思想，可以看出，标准必要专利 FRAND 许可费，应既能保证标准必要专利权人获得应有回报，也可以防止高昂的专利许可使用费，从而在标准必要专利权人与标准必要专利实施者之间实现利益的平衡。

②为了评估符合 FRAND 原则的标准必要专利许可使用费，据学者研究❷，华为 v. 交互数字案一审法院和二审法院主要考虑了以下 3 个政策因素：总量控制、反专利劫持和防止专利许可使用费堆叠。

一是总量控制。专利许可费共计不应超过产品利润的一定比例，专利权人之间应就这一定比例的许可费进行合理的分配。许可费高低应考虑实施该专利或者类似专利所获得利润，以及该利润在被许可人相关产品销售利润或者销售收入中所占的比例。鉴于技术、资本、被许可人的经营劳动等各种因素共同创造一项产品的最后利润，专利许可费只能是产品利润的一部分而不应是其全部；而且，鉴于任何专利权人都不可能提供产品的全部技术，专利权人仅有权收取与其专利比例相对应的利润部分。该案一审法院和二审法院认为，技术、投资、管理和劳动共同创造了产品利润，专利技术仅仅是创造产品利润的一个因素，因此专利权人要求的许可使用费无论如何也不能超过使用者产品的总利润。否则，该许可使用费不能认为符合 FRAND 原则。

二是反专利劫持。专利劫持是指标准必要专利权人要求超过专利技术本身价值的能力以及试图攫取技术标准或者规程本身价值的能力。专利权人所作的贡献是其创新的技术，他仅能就其专利获取报酬，而不能因为专利纳入标准而获得额外的利益。在该案判决书中，一审法院和二审法院都没有明确使用

---

❶ 广东省高级人民法院（2013）粤高法民三终字第 305 号民事判决书。
❷ 李扬，刘影. FRAND 标准必要专利许可使用费的计算：以中美相关案件比较为视角［J］. 科技与法律,2015（5）：1－18.

"反专利劫持"这个概念,但两审法院都认为标准必要专利权人不应当从标准本身中获得利润,其贡献在于创新技术而不是其专利的标准化。也就是说,两审法院实际上都认为符合FRAND原则的标准必要专利许可使用费应当防止专利劫持现象的发生。

三是反专利许可使用费堆叠(Anti – Royalty Stacking)。在标准中,标准必要专利的实施者往往会为实施一个标准而支付给不同的标准必要专利权人许可使用费。若这些许可费发生重合,则很容易造成专利许可使用费的堆叠,加重标准必要专利实施者的成本支出,最终损害市场的公平竞争。另外,标准必要专利权人应就技术标准中的必要专利收取许可费,要求被许可人就非标准必要专利支付许可费是不合理的。该案一审法院和二审法院均表示,一个标准或者技术规程包含许多标准必要专利,任何一个标准必要专利权人获得的专利许可使用费应只能与其专利的贡献相符合。也就是说,每一标准必要专利权人无例外地只能获得其应得的专利许可费,以防止专利许可费堆叠。

③在该案中,作为原告的华为和作为被告的交互数字都没有提出具体的计算符合FRAND原则的标准必要专利许可使用费计算方法。一审法院和二审判决采用的计算方法是比较方法。所谓比较方法,按照该案二审法院的理解,是指在交易条件基本相同的情况下,标准必要专利权人对标准必要专利实施者应收取基本相同的许可费或者采用基本相同的许可使用费率。在基本相同的交易条件下,如果标准必要专利权人给予某一被许可人比较低的许可费,而给予另一被许可人比较高的许可费,通过对比,后者有理由认为其受到了歧视待遇,标准必要专利权人因此也就违反了无歧视使用许可的承诺。为了贯彻上述比较方法,该案一审法院和二审判决选取了交互数字给予苹果的标准必要专利许可使用费作为参照对象,并因此确定交互数字给予华为的标准必要专利许可使用费应当与其给予苹果的标准必要专利许可使用费大致相同。

需要注意的是,该案中,法院提出了确定FRAND标准必要专利许可费应考量的因素,但存在一些不足。首先,虽然该案提出的确定FRAND标准必要专利许可费应考量的因素暗含着反专利劫持、防止专利许可费堆叠的要求,但并没有明确使用这些概念;其次,该案虽然提出应考量标准必要专利对产品的贡献,但并没有考察华为有哪些产品使用了涉案标准必要专利,这些标准必要专利对华为的产品的贡献是什么;再次,该案中也没有就确定的FRAND标准必要专利许可费是否能够促进标准被广泛使用、推广进行政策性考量;最后,案中,也没有考察涉案的必要专利对标准的贡献。

4.4.2.4 经典案例——微软 v. 摩托罗拉案

（1）案情简述

摩托罗拉的两个专利组合（现已被谷歌购买）一个涉及 H.264 视频编码的 ITU 标准（以下简称"H.264 专利池"），另一个涉及 802.11 无线区域网的 IEEE 标准（以下简称"802.11 专利池"）。

2010 年 10 月，微软在美国 ITC 启动"337 调查"，指控摩托罗拉手机侵犯微软专利权，随后双方讨论了交叉许可的可能性。2010 年 10 月 21 日和 29 日，摩托罗拉给微软发函，要求以每台装置价格的 2.25% 为许可费把它的两个专利组合许可给微软。

收到摩托罗拉的函件后，2010 年 11 月微软在美国华盛顿州西区联邦地区法院（以下简称"地区法院"）提出诉讼，指控摩托罗拉违反了 FRAND 条款。第二天，摩托罗拉在同一法院起诉微软，要求法院禁止微软使用摩托罗拉的 H.264 专利。

摩托罗拉随后也在 ITC 启动"337 调查"，指控微软的 Xbox 侵权，要求 ITC 禁止微软的 Xbox 进口到美国。同时摩托罗拉在德国法庭启动专利侵权诉讼，要求禁止微软在德国销售 Xbox。

因为微软所有的 Windows 和 Xbox 的欧洲集货中心在德国，所以德国的诉讼对微软的威胁非常大。为了避免可能的禁令给其带来的经济损失，微软马上把其欧洲集货中心迁移到荷兰。

同时，微软在美国地区法院提交法庭动议，要求地区法院在判决摩托罗拉的禁令诉求是否合理之前，禁止摩托罗拉在德国执行任何可能从德国法庭拿到的禁令。

2012 年 4 月，地区法院批准了微软的法庭动议，禁止摩托罗拉在德国执行任何禁令。摩托罗拉不服而上诉，美国联邦第九巡回法院维持地区法院的判决。此时，德国法庭已经判决摩托罗拉有权拿到禁令，但是在德国，禁令不是自动生效。要执行禁令，摩托罗拉必须先交押金（"post a bond"），万一德国上诉法庭推翻禁令时可以赔偿微软的经济损失。由于美国的判决，摩托罗拉被迫不能执行德国的判决。

于是，地区法院的诉讼继续。微软修改了诉状，指控摩托罗拉的申请禁令的诉讼违反了 FRAND 条款，造成合同违约。地区法院暂停了所有的专利侵权的审理，先裁决摩托罗拉是否合同违约。

随后，地区法院判决：①FRAND 条款构成摩托罗拉和标准制定组织之间可执行的合同；②作为标准的使用者，微软可以作为第三方受益者（Third Party

Beneficiary)执行这份合同；③为了遵守 FRAND 条款,摩托罗拉初始的要约必须是有诚意的,但不需要一开始就是 FRAND 许可费率,只要最终的费率是 FRAND 许可费率即可；④摩托罗拉无权拿到禁令。

2012 年 11 月,地区法院法官直接庭审,之后 2013 年 4 月出示法官判决(Bench Trial,没有陪审团)：①摩托罗拉的 H.264 专利组合的 FRAND 许可费率是 0.555 美分,合理的 FRAND 范围是 0.555 ~ 16.339 美分；②摩托罗拉的 802.11 专利组合的 FRAND 许可费率是 3.471 美分（注：第九巡回法院判决书中写成了 3.71 美分,属于笔误）,合理的 FRAND 范围是 0.8 ~ 19.5 美分。合理的 FRAND 范围是为了给陪审团一个框架来判定摩托罗拉是否违反 FRAND 条款。

地区法院的判决基本上同意了微软的所有观点,远远低于摩托罗拉的诉求（每个 Xbox 的许可费为 4.5 美元,即售价的 2.25%）。所以该判决一下来,微软马上要付给摩托罗拉 680 万美元的许可费,摩托罗拉拒绝接受。

2013 年 9 月,陪审团裁定摩托罗拉赔偿微软 1452 万美元,其中 1149 万美元弥补微软搬迁欧洲集货中心造成的损失,303 万美元赔偿微软的律师费。

摩托罗拉不服判决,上诉到美国联邦巡回上诉法院。联邦巡回上诉法院把本次上诉案转到了第九巡回法院。

（2）案例分析

该案上诉争议点众多,这里仅针对许可使用费的问题进行介绍。

①针对 FRAND 许可费率,摩托罗拉提出地区法院无权不经过陪审团直接由法官判决。但因为摩托罗拉之前同意了地区法院的法官判决,所以第九巡回法院不允许摩托罗拉现在反悔。

②在政策因素方面,微软 v. 摩托罗拉案的法官除了考虑了总量控制、反专利劫持和防止专利许可使用费堆叠 3 个政策因素外,还考虑了以下两个政策因素：一是 FRAND 标准必要专利许可使用费应当维持在能够促进标准被广泛采用这样一个水平状态,这也是标准组织的主要目的;❶ 二是确定 FRAND 标准必要专利许可使用费的方法应当保证有价值的专利能够获得合理的权利金,以建立真正有价值的标准,这也是标准组织的目标之一。不难看出,该案对 FRAND 标准必要专利许可使用费计算涉及的政策因素的考虑更加全面,有利于更好地平衡标准必要专利权人利益和标准使用者利益、社会公共利益。

具体地,该案判决首先确定摩托罗拉在 H.264 和 802.11 两个标准内拥有必要专利。为了确立与 H.264 标准有关的 FRAND 标准必要专利许可使用费,

---

❶ Microsoft Corp. v. Motorola Inc., No. C10 – 1823JLR. ORDER – 20.

该案判决首先分析了 H. 264 标准的发展背景和技术脉络，包括该标准的发展时间脉络、标准本身的技术特点和水平、与该标准有关的专利，以及摩托罗拉在该标准发展和确立过程中的贡献；其次分析了摩托罗拉专利对于 H. 264 标准的贡献。该案判决首先确定摩托罗拉对 H. 264 标准来说是必要的 6 个专利族，其次详尽分析了每个专利族对 H. 264 的贡献大小，最后，分析了摩托罗拉专利对微软产品的贡献大小。该案判决首先确定微软涉及标准必要专利数量（11 件）以及使用 H. 264 的产品，接着探讨了摩托罗拉这 11 件标准必要专利对 802. 11 标准的技术贡献以及对微软产品的技术贡献。

③作为原告的微软和作为被告的摩托罗拉分别提出了自己计算 FRAND 标准必要专利许可使用费的方法。微软提出的方法是增量值法。该方法更多地考虑到了标准被采用和实施之前的情况。具体操作方法是：为了计算出被纳入标准的专利技术的经济价值，可以通过比较其他可以被纳入标准的替代技术，并计算出该替代技术的具体价值，从而得出标准必要专利技术的价值。但是法院认为增量值法在实践中很难操作，因为把专利价值和它对某项标准所具有的贡献而带来的增值联系起来的计算方法很难实现：假设你在这项标准中取出一件专利并放入另一件替代专利，原来的标准很有可能已经改变。因而，该方法不具有操作价值。虽然如此，该案法院仍然认为，由于 FRAND 权利金必须评估专利技术本身的价值，而这需要考虑该专利对于标准的重要性和贡献度，因而比较专利技术与标准组织可以纳入标准当中的替代技术的价值，在确定 FRAND 权利金时可以作为参考。

摩托罗拉提出的方法是假设性双边协商法。摩托罗拉认为，可以通过模拟在具备 FRAND 授权义务下进行假设性双边协商的方法来决定 FRAND 的授权条件。该案判决原则上采用了假设性双边协商方法，但有所调整。判决认为，一是标准必要专利权人必须以 FRAND 授权条件来进行专利授权，而未负相同义务的专利权人享有完全的排他权利并可以选择不进行授权；二是标准使用者必然会认知到标准中存在许多不同的必要专利权人及其标准必要专利，其获得单个标准必要专利权人授权并不意味着就可以实施该标准。为了使 "Georgia – Pacific 因素" 能够满足确定 FRAND 标准必要专利许可费需要，对其进行了适当的修改：

①将 "Georgia – Pacific 因素" 的第一条更改为专利权人在 FRAND 承诺或类似 FRAND 承诺的专利许可谈判中对涉案专利曾收取的许可费；

②将 "Georgia – Pacific 因素" 的第二条更改为专利实施者因使用类似标准必要专利曾支付的 FRAND 许可费；

③ "Georgia – Pacific 因素" 的第四条、第五条不再考虑；

④将 "Georgia – Pacific 因素" 的第六条更改为不应将专利被标准采用所带来的价值纳入考虑范围，而只应考虑专利技术自身的价值；

⑤将 "Georgia – Pacific 因素" 的第七条更改为 FRAND 许可承诺要求许可人给予的许可期限应可达到的有效期；

⑥对 "Georgia – Pacific 因素" 的第八条更改与第六条相同；

⑦将 "Georgia – Pacific 因素" 的第九条更改为在制订标准时考虑可用的替代技术；

⑧将 "Georgia – Pacific 因素" 的第十条、第十一条更改为该专利对标准的贡献以及对实施者产品的贡献；

⑨将 "Georgia – Pacific 因素" 的第十二条更改为应在涉及 FRAND 许可的商业实践中进行考察，就没有进行 FRAND 承诺的专利许可费而言其所占的比例将不能作为参考对象；

⑩ "Georgia – Pacific 因素" 的第十三条、第十四条没有变动；

⑪将 "Georgia – Pacific 因素" 的第十五条更改为考虑假想谈判时，为了使协议能够达成，标准必要专利权人承诺的 FRAND 许可条件必须符合 FRAND 的目的。❶

摩托罗拉同时指出地区法院对 FRAND 许可费率的裁决违反了联邦巡回上诉法院规定的框架（见 Georgia – Pacific 案的 15 个因素）。第九巡回法院指出该案实质上不是专利案件，而且合同违约案件，地区法院不需要严格参照 Georgia – Pacific 案的 15 个因素，而可以作适度调整，所以维持地区法院的判决。

另外，在案件审理过程中，微软和摩托罗拉都提出了自己认为可以作为 FRAND 权利金比率比对的计算方法。其中，微软提出利用专利池作为对比对象，部分被判决采纳作为 FRAND 专利许可使用费比率的参照。

4.4.3 侵权救济

对于一般专利，专利侵权的救济手段包括禁令和损害赔偿。禁令既包括作为一项暂时性措施发生在诉前的临时禁令，也包括法院根据案情审理作出的永久性裁判结果，即永久禁令。然而基于标准必要专利的特殊性，除了一般专利权的技术垄断性之外，其与标准的结合使得这种垄断性急剧增强，因此对于标准必要专利可否颁发禁令，理论和实践领域都存在争议。

---

❶ 张吉豫. 标准必要专利 "合理无歧视" 许可费计算的原则与方法：美国 "Microsoft Corp. v. Motorola Inc." 案的启示 [J]. 知识产权, 2013（8）：25 – 26.

4.4.3.1 域外禁令相关法规

(1) 美国

在美国，专利权人可以向美国联邦地区法院或者 ITC 申请禁令救济。ITC 可以立即发布阻止进口侵权商品的禁止进口令，而联邦地区法院则拥有是否发布禁止其他人制造、使用、许诺销售、销售或进口侵权商品的禁令的裁量权。

2006 年的 eBay 案中，美国联邦最高法院指出地区法院在发布永久禁令前需要考虑的因素，认为原告需要证明：①正在承受不可挽回的损失；②法律上允许的补偿（例如财务补偿）不足以补偿其损失；③考虑到原告和被告之间的紧张关系，需要考虑实体的补偿；④公共利益不会因为该永久禁令被损害。❶

在苹果诉摩托罗拉案中，联邦巡回上诉法院认为地区法院作出的标准必要专利不适用禁令的判决有误。法院认为即使专利权人作出了 FRAND 许可的承诺，在 eBay 案中给出的四要素测试依然可以被用来确定是否可以颁布针对专利侵权的禁令。在苹果诉摩托罗拉案中使用四要素测试后，联邦巡回上诉法院同意地区法院作出的不颁布禁令的决定。然而，苹果诉摩托罗拉案表明禁令在 eBay 测试下标准必要专利权人寻求侵权禁令仍然是可行的。

2013 年，ITC 拒绝禁止针对标准必要专利侵权颁布进口禁止令，主要是由于"337 条款"的效力对于"专利是或不是被宣称对于标准是必要的并没有不同"。

在 2013 年 6 月，在发现苹果由于侵犯了三星在 W – CDMA 方面的标准必要专利而违反了"337 条款"后，ITC 发布了限制苹果的禁令。❷ 当时的美国总统奥巴马基于"影响美国经济竞争条件和美国消费者"否决了 ITC 针对苹果颁布禁令的判决。美国贸易代表（USTR）促使 ITC 在将来涉及 FRAND 的标准必要专利的案件中都需要将所有与公共利益确定的相关议题的调查贯穿其整个过程。

(2) 欧洲

欧盟法院和欧盟委员会声称标准必要专利持有人可以寻求侵权禁令，但仅限于非常有限的情况。在欧洲，标准设定可能会导致滥用市场地位的问题。欧盟委员会的 Alexander Italianer 认为当标准必要专利持有人在市场上占用支配地位时，他们可能采用不同的形式滥用其地位："通过从市场上排除其他竞争

---

❶ eBay Inc. v. MercExchange, L. L. C., 547 U. S. 388, 391, 126 S. Ct. 1837 (2006).

❷ LI B C. The Global Convergence of FRAND Licensing Practices: Towards "Interoperable" Legal Standards[J]. Berkeley Technology Law Journal, 2016, 31 (2): 429 – 465.

者","通过收取过高的费用,这是如果其没有成为标准就不可能收取的费用",以及"通过迫使竞争者负担过重的许可条款"。❶

4.4.3.2 国内禁令相关法规

(1) 从《专利法》角度

我国的《专利法》主要是对一般专利权中专利的授予条件、专利申请的程序、专利权的期限及专利权的保护等作出规定,并没有单独规定标准中涉及的专利问题。《专利法》的条款中,可以适用于标准中专利权滥用的问题主要体现在拒绝许可和禁令救济两方面。

1) 强制许可

《专利法》第 49 条的规定:"在国家出现紧急状态或者非常情况时,或者为了公共利益的目的,国务院专利行政部门可以给予实施发明专利或者实用新型专利的强制许可。"因此,若某一领域的标准涉及国家安全或公共利益,而专利权人拒绝许可该专利时,依据《专利法》第 49 条,该标准实施者可以获得标准必要专利的强制许可。但依据第 49 条获得专利许可的标准实施者不享有独占的实施权,也无权允许他人实施,并且要向专利权人支付合理的专利使用费。

2) 禁令救济

《专利法》第 66 条第 1 款规定了专利侵权的禁令救济:"专利权人或者利害关系人有证据证明他人正在实施或者即将实施侵犯专利权的行为,如不及时制止将会使其合法权益受到难以弥补的损害的,可以在起诉前向人民法院申请采取责令停止有关行为的措施。"

标准必要专利持有人在权利受到侵害时也可以申请禁令救济。但实践中存在标准必要专利权人恶意滥用禁令救济,以此向标准实施者索取高额的专利许可费的情况。在这种情况下,只考虑标准必要专利持有人的权益,则可能会破坏正常的市场竞争秩序。

另外,与一般专利权不一样的是,标准中通常包含着数百件互联互通、互相依赖的专利,并分别由不同的专利权人拥有。如果某一件标准必要专利的权利人申请禁令救济,则与该件专利相关的技术方案都需要修改,甚至会出现无法修改相关技术方案而导致整个标准无法实施的局面。这不仅导致前期投入失效,也可能造成一些依赖标准的企业失去市场竞争力。即使是修改技术方案,

---

❶ ITALIANER A. Shaken, Not Stirred. Competition Law Enforcement and Standard Essential Patents [EB/OL]. (2015-04-21). http://ec.europa.eu/competition/speeches/text/sp2015_03_en.pdf.

需要的社会成本也极其高昂。

因此，法院在面对标准必要专利持有人的禁令申请时，如何在保障标准必要专利持有人的正常权益的同时，兼顾到社会公共利益，是需要考虑的问题。一个解决的思路是：在限制禁令救济并没有实施损害标准必要专利持有人的利益也不损害公共利益时，法院不签发禁令，而是要求标准必要专利持有人依据FRAND许可原则与被诉侵权人进行协商授权，以专利许可费的形式来"弥补"标准必要专利持有人的权益，也能避免出现修改技术方案或标准停止实施的局面。

（2）从案例角度

北京知识产权法院2017年最新判决的西电捷通诉索尼案件，是中国针对标准必要专利颁布的有关禁令的第一件案件。WAPI是无线局域网（WLAN）中国国家标准，西电捷通认为索尼侵犯了WAPI相关标准必要专利。法院颁布了永久禁令，并为已经发生的侵权判赔将近9亿元人民币。

北京知识产权法院借此机会提出了其关于是否可针对标准必要专利颁布禁令的观点。该案涉案专利为标准必要专利，原告西电捷通在向全国信息技术标准化技术委员会出具的《关于两项国家标准可能涉及专利权的声明》中，承诺其"愿意与任何愿意使用该标准专利权的申请者在合理的无歧视的期限和条件下协商专利授权许可"。在此情形下，法院认为：

在双方协商未果的情形下，被告实施涉案专利能否绝对排除原告寻求停止侵害救济的权利，仍需要考虑双方在专利许可协商过程中的过错。实施人无过错的情况下，对于专利权人有关停止侵权诉讼请求不应支持，否则可能造成对于专利权人滥用其标准必要专利权，不利于标准必要专利的推广实施；在专利权人无过错、实施人有过错的情况下，对于专利权人有关停止侵权诉讼请求应予支持，否则可能造成实施人对于专利权人的"反向劫持"，不利于标准的保护；在双方均有过错的情况下，则应基于专利权人和实施人的过错大小平衡双方的利益，决定是否支持专利权人有关停止侵权的诉讼请求。

4.4.3.3 经典案例——苹果 v. 摩托罗拉案 & 苹果 v. 三星案

（1）案情简述

2011年，苹果向欧盟委员会举报摩托罗拉涉嫌基于标准必要专利滥用市场支配地位。摩托罗拉被质疑的标准必要专利涉及ETSI的GPRS、GSM标准的一部分，这是一个移动和无线通信领域关键的行业标准。当这个标准在欧洲通过时，摩托罗拉宣布其部分专利为必不可少的，并且给出承诺，宣布将按照FRAND原则来授权这些标准必要专利。2011年12月，德国法院裁定苹果侵犯摩托罗拉专利，给予 iPad 和 iPhone 短暂禁售令。虽然苹果向摩托罗拉承诺接受德国法院依据 FRAND 原则对相关标准必要专利授权协议条件的判决，摩托罗拉仍以向德国法院申请禁令为要挟，要求苹果接受其苛刻的协议条件。

2012 年 2 月，卡尔斯鲁厄高等法院推翻了下级法院的裁定。欧盟委员会正式对摩托罗拉展开调查，并最终在 2014 年 4 月 29 日作出处理决定。

同在 2012 年，欧盟委员会针对三星在多个欧盟成员国法院对苹果产品申请禁令的行为展开调查。2012 年底，欧盟委员会作出初裁，认为三星涉嫌滥用禁令。于是三星选择撤销在这些国家提起的禁令申请，并着手起草向欧盟委员会作出的义务承诺，以避免因涉嫌滥用市场支配地位而被处罚。

2014 年 4 月 29 日，欧盟委员会在对摩托罗拉以及三星两家公司公布的调查结果中明确声明了基本专利禁令的安全港规则，为潜在有意向使用标准必要专利的生产商提供了安全保障。该规则可以简述为，善意被许可人可以通过证明其愿意遵循基于 FRAND 基础之上法院裁判或双方同意的仲裁机构作出的裁决，免于被寻求禁令。

（2）案例分析

①上述两个与标准必要专利相关的案件的判决均是由欧盟委员会作出的。Alexander Italianer 认为，欧盟委员会作出的上述两件案件的判决表明了两个基本的原则：第一，整体来说，如果有人侵犯其专利，专利权人寻求禁令是合法的；第二，寻求禁令可能是滥用支配地位，如果标准必要专利权人在标准制定过程中作出了基于 FRAND 条款来进行许可的承诺，以及如果被许可人愿意在 FRAND 条款下达成许可协议。❶

②在摩托罗拉诉苹果案中，欧盟委员会认为摩托罗拉基于 FRAND 的标准必要专利针对善意的被许可人苹果寻求禁令是滥用其支配地位。在三星诉苹果案中，欧盟委员会执行标准必要专利权人的 FRAND 的承诺，并提供了"安全港"规则。

③苹果在与三星的专利诉讼案中，一直寻求永久禁令，但是两次均被法官驳回。这也进一步表明了欧盟委员会限制将禁令作为"武器"滥用。

4.4.3.4　经典案例——华为 v. 中兴案

（1）案情简述

该案中，华为所掌握的"在通信系统内建立同步信号的方法和装置"这一

---

❶ ITALIANER A. Shaken, Not Stirred. Competition Law Enforcement and Standard Essential Patents [EB/OL]．(2015 - 04 - 21)．http://ec.europa.eu/competition/speeches/text/sp2015_03_en.pdf.

技术被作为《欧洲专利公约》缔约方的德国授予专利（专利号 EP2090050B1）。

2009 年 3 月 4 日，华为通知 ETSI 自己所持有的上述专利对于 LTE 标准而言是一件必要专利，同时承诺自己愿意基于 FRAND 原则授权第三方使用该专利技术。

该案被告中兴在德国市场上的主要业务是为相关产品配备符合 LTE 标准的软件。

2010 年 11 月至 2011 年 3 月底，原被告就中兴侵犯 EP2090050B1 号专利权及华为基于 FRAND 标准给予专利许可的相关事宜进行谈判。华为认为中兴应当支付合理的专利使用费，而中兴则意图寻求交叉许可协议。双方并未最终达成许可协议。尽管如此，中兴仍继续使用华为所有的专利，基于 LTE 标准生产自己的产品，而并未向华为支付专利使用费或提交其销售数据。

2011 年 4 月 28 日，根据《欧洲专利公约》第 64 条及《德国专利法》第 139 条以及 2011 年 11 月 24 日修订的第 13 条，华为向德国杜塞尔多夫法院（以下简称"德国法院"）提起专利侵权之诉，要求中兴停止侵权、提供销售数据、召回侵权产品并给予损害赔偿，提出禁令救济申请。

德国法院在认定标准必要专利持有人提起禁令之诉的行为是否构成"滥用"行为时，发现德国联邦最高法院在橘皮书标准案中的观点与欧盟委员会针对三星案发布的异议声明中的观点适用了不同的认定标准。德国法院不知应选择适用何种标准，因此决定暂停审理该案，提请欧盟法院对一些先决性问题进行初步裁决。

针对德国法院 2013 年提请先行裁决的问题，欧盟法院于 2015 年 7 月 15 日对华为诉中兴案作出裁决。

（2）案例分析

①该案争议点在于：华为作为标准必要专利持有人提起禁令之诉的行为是否属于《欧盟运行条约》（Treaty on the Functioning of the European Union, TFEU）❶ 第 102 条所禁止的滥用市场支配地位的行为。德国法院认为标准必要专利持有人的市场支配地位是显而易见的，因此该案中只需认定其寻求禁令救济的行为是否构成 TFEU 第 102 条中的"滥用"行为即可。

②根据 2009 年橘皮书标准案与 2014 年三星案的基本案情以及德国联邦最

---

❶ 自《马斯特里赫特条约》建立欧洲联盟以来，欧洲共同体/欧洲联盟历经《阿姆斯特丹条约》《尼斯条约》的变革，在挑战接受《欧洲宪法条约》失败之后，27 个会员国于 2007 年 12 月 31 日在里斯本采取折中方案签署了《修正欧洲联盟条约与欧洲共同体条约之里斯本条约》（简称《里斯本条约》）。该条约包含两部分重要内容，即分别修订了《欧洲联盟条约》和《欧洲共同体条约》（简称《欧共体条约》），前者保持原名，后者则更名为《欧盟运行条约》。

高法院与欧盟委员会的相关观点，德国杜塞尔多夫法院在审理华为诉中兴案时，发现潜在被许可人中兴有与原告华为就相关标准必要专利许可进行协商的意愿，但诚意不足，中兴向华为提出的专利许可要约并非"无条件"的，且并未预期履行许可协议中的相关义务。如适用三星案中的"安全港"规则，则华为作为标准必要专利持有人申请禁令的行为很可能被认定为违反 TFEU 第 102 条；若适用橘皮书标准案中确立的规则，则华为的禁令申请很可能得到支持。

对此，欧盟法院认为，TFEU 第 102 条应解释为，标准必要专利持有人已经对标准制定组织作出了不可撤销的保证，在符合 FRAND 条款基础上授予第三方专利，且不滥用市场支配地位；在该法条的意义上，权利人可以采取法律行动，如申请停止侵权的禁令、召回侵权产品等。专利权人应该：

（ⅰ）在采取诉讼之前，标准必要专利权人必须：首先，警告被控侵权人告知侵权人侵犯的专利及侵权的具体方式；在被控侵权人表明其基于 FRAND 条款请求获得专利许可的意愿时，权利人应当提供一份包含各项条款，并特别说明专利许可费的计算方式的具体书面的许可要约。

（ⅱ）如果基于非客观因素，被控侵权人继续使用所涉标准必要专利，并未积极回复要约，依照行业内的商业惯例和信守诚实信用原则，如果侵权人的行为纯属策略性的、拖延的或不真诚的，那么专利权人寻求救济措施或申请禁令的行为不构成滥用支配地位。

③欧盟的裁决，厘清了 FRAND 承诺与限制禁令救济的关系，放宽了专利实施者申请强制许可的条件，并且对专利权人许可谈判中的行为进行了规范，进一步平衡了标准必要专利案件中谈判双方的地位。

（ⅰ）标准必要专利专利权人申请禁令救济的行为需受限制。理由在于：首先，标准必要专利限制了专利实施者选择替代技术的可能性，故标准必要专利权人提出禁令救济的行为可能成为排除竞争产品的手段；其次，FRAND 承诺使得第三方产生了合理期待，申请禁令救济会使第三方信赖利益落空。

（ⅱ）标准必要专利权人申请禁令救济需遵循一定步骤。根据欧盟法院的判决，首先，提起专利诉讼前，专利权人应警告侵权人，并指明具体的侵权方式；其次，在侵权人表达了有谈判意愿时，专利权人提供 FRAND 书面要约，说明许可费及其计算方式；最后，若侵权人表明谈判意愿，还继续使用涉案专利，没有根据业内普遍认可的商业惯例和诚实信用原则对专利权人的要约给予积极回应，或采用拖延战术，专利权人方可申请禁令救济。

（ⅲ）标准必要专利实施者对禁令救济进行强制许可抗辩后仍有权质疑专利的有效性、必要性。此外，专利实施者需积极回应专利权人的要约，如不同意，需及时提出书面反要约。在许可合同未达成时，专利实施者如已经使用该专利，则需向专利权人披露销售数据并提供相关担保，专利权人也可要求专利实施者进行披露和担保。

4.4.4 滥用市场支配地位与反垄断

4.4.4.1 滥用市场支配地位的定义及危害

滥用市场支配地位行为是指拥有市场支配地位（Dominant Market Position，亦称市场优势地位）的企业为维持或者增强其市场支配地位而实施的具有排除、限制竞争效果的行为。依据中国《反垄断法》第 17 条对一般滥用市场支配地位行为的规制，并结合具有代表性的实践应用，可以归纳出标准必要专利持有人滥用市场支配地位的表现形式包括收取高价许可费、拒绝许可、搭售、价格歧视、附加不合理条件、滥用禁令救济 6 种类型。

专利权人利用专利的排他性，如果滥用市场支配地位，将会产生不良的影响。而作为标准必要专利的持有人，其滥用市场支配地位，后果将更加严重。首先，标准必要专利持有人的滥用市场主体地位的行为可能形成市场壁垒，阻碍其他企业的进入。在产品进入市场时要遵循行业的标准，而该行业的标准的相关发明点已经被标准必要专利持有人写入专利并获得授权，这样产品就必然绕不过标准必要专利。标准必要专利持有人如果滥用市场支配地位而拒绝许可，必然会无形中对这个市场设置进入的壁垒，不利于整个行业的发展。其次，标准必要专利持有人如果滥用市场支配地位对同行业的竞争者进行高价许可，必然会造成竞争者成本的增加和竞争力的下降。因此，针对标准必要专利持有者滥用市场支配地位的行为，必须进行规制。

4.4.4.2 滥用市场支配地位的相关法规

本节将从域外和国内两方面介绍关于滥用市场支配地位的法律规制，其中域外方面将主要介绍美国的一些法律。

（1）美国

美国在知识产权领域对滥用市场主体地位行为进行规制的法律法规还涉及《知识产权许可反托拉斯指南》《反托拉斯执法与知识产权：促进创新和竞争》和《关于自愿遵守 FRAND 承诺下标准必要专利救济的政策声明》。2017 年 1 月 12 日，美国司法部和联邦贸易委员会对 1995 年颁布的《知识产权许可反托拉斯指南》进行了修订，修订后的《知识产权许可反托拉斯指南》规定了反垄断执法机构评估专利、著作权、商业秘密、专有技术的许可及其他相关活动对竞争影响的方法。修订后的指南在吸收美国知识产权领域反垄断最新经验成果的同时，体系结构不断完善，但是对滥用知识产权行为过于宽容，并且没有对新的知识产权垄断行为提出有效的规制方法。[1]《反托拉斯执法与知识产权：促进创新和竞争》专门讨论了针对标准必要专利产生的垄断问题。《关于自愿遵守 FRAND 承诺下标准必要专利救济的政策声明》规定标准必要专利许可的 FRAND 原则和禁令救济问题。

（2）中国

在我国，规制滥用市场支配地位的法律依据主要有《反垄断法》《专利法》和《反不正当竞争法》。2017 年 11 月 4 日，第十二届全国人民代表大会常务委员会第三十次会议对《反不正当竞争法》进行了修改。修订后的《反不正当竞争法》于 2018 年 1 月 1 日实施。由于与《反垄断法》划出了界限，《反垄断法》已经规定了搭售行为，因此对原《反不正当竞争法》中第 12 条关于搭售的行为进行删除。因此，目前与专利领域有关的规制滥用市场支配地位的法律主要是《反垄断法》和《专利法》。

《反垄断法》第 3 条第 2 款明确规定了"经营者滥用市场支配地位"的行为属于垄断行为，因此，根据该条款，标准必要专利持有人滥用市场支配地位将会构成垄断行为；《反垄断法》第 17 条具体规定了 7 种不同形式的滥用市场支配地位的行为，其中与标准必要专利相关的分别是第 1 款"以不公平的高价销售商品"（在标准必要专利领域，对应于不公平的高价许可）、第 3 款"没有正当理由，拒绝与交易相对人进行交易"（在标准必要专利领域，对应于拒绝许可）、第 5 款"没有正当理由搭售商品，或者在交易时附加其他不合理的交易条件"（在标准必要专利领域，对应于搭售专利）、第 6 款"没有正当理由，对条件相同的交易相对人在交易价格上实行差别待遇"；《反垄断法》第 18 条规定了认定经营者具有市场支配地位所依据的因素，该条款对判定标准必要专利持有人是否具有市场支配地位提供了指导性意见；《反垄断法》第 55 条对知识产权滥用行为进行了规定，认为经营者排除、限制竞争的行为属于滥用知识产权的行为。

《专利法》第 48 条第 2 款规定了采用强制许可的方式来规制专利权人滥用市场支配地位，但是适用该条款必须满足两个条件，第一，专利权人行使专利权的行为被依法认定为垄断行为；第二，实施强制许可的目的是为了消除或者减小该行为对竞争产生的不利影响。

然而，在滥用市场主体地位方面，《反垄断法》和《专利法》存在一些缺

---

[1] 张卫东. 美国知识产权许可的反垄断规制研究[J]. 价格理论与实践，2017（7）：36 - 40.

点。其中《反垄断法》的缺点❶主要体现在：①对于在国际贸易中产生的众多垄断行为或者限制竞争行为，《反垄断法》并不可能全面而完善地解决和处理；②《反垄断法》与知识产权法存在重要的关系，而要处理这种复杂的关系不能简单地适用两者关系的一般原则，而是要根据具体问题进行分析；③《反垄断法》第 55 条的规定体现了立法部门意识到了协调知识产权与反垄断关系的重要性，但是这条是非常原则性的规定，可操作性较差。《专利法》的不足主要体现在强制许可的条件比较严苛，因此在实践中实施起来比较困难，缺乏可操作性。

针对目前国内法律的不足，可以借鉴域外的一些经验，域外对滥用市场支配地位的相关法律相对比较完善。

4.4.4.3 经典案例——华为 v. 交互数字案

"华为 v. 交互数字案"的案情在前述章节中已有提及，这里不再重复介绍，下面从反垄断角度对案例进行分析。

原告起诉被告的理由：被告交互数字以其在 3G 领域持有的标准必要专利，具有市场支配地位，原告在与被告交互数字谈判中，被告交互数字对原告的标准必要专利的许可使用费明显高于对苹果、三星的许可使用费，存在收取高价许可费和价格歧视的行为；谈判过程中，被告交互数字还要求原告华为将其全球所有的专利无偿许可给被告，这属于附加不合理交易条件的行为；被告交互数字提出将其标准必要专利和非标准必要专利——2G、3G 和 4G 标准必要专利、全球专利打包许可，这属于搭售行为；在双方谈判过程中，被告突然在美国联邦法院和 ITC 同时起诉原告方，本质上是拒绝许可的行为。因此，原告以这些为理由对被告交互数字提起反垄断诉讼。

在诉讼中，双方就该案相关市场范围的界定问题、被告方在相关市场具有支配地位的界定问题、被告方滥用市场支配地位是否构成垄断的界定问题等进行了争论。❷ 而关于相关市场的界定、在相关市场具有支配地位的界定、滥用市场支配地位的界定，这些都是反垄断所需要解决的关键问题。

界定相关市场是认定垄断行为成立以及给予法律制裁的前提。该案中双方从商品市场和地域市场两个方面对相关市场进行界定，原告华为认为相关商品

---

❶ 张炳生，蒋敏. 技术标准中专利权垄断行为的理论分析及其法律规制[J]. 法律科学（西北政法大学学报），2012（5）：156－161.

❷ 叶若思，祝建军. 标准必要专利权人滥用市场支配地位构成垄断的认定：评华为公司诉美国交互数字公司垄断纠纷案[J]. 电子知识产权，2013（3）：46－52.

市场应该是交互数字 WCDMA、CDMA2000、TD-SCDMA 标准下的每一个标准必要专利许可市场构成的集合，相关地域市场是中国和美国两个市场；而被告交互数字持不同的意见，认为相关商品市场是某特定通信标准的所有标准必要专利集合的许可市场，相关地域市场应当是全球市场。

市场支配地位的认定是反垄断案件的关键环节。原告华为认为交互数字作为涉案的标准必要专利的持有人，是市场唯一的提供方，其他任何需要进入该市场的主体都需要获得标准必要专利的许可，因此，交互数字可以控制交易条件，也可以阻碍他人进入相关市场，具有市场支配地位；而被告交互数字也持有不同的意见，认为在标准必要专利授权许可谈判中也受到许多市场因素的制约，并非能控制交易条件，因此不具备支配地位。

对于滥用市场支配地位的界定，原告华为认为被告交互数字在其交易过程中存在过高定价、搭售等行为，其行为损害了竞争秩序，给华为造成了严重损失，构成了滥用市场支配地位；被告交互数字在一审答辩以及二审陈述中均否认其实施垄断行为。

该案被告所涉及的垄断行为主要是过高定价和搭售，二者在世界各国的反垄断实践中都具有典型的代表性，国外司法实践中，对过高定价以及搭售的反垄断指控一直是一个难题。何为"过高"，其标准也很难掌握，特别对于知识产权还要考虑权利人的合理回报，因此要认定垄断性高价是很困难的；对于搭售则要认识到其在市场交易中的积极作用，比如节约成本、提高效率等，避免一棍子打死。❶

4.4.4.4　经典案例——高通反垄断案

（1）案情简述

2013 年 11 月底，国家发展和改革委员会根据举报启动了对高通的反垄断调查。在调查过程中，对高通在北京和上海的两个办公地点调取了相关文件资料，并对数十家国内外手机生产企业和基带芯片制造企业进行了深入调查，获取了高通实施价格垄断等行为的相关证据，充分听取了高通的陈述和申辩意见，并就高通相关行为构成我国《反垄断法》禁止的滥用市场支配地位行为进行了研究论证。

经 15 个月的调查取证和分析论证，2015 年 3 月 2 日，国家发展和改革委员会在网站上发布的对高通垄断案的决定书中指出，高通在 CDMA、WCDMA、

---

❶ 刘越．标准必要专利权人滥用市场支配地位的判定：以华为公司诉交互数字案为例[D]．重庆：西南政法大学，2015．

LTE无线通信标准必要专利许可市场和基带芯片市场具有市场支配地位，实施了滥用市场支配地位的行为。一是收取不公平的高价专利许可费。高通对我国企业进行专利许可时拒绝提供专利清单，过期专利一直包含在专利组合中并收取许可费。同时，高通要求我国被许可人将持有的相关专利向其进行免费反向许可，拒绝在许可费中抵扣反向许可的专利价值或提供其他对价。此外，对于曾被迫接受非标准必要专利一揽子许可的我国被许可人，高通在坚持较高许可费率的同时，按整机批发净售价收取专利许可费。这些因素的结合导致许可费过高。二是没有正当理由搭售非无线通信标准必要专利许可。在专利许可中，高通不将性质不同的无线通信标准必要专利与非无线通信标准必要专利进行区分并分别对外许可，而是利用在无线通信标准必要专利许可市场的支配地位，没有正当理由将非无线通信标准必要专利许可进行搭售，我国部分被许可人被迫从高通获得非无线通信标准必要专利许可。三是在基带芯片销售中附加不合理条件。高通将签订和不挑战专利许可协议作为我国被许可人获得其基带芯片供应的条件。如果潜在被许可人未签订包含了以上不合理条款的专利许可协议，或者被许可人就专利许可协议产生争议并提起诉讼，高通均拒绝供应基带芯片。由于高通在基带芯片市场具有市场支配地位，我国被许可人对其基带芯片高度依赖，高通在基带芯片销售时附加不合理条件，使我国被许可人被迫接受不公平、不合理的专利许可条件。❶

在反垄断调查过程中，高通能够配合调查，主动提出了一揽子整改措施。这些整改措施针对高通对某些无线标准必要专利的许可，包括：①对为在我国境内使用而销售的手机，按整机批发净售价的65%收取专利许可费；②向我国被许可人进行专利许可时，将提供专利清单，不得对过期专利收取许可费；③不要求我国被许可人将专利进行免费反向许可；④在进行无线标准必要专利许可时，不得没有正当理由搭售非无线通信标准必要专利许可；⑤销售基带芯片时不要求我国被许可人签订包含不合理条件的许可协议，不将不挑战专利许可协议作为向我国被许可人供应基带芯片的条件。

国家发展和改革委员会在责令高通停止违法行为的同时，依法对高通处以2013年度在我国市场销售额8%的罚款，共计60.88亿元人民币。对上述结果，高通表示接受，既不申请行政复议，也不提起行政诉讼，并于3日内缴清罚款。

---

❶ 国家发展和改革委员会. 我委对高通公司垄断行为责令整改并罚款60亿［EB/OL］. (2015-02-10). http://www.ndrc.gov.cn/gzdt/201502/t20150210_663824.html.

(2) 案例分析

依据国家发展和改革委员会的调查结果,高通实施了两大类滥用标准必要专利的垄断行为,分别违反了《反垄断法》第 17 条第 1 款第（一）项关于禁止具有市场支配地位的经营者以不公平的高价销售商品的规定及第 17 条第 1 款第（五）项关于禁止具有市场支配地位的经营者没有正当理由搭售商品的规定。其具体可以归为下面 5 类。❶

①对过期无线标准必要专利收取许可费。标准必要专利随着技术标准的更新换代处于不断地变化中,部分专利可能退出技术标准,甚至因专利过期而进入公共领域。而高通实施的一揽子模糊许可费收费标准,使得在对其标准必要专利许可费中包含许多过期无线标准必要专利的许可费。

②不合理的专利许可费计费基础。高通的无线标准必要专利主要涉及无线通信技术,而不涉及无线通信终端的外壳、显示屏、摄像头、电池、内存和操作系统等。高通却以无线通信终端的整机批发净售价,而不是其标准必要专利仅涉及的无线通信技术作为计算专利许可费的基础。

③搭售非无线标准必要专利,进行一揽子许可。标准必要专利由于锁定了某一技术标准而获得垄断地位,具有唯一性和不可替代性,经营者欲实施标准则必然要购买和实施该专利技术。相反,非标准必要专利则或多或少存在可替代性,如果将标准必要专利和非标准必要专利进行强制捆绑许可,将导致专利权人在标准必要专利许可市场上的力量延伸到非标准必要专利市场,使被许可人不得不接受这种强迫交易,进而将阻碍或限制非标准必要专利市场中的竞争,对竞争的负面影响是显而易见的。高通在许可时不区分标准必要专利与非标准必要专利,这种一揽子许可方式,使得被许可人无法清楚了解自己获得专利许可的明细。高通这种搭售行为得以实施,依赖于高通握有大量的标准必要专利,以及由此带来的强势谈判地位。

④要求被许可人将专利进行免费反向许可。高通在许可合同中设置了"免费反向许可"条款,即要求设备商在缴费获取高通专利许可的同时,必须将自己的专利免费反向许可给高通。另有一种"专利交叉许可"是专利许可中的常见现象,即交易各方将各自拥有的专利相互许可使用,互为技术提供方和受让方,以实现技术互补。高通强迫被许可人向其进行专利免费反向许可,在专利许可费中不抵扣被许可人反向许可的专利价值或者支付其他对价,已不属于"专利交叉许可"。

⑤将签订和不挑战专利许可协议作为销售基带芯片的条件,不能就相关专

---

❶ 焦龙. 简析高通案中滥用市场支配地位的行为[J]. 商, 2016 (9): 211–213.

利主张权利或提起诉讼。高通并非纯粹的专利许可公司，除进行专利许可以外，其本身也制造生产对应专利型号标准的基带芯片，而首先将专利许可与基带芯片捆绑销售，将签订和不挑战专利许可协议作为销售基带芯片的条件，是除搭售标准必要专利与非标准必要专利、搭售过期专利与有效专利之外的又一次搭售，同时也是在交易中附加了不合理的条件。

4.4.5 权利要求的解读

在涉及技术标准的专利诉讼中，与一般专利诉讼案相同，侵权产品是否落入涉诉专利的范围内是双方主要关注点，因而权利要求中的特征所表征的保护范围该如何理解，属于专利诉讼中争辩的焦点。同时，介于被披露的标准必要专利涉及技术标准这一特殊性，涉诉专利是否为真正的标准必要专利会构成争辩的焦点，因而，需要更加关注专利与相关标准内容的相关性。

我国《专利法》第59条第1款规定："发明或者实用新型专利权的保护范围以其权利要求的内容为准，说明书及附图可以用于解释权利要求的内容。"《最高人民法院关于审理侵犯专利权纠纷案件应用法律若干问题的解释》第2条和第3条分别规定："人民法院应当根据权利要求的记载，结合本领域普通技术人员阅读说明书及附图后对权利要求的理解，确定《专利法》第59条第1款规定的权利要求的内容。""人民法院对于权利要求，可以运用说明书及附图、权利要求书中的相关权利要求、专利审查档案进行解释。说明书对权利要求用语有特别界定的，从其特别界定。以上述方法仍不能明确权利要求含义的，可以结合工具书、教科书等公知文献以及本领域普通技术人员的通常理解进行解释。"法释〔2016〕1号解释第6条规定："人民法院可以运用与涉案专利存在分案申请关系的其他专利及其专利审查档案、生效的专利授权确权裁判文书解释涉案专利的权利要求。专利审查档案，包括专利审查、复审、无效程序中专利申请人或者专利权人提交的书面材料，国务院专利行政部门及其专利复审委员会制作的审查意见通知书、会晤记录、口头审理记录、生效的专利复审请求审查决定书和专利权无效宣告请求审查决定书等。"

依据上面对权利要求的相关规定可以看出，主要有两类文件可以用来解释权利要求，一类是说明书及附图、权利要求书中的相关权利要求、专利审查档案、存在分案申请关系的其他专利及其专利审查档案、生效的专利授权确权裁判文书；另一类是结合工具书、教科书等公知文献以及本领域普通技术人员的通常理解。在《最高人民法院关于审理侵犯专利权纠纷案件应用法律若干问题的解释》第3条中明确规定，这两类文件在解释权利要求时具有一定的先后顺序，即先使用说明书及附图、权利要求书中的相关权利要求、专利审查档案进行解读，在使用这些文件无法解读的情况下才使用结合工具书、教科书等公知文献以及本领域普通技术人员的通常理解对权利要求进行解读。从这一点也可以看出这两类文件在解读权利要求时的优先级也是不一样的。

在美国联邦法规和专利审查程序手册（Manual of Patent Examining Procedure，MPEP，相当于我国的专利审查指南）中规定采用"最宽泛合理解释"（Broadest Reasonable Interpretation，BRI）标准解释权利要求。在 MPEP 中关于 BRI 标准规定如下："在专利审查过程中，必须对权利要求作出与说明书相一致的'最宽泛合理解释'。申请人在审查过程中不缺乏修改权利要求的机会，宽泛的解释能降低一旦授权权利要求的授权范围会不合理地过于宽泛的可能性。除非申请人在说明书中给出了清楚的定义，否则权利要求中出现的术语必须给予术语通常的含义。仅仅在说明书对出现在权利要求的词给出了定义，说明书才能用来解释权利要求中的术语。"

从 MPEP 对 BRI 标准的规定来看，BRI 必须以合理为限，除非专利说明书给出特别定义，术语的理解应当是采用其普通的含义，即在该发明作出时本领域普通技术人员对于该术语作出的普通、常规的解释。

与 PTAB 采用 BRI 标准解释权利要求不同，联邦地区法院以及 ITC 在审理专利无效和专利侵权案件中，采用"普通字面解释"（Plain and Ordinary Meaning，POM；来源于 CAFC 2005 年的 Phillips v. AWH Corp. 案）标准来解释权利要求。根据该标准，通常基于说明书的描述、专利审查历史（File Wrapper），同时结合字典、教科书、专家证言等给予某术语在该发明作出时本领域普通技术人员对于该术语作出的普通、常规的理解。

在联邦法院审理专利侵权及专利无效的案件时，法官不会给予权利要求术语最宽泛的合理解释，而是会基于审查历史来解读，在没有清楚、有说服力的证据证明相反事实存在的情况下，会推定美国专利商标局授权的权利要求有效，即法官应当尊重美国专利商标局的劳动成果，不能动辄宣告一件专利无效。因此，联邦法院应当尽量朝着维持专利权有效的方向进行解释。

专利作为一种排他性的权利，其赋予专利持有人的权利范围是以其权利要求书记载的范围为准的。也就是说，在专利诉讼中判定是否构成专利侵权时，权利要求是一个重要比较对象。然而，权利要求是通过文字记载的，由于每个人主观认识不同，不同的人采用相同的方式对文字记载的权利要求的解读可能不一致；同时，即便同一人在采用不同的方式对文字记载的权利要求进行解读时也可能不一样。因此，在专利诉讼中，诉讼双方会按照对自己有利的方向对权利要求进行解读，这样就导致在专利诉讼中对权利要求的解读存在较大争议。而大部分情况，对权利要求的解读将直接影响专利诉讼的结果。基于以上的分析可知，对权利要求的解读是专利诉讼中一个非常重要的环节。本节将通过典型案例来介绍在诉讼中双方对权利要求解读的主要争议点。

4.4.5.1 经典案例——华为 v. T-mobile 案

与其他诉讼案例相比，华为诉 T-mobile 案件具有一定的特点。该案件由华为在同一天发起 4 起系列诉讼，每起诉讼均涉及多件标准必要专利。在案件的审理过程中，双方对涉案的权利要求的解读有许多的分歧，而权利要求的解读对该案件的审理具有重要的意义，基于这些方面的考虑，本节选取该典型案例进行重点分析。

（1）案情介绍

2016 年 1 月 15 日，中国通信公司华为在美国得州东区法院对跨国移动通信运营商 T-mobile 发起诉讼，诉讼号分别为 2：16-cv-00052、2：16-cv-00055、2：16-cv-00056、2：16-cv-00057，目前均处于未结案状态，每个诉讼均涉及 2~3 件专利，表 4-16 是这 4 起诉讼的相关信息。

表 4-16 华为 v. T-mobile 诉讼案件信息

文档时间	案件名称	案件号	法院	法律状态	涉案专利
2016.01.15	Huawei Technologies Co. Ltd v. T-Mobile US, Inc., et al	2：16-cv-00057	得州东区法院	未结案	US9060268B2 US8625527B2 US9241261B2
2016.01.15	Huawei Technologies Co. Ltd v. T-Mobile US, Inc., et al	2：16-cv-00055	得州东区法院	未结案	US9060268B2 US8625527B2 US9241261B2
2016.01.15	Huawei Technologies Co. Ltd v. T-Mobile US, Inc., et al	2：16-cv-00052	得州东区法院	未结案	US8069365B2 US8719617B2 US8867339B2
2016.01.15	Huawei Technologies Co. Ltd v. T-Mobile US, Inc., et al	2：16-cv-00056	得州东区法院	未结案	US8031677B2 US8638750B2 US8537779B2

华为诉 T-mobile 的 4 起系列诉讼共涉及发明专利 9 件，均是优先权国家为中国的专利申请。表 4-17 给出了这些涉案专利情况。从表 4-17 中可以看出，上述涉案专利具有以下几个共同点：非被自引用数量较高、同族数量较大、申请人为标准组织成员。同时，上述专利申请的时间较早、维持年限较长，故具有一定的研究价值。

表4-17 华为 v. T-mobile 案涉案专利情况

涉案专利	中国同族	申请人	发明人	优先权日	非被自引用数件	同族数量件	法律状态	维持年限/年
US8537779B2	CN101431797A	华为	吴问付	2007.05.11	22	22	有效	5
US9060268B2	CN101399767A		何承东	2007.09.29	47	10	有效	6
US9241261B2	CN101378591A		何承东	2007.08.31	9	23	有效	7
US8031677B2	CN101365230A		吴问付、胡伟华、王珊珊	2007.08.07	12	17	有效	7
US8638750B2	CN101330753A		吴问付、王珊珊	2007.06.22	13	14	有效	3
US8069365B2、US8719617B2	CN101170553A		顾炯炯、文楷、梁枫、申林飞、时书锋	2006.10.24	25	10	有效	6
US8867339B2	CN101128041A		胡伟华	2006.08.15	16	11	有效	7
US8625527B2	CN1898972A		朱东铭、李辉、顾炯炯、张宝峰、黄世碧	2004.12.17	11	10	有效	7

表4-18列出了这4起诉讼的诉讼过程。从表中可以看出，原告华为对被告 T-mobile 发起了4起系列诉讼，之后双方进行了多次关于涉案专利的辩解和争论，同时被告 T-mobile 还针对诉讼的涉案专利在美国专利审判和上诉委员会提起了无效宣告请求。

表4-18 华为 v. T-mobile 诉讼案件过程

时间	相关文件	法院
2016.01.15	Docket 2：16-CV-00052, Docket 2：16-CV-00055, Docket 2：16-CV-00056, Docket 2：16-CV-00057	得克萨斯州东区法院
2016.01.29	First Amended Complaint for Patent Infringement（2：16-CV-00057）	得克萨斯州东区法院
2016.03.21	Defendants T-Mobile US, Inc. and T-Mobile USA, Inc.'s Motion to Dismiss	得克萨斯州东区法院
2016.04.07	Huawei's Opposition to T-Mobile's Motion to Dismiss	得克萨斯州东区法院
2016.04.18	Defendants T-Mobile US, Inc. and T-Mobile USA, Inc.'s Reply in Support of Their Motion to Dismiss	得克萨斯州东区法院
2016.04.28	Huawei's Surreply Brief in Opposition to T-Mobile's Motion to Dismiss	得克萨斯州东区法院
2016.06.10	Movant-Intervenors Nokia Solutions and Networks US LLC and Nokia Solutions and Networks Oy's Partially Unopposed Motion for Leave to Intervene	得克萨斯州东区法院

第四章 标准必要专利的诉讼

续表

时间	相关文件	法院
2016. 06. 21	Movant – Intervenor Nokia Solutions and Networks US LLC's Answer in Intervention and Nokia Solutions and Networks US LLC and Nokia S	得克萨斯州东区法院
2016. 08. 26	Joint Motion for Entry of a Protective Order	得克萨斯州东区法院
2016. 12. 06	Defendants T – Mobile US, Inc. and T – Mobile USA, Inc.'s Answer, Affirmative Defenses, andCounterclaims to Huawei Technologies Co. L	得克萨斯州东区法院
2017. 01. 10	Docket IPR2017 – 00588（2：16 – CV – 00055，2：16 – CV – 00057）	得克萨斯州东区法院
2017. 01. 11	Huawei's Motion to Dismiss T – Mobile's Counterclaims I, II, and III Under Fed. R. Civ. P. 12（b）（6）and 12（b）（1）	得克萨斯州东区法院
2017. 01. 19	PlaintiffHuawei Technologies Co. Ltd.'s Opening Claim Construction Brief	得克萨斯州东区法院
2017. 01. 20	Docket IPR2017 – 00674, Docket IPR2017 – 00675（2：16 – CV – 00057）	美国专利审判和上诉委员会
2017. 01. 25	Telefonaktiebolaget Lm Ericsson's and Ericsson Inc.'s Motion to Compel Plaintiff to Comply with Patent Rule 3 – 1	得克萨斯州东区法院
2017. 01. 25	Defendants T – Mobile US, Inc. And T – Mobile USA, Inc.'s Opposition toHuawei's Motion to Dismiss T – Mobile's Counterclaims I, II, an	得克萨斯州东区法院
2017. 01. 31	Defendants andIntervenors' Responsive Claim Construction Brief Under P. R. 4 – 5（b）	得克萨斯州东区法院
2017. 02. 02	Huawei's Reply in Support of Huawei's Motion to Dismiss T – Mobile's Counterclaims I, II, and III	得克萨斯州东区法院
2017. 02. 09	Defendants T – Mobile US, Inc. and T – Mobile USA, Inc.'s Sur – Reply in Opposition toHuawei's Motion to Dismiss T – Mobile's Countercla	得克萨斯州东区法院
2017. 02. 16	PlaintiffHuawei Technologies Co. Ltd.'s Reply Claim Construction Brief	得克萨斯州东区法院
2017. 03. 27	Defendants T – Mobile US, Inc. and T – Mobile USA, Inc.'s Motion to CompelHuawei to Produce Emails for Named Inventors and Licensing	得克萨斯州东区法院
2017. 04. 10	Huawei's Oppostion to T – Mobile's Motion to Compel Huawei to Produce Emails for Named Inventors and Licensing Custodians	得克萨斯州东区法院
2017. 05. 01	Patent OwnerHuawei Technologies' Preliminary Response（2：16 – CV – 00056）	美国专利审判和上诉委员会
2017. 05. 08	Patent OwnerHuawei Technologies' Preliminary Response（2：16 – CV – 00052, 2：16 – CV – 00055, 2：16 – CV – 00057）	美国专利审判和上诉委员会
2017. 08. 07	PlaintiffHuawei Technologies Co. Ltd's Opposition to Defendants' Motion for Partial Summary Judgment of No Pre – Suit Damages	得克萨斯州东区法院

续表

时间	相关文件	法院
2017.08.14	T-Mobile's Reply in Support of Its Motion for Summary Judgment of Ineligibility of U.S. Patent Nos. 8,069,365 and 8,719,617（2：16-CV-00052）	得克萨斯州东区法院
2017.08.17	Huawei's Sur-Reply in Opposition to Motion for Partial Summary Judgment of No Infringement of U.S. Patent No. 8,867,339 under the（2：16-CV-00052）	得克萨斯州东区法院
2017.08.18	Defendants'/Intervenors' Sur-Reply to Huawei's Motion to Strike Portions of Dr. Srinivasan Seshan's Rebuttal Report（2：16-CV-00052）	得克萨斯州东区法院
2017.09.06	Defendants' andIntervenors' Motion to Preclude Huawei from Contesting Facts Provided in Its June 30, 2017 Amended Privilege Log	得克萨斯州东区法院
2017.09.20	Defendants andIntervenors' Motion to Compel Production of Clawed-Back Documents	得克萨斯州东区法院
2017.10.02	Defendants' Motion for Additional Briefing or for Reconsideration of Denial of Motion to Preclude（D.I.412）	得克萨斯州东区法院

接下来，本节主要从对权利要求解读和与技术标准的关联这两方面着手进行分析。考虑到涉案专利的部分发明人相同，属于同一支发明团队，涉及诉讼案例的技术内容相近或相似，在权利要求解读方面存在许多共性或相似之处，因此，本节选取案号为 2：16-cv-00052 的诉讼案件对涉案专利进行介绍。

4.4.5.2 US8069365B2 和 US8719617B2

涉案专利 US8069365B2 和 US8719617B2 二者互为同族。

（1）审查过程介绍

表 4-19 给出了 US8069365B2 在美国的审查过程。从表中可以看出，在 2010 年 12 月 13 日审查员发出的非最终核驳（Non-Final Rejection）通知书中仅评述了权利要求 1、3、6、19~21、25~28 的创造性。在整个审查过程中，申请人也仅进行了意见陈述，并未对权利要求书进行修改。最终授权文本是原始的申请文本。

表 4-19 US8069365B2 在美审查过程

时间	角色	交互过程	相关文件	权利要求
2010.12.13	Examiner	Non-Final Rejection	EP1916821A1	1、3、6、19、20、21、25~28
2011.03.01	Applicant	Applicant Arguments	No Amendment	

续表

时间	角色	交互过程	相关文件	权利要求
2011.03.21	Examiner	Final Rejection	No change	1、3、6、19、20、21、25~28
2011.06.21	Applicant	Applicant Arguments	No Amendment	
2011.10.05	Examiner	Notice of Allowance		

同时，表 4-20 给出了 US8719617B2 在美国的审查过程，其中指出了其与已授权的同族 US8069365B2 的保护范围相同。从表中可以看出，在 2013 年 6 月 17 日审查员发出的非最终核驳通知书中仅评述了权利要求 16、18 的新颖性。申请人删除原始权利要求，提交新的权利要求 29~38。最终授权文本为 2013 年 11 月 18 日提交的文本。

表 4-20 US8719617B2 在美审查过程

时间	角色	交互过程	相关文件	权利要求
2013.06.17	Examiner	Non-Final Rejection	Reassignment for S-CSCF' during the terminated' call procedure	16、18
2013.11.18	Applicant	Applicant Arguments	Amendment	
2013.12.31	Examiner	Final Rejection	US8069365B2	29-31、33-37
2014.01.29	Applicant	Applicant Arguments	No Amendment	
2014.02.19	Examiner	Notice of Allowance		

（2）整体技术方案解析

专利 US8069365B2 和 US8719617B2 具有相同的说明书，在后申请 US8719617B 相当于是在先申请 US8069365B2 的延续。

专利 US8069365B2 涉及 5 项独立权利要求，其中权利要求 1 和 27 是方法权利要求，权利要求 16、19、25 是产品权利要求。产品权利要求涉及整个系统中的重要网元，分别为查询呼叫会话控制功能（Interrogating Call Session Control Function，I-CSCF）、服务呼叫会话控制功能（Serving Call Session Control Function，S-CSCF）、归属签约用户服务器（Home Subscriber Server，HSS），权利要求 16、19、25 中关于 I-CSCF、S-CSCF 和 HSS 的限定实质上是对权利要求 1 "容灾方法"（A method for disaster tolerance）中各网元对应的功能采用结构模块的方式进行限定。

专利 US8719617B2 涉及 3 项独立权利要求，其中权利要求 1 是方法权利要求，权利要求 5、7 是产品权利要求。产品权利要求 5 是采用结构模块的方式撰写的与权利要求 1 方法权利要求相对应的产品权利要求，而产品权利要求 7

则是采用计算机程序产品（Computer Program Product）的方式撰写的与权利要求 1 方法权利要求相对应的产品权利要求。

US8069365B2 和 US8719617B2 的发明构思相同，都是在用户注册时将用户的必要数据备份到网络中的存储实体上，当 S-CSCF 发生故障时，新分配的 S-CSCF 直接从存储实体上获取用户必要数据以恢复用户的服务。二者不同之处仅仅在于权利要求的保护范围略有不同。

图 4-12 给出了用户注册的流程。从图中可以看出，在步骤 16 中，S-CSCF 通过 SAR 信令将用户备份数据发送到网络存储实体 HSS 以进行存储。

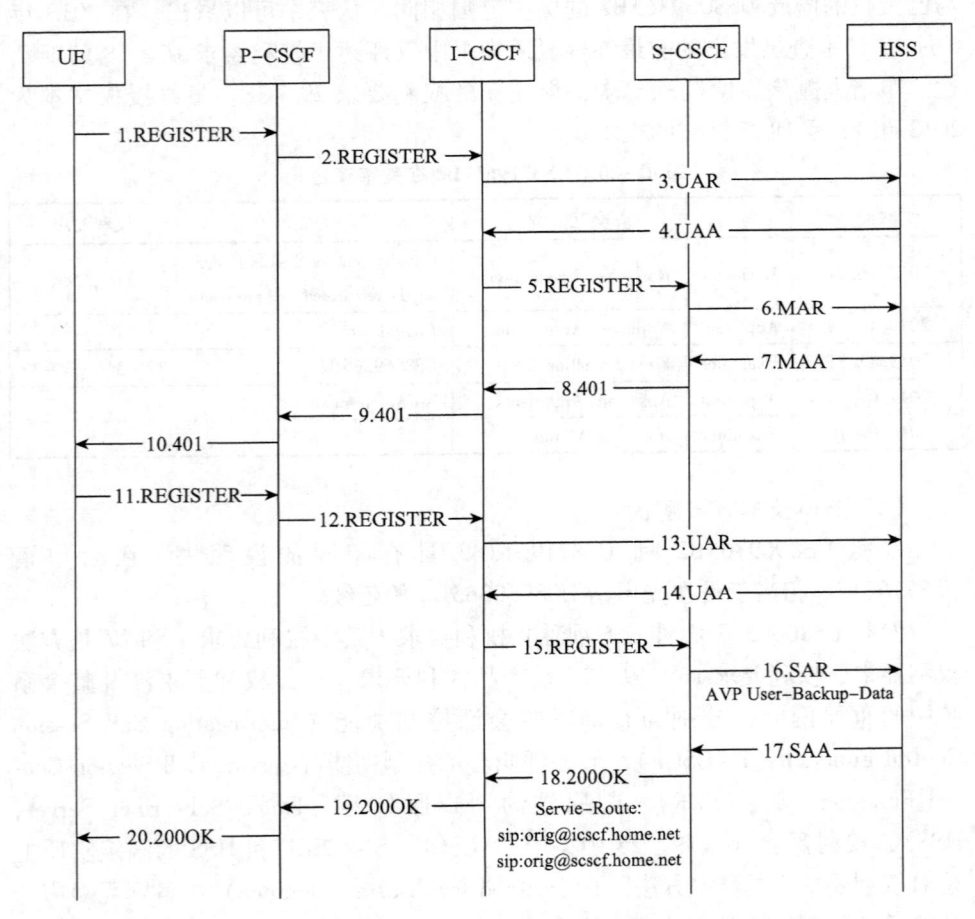

图 4-12 用户注册的流程

图 4-13 给出了在 S-CSCF 发生故障时的具体处理流程。从图中可以看出，在 S-CSCF 发生故障后，I-CSCF 应向 HSS 查询主叫用户当前注册的 S-

CSCF 的地址，以及为主叫用户提供服务的 S‐CSCF 所需要具备的能力要求（步骤3：UIR），HSS 收到 UIR 后，其返回与 UIR 相应的 UIA（步骤4：UIA），I‐CSCF 按如上任一种方式获取当前为用户服务的 S‐CSCF 名称和用户签约对 S‐CSCF 的能力要求后，判断当前为用户服务的 S‐CSCF 是否故障。如果是，则根据 S‐CSCF 能力要求数据为用户分配一个新的 S‐CSCF；I‐CSCF 完成新 S‐CSCF 的分配后，新分配 S‐CSCF 转发会话建立请求（步骤5：INVITE），在该请求消息中，I‐CSCF 需要添加一个容灾恢复标志参数"tag = restore"，用于表明该会话建立请求是一个容灾恢复会话建立请求，需要收到此请求的 S‐CSCF 作恢复处理；S‐CSCF 收到容灾恢复会话建立请求后，判断出本地没有该主叫用户的数据后，进一步判断该请求是否携带了容灾恢复标志。如果根据该请求携带的容灾恢复标志判断出该会话建立请求为容灾恢复会话建立请求，则新分配的 S‐CSCF 通过容灾恢复查询消息向 HSS 查询并获取该用户的备份信息和签约数据（6：SRR/SAR，7：SRA/SAA）。获取容灾恢复用户的恢复数据后，S‐CSCF 可恢复用户的服务数据，恢复该用户的会话处理。

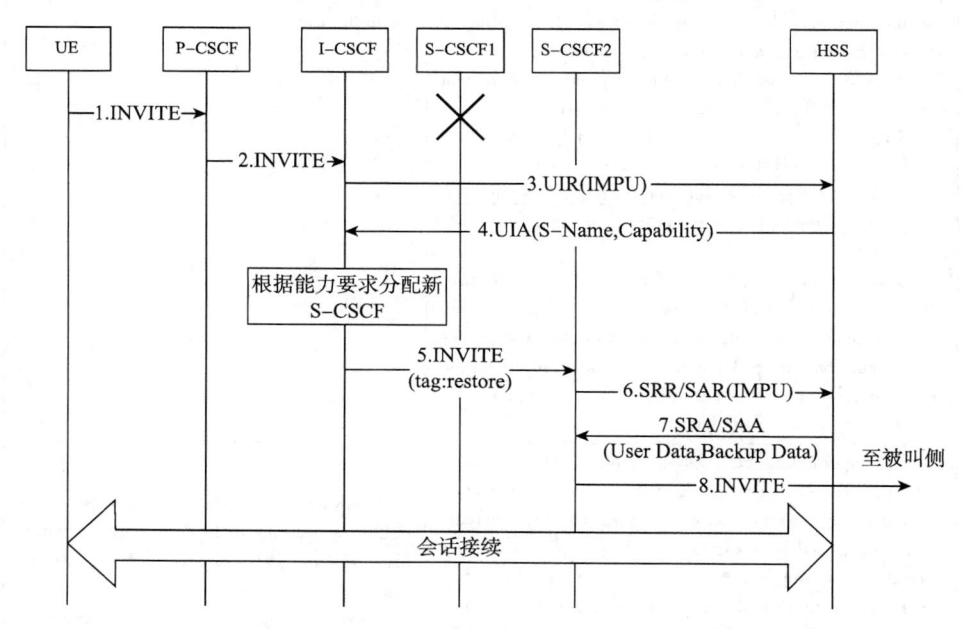

图 4‐13 主叫注册的 S‐CSCF 发生故障后主叫第一次发起呼叫时的流程

（3）权利要求解读争论焦点

表 4‐21 给出了 US8069365B2 和 US8719617B2 的独立权利要求的具体内容。

表4-21 专利US8069365B2和US8719617B2的独立权利要求

US8069365B2	US8719617B2
1. A method for realizing an Internet protocol multimedia subsystem (IMS) disaster tolerance, comprising: receiving, by a serving call session control function (S-CSCF), a user registration, and backing up necessary data which is required when a user service processing is restored on a storage entity in a network	1. In a serving call session control function (S-CSCF), a method for realizing an Internet protocol multimedia subsystem (IMS) disaster tolerance, the method comprising: receiving a service request of a user forwarded by an interrogating CSCF (I-CSCF) when it is determined that a previous S-CSCF failed in providing a service to the user
receiving, by an interrogating CSCF (I-CSCF) of the user's home domain, a service request of the user, and if it is found that the S-CSCF currently providing a service for the user fails, assigning a new S-CSCF to the user, and forwarding the service request to the newly assigned S-CSCF; and interrogating and acquiring, by the newly assigned S-CSCF, subscription data of the user and the necessary data backed up by the original S-CSCF from the storage entity, and then restoring the user service processing according to the subscription data and the necessary data. 27. A method for realizing an Internet protocol multimedia subsystem (IMS) disaster tolerance, comprising: receiving, by a serving call session control function (S-CSCF), a user registration, saving service data of a user, and backing up necessary data which is required when a user service processing is restored on a storage entity in a network; and accepting, by the S-CSCF, a service request of the user after the service data of the user is lost, interrogating and acquiring subscription data of the user and the backup necessary data from the storage entity, and then processing the service request of the user according to the subscription data and the backup necessary data	sending a request for subscription data of the user and restoration data stored in a storage entity and used for restoring the service that failed to the user, wherein the restoration data is stored by the previous S-CSCF; receiving the stored data that includes the subscription data of the user and the restoration data; and based on the received data, restoring the service to the user
16. An interrogating call session control function (I-CSCF), comprising a detecting module, an assigning module and a session setup request processing module, wherein: the detecting module is adapted to judge, according to a received session setup request, whether a serving CSCF (S-CSCF) currently providing a service for a user fails or not; instruct the assigning module to assign a new S-CSCF for the current user if the S-CSCF currently providing the service for the user fails, or instruct the session setup request processing module to forward the session setup request to the S-CSCF currently providing the service for the user if the S-CSCF currently providing the service for the user does not fail	5. A serving call session control function (S-CSCF) for realizing an Internet protocol multimedia subsystem (IMS) disaster tolerance, comprising a receiver, configured to receive a service request of a user forwarded by an interrogating CSCF (I-CSCF) when it is determined that a previous S-CSCF failed in providing a service to the user

续表

US8069365B2	US8719617B2
the assigning module is adapted to assign the new S – CSCF to the user according to an instruction from the detecting module, and instruct the session setup request processing module to forward the session setup request to the newly assigned S – CSCF after finishing assigning the new S – CSCF; and the session setup request processing module isadapted to forward the session setup request according to an instruction from the detecting module or the assigning module. 19. A serving call session control function (S – CSCF), comprising a register request processing module, a session setup request processing module and a user information processing module, wherein: the register request processing module is adapted to send a self address and an address of an interrogating CSCF (I – CSCF) of a current domain to a user when a user registration is accepted, store service data of the user in the user information processing module, and instruct the user information processing module to <u>back up necessary data which is required when a user service processing is restored</u> on a storage entity in a network; the session setup request processing module is adapted to process a received session setup request according to user information; and the user information processing module is connected to the register request processing module and the session setup request processing module, and is adapted to store the service data, and interact with the storage entity in the network so as to back up and acquire the necessary data which is required when the user service processing is restored. 25. A home subscriber server (HSS), comprising a user data storing module adapted to store subscription data of a user, necessary data which is required when a user service is restored and a registered serving call session control function (S – CSCF), or further comprising an interrogation request processing module, wherein the interrogation request processing module comprises an S – CSCF interrogation request determination sub – module, a disaster tolerance restoring interrogation request processing sub – module and an unregistered user interrogation request processing sub – module, wherein:	a transmitter, configured to send a request for subscription data of the user and <u>restoration data</u> stored in a storage entity and used for restoring the service that failed to the user, wherein the restoration data is stored by the previous S – CSCF; a processor, configured to restore the service to the user after the subscription data of the user and the <u>restoring data</u> is received by the receiver from the storage entity. 7. In a serving call session control function (S – CSCF), a computer program product comprising computer executable instructions stored on a non – transitory computer readable medium such that when executed by a computer program processor cause the S – CSCF to perform a method for realizing an Internet protocol multimedia subsystem (IMS) disaster tolerance by the following: receive a service request of a user forwarded by an interrogating CSCF (I – CSCF) when it is determined that a previous S – CSCF failed in providing a service to the user; send a request for subscription data of the user and <u>restoration data</u> stored in a storage entity and used for restoring the service that failed to the user, wherein the <u>restoration data</u> is stored by the previous S – CSCF; receive the stored data that includes the subscription data of the user and the restoration data; and based on the received data, restore the service to the user

249

续表

US8069365B2	US8719617B2
the S – CSCF interrogation request determination sub – module is adapted to judge whether an interrogation request from the S – CSCF is a disaster tolerance restoring interrogation request or an unregistered user interrogation request, send the request to the disaster tolerance restoring interrogation request processing sub – module for being processed if the interrogation request is the disaster tolerance restoring interrogation request, and send the request to the unregistered user interrogation request processing sub – module for being processed if the interrogation request is the unregistered user interrogation request; the disaster tolerance restoring interrogation request processing sub – module is adapted to extract a corresponding information from the user data storing module according to the interrogation request and return the corresponding information to the S – CSCF; and the unregistered user interrogation request processing sub – module is adapted to judge whether the user is registered or not according to the S – CSCF with which the user registers, and extract the corresponding information from the user data storing module and return the corresponding information to the S – CSCF if the user is not registered, or return an error response to the S – CSCF if the user is registered	

1）分析

Ⅰ. US8069365B2 独立权利要求中技术特征 "necessary data"

原告华为认为其应当解释为 "information necessary for the S – CSCF to handle traffic for a registered user, which includes at least a SIP URL of a P – CSCF assigned for a user device and a contact address of the user device"，解释的理由主要包括以下几个方面。①该专利主要是为了在 S – CSCF 发生故障时尽快恢复用户的网络服务，在初始注册过程中 S – CSCF 将必要数据（necessary data）备份到网络存储实体 HSS 上，在 S – CSCF 发生故障的情况下，新分配的 S – CSCF 可以从网络存储实体 HSS 上直接获取用户的签约数据和备份数据，对用户的服务进行恢复，因此，在网络存储实体 HSS 上备份的必要数据对于回复用户的服务至关重要。基于上面的分析，必要数据（necessary data）主要是 S–CSCF 用于处理用户业务的信息（information necessary for the S–CSCF to handle traffic for a registered user）。②在该专利说明书第 7 栏第 28～40 行给出了"necessary data"的定义，其至少包括 P–CSCF 的 SIP URL 以及用户注册的联系地址（In order to back up the necessary data which is required when the user service processing is restored on the HSS, an AVP with an extended definition needs to be added in the SAR message, that is, AVP User–Backup–Data, and the AVP at least includes the following information: A SIP URL of the P–CSCF …, and A contact address of the user registration）。③如果采用被告认为的直接进行字面意思的解释，将无法体现出该发明的创新点。根据该发明背景技术的介绍，在 S–CSCF 发生故障的情况下，现有技术通过启动重注册过程和初始注册来选择新的 S–CSCF。在选择新的 S–CSCF 的过程中，也需要依据一定的数据（data）来进行选择。被告解释的"data used when restoring processing of the user service"明显包含了背景技术中重选 S–CSCF 所需要的数据。

被告 T–mobile 认为根据说明书以及权利要求书记载的内容，结合具体的语境应当将"necessary data"应当解释为"data used when restoring processing of the user service"，原告的解释采用的是说明书中具体的实施例，其限制了"necessary data"的范围。

法院综合考虑原告和被告双方的意见，并具体分析了专利文件后，采纳了原告华为的观点，即将"necessary data"解释为"information necessary for the S–CSCF to handle traffic for a registered user, which includes at least a SIP URL of a P–CSCF assigned for a user device and a contact address of the user device"。理由如下：该专利说明书第 6 栏第 37～40 行记载了"A core concept of the present invention lies in that, when a user registers with an S–CSCF, necessary data used in a restoring process is backed up on a storage entity in a network, for example, an HSS"，第 6 栏第 49～52 行记载了"In Step 401, when an S–CSCF receives a user registration, the S–CSCF backs up necessary data which is required when a user service processing is restored on an HSS"，第 6 栏第 53～56 行记载了"Here, the S–CSCF backs up the data on the HSS through a transmission of a new information cell, that is, AVP User–Backup–Data, defined in an embodiment of the present invention"，第 7 栏第 31～40 行记载了"the AVP User–Backup–Data at least includes the following information: A SIP URL of the P–CSCF through which the path of the user registration passes is adapted to address the P–CSCF when a called service is restored; and A contact address of the user registration is adapted to address the user terminal when the called service is restored"；从上面说明书记载

的内容可见，"necessary data"是 S-CSCF 用于为注册用户处理业务的必要数据，并且至少包含 SIP URL of the P-CSCF、contact address of the user registration，因此，说明书中给出了"necessary data"的明确定义。依据 Phillips v. AWH Corp., 415 F. 3d 1303, 1320-21（Fed. Cir. 2005）一案中"holding that a specification can define terms expressly or by implication"的判决，应当按照说明书中这些明确定义将"necessary data"解释为"information necessary for the S-CSCF to handle traffic for a registered user, which includes at least a SIP URL of a P-CSCF assigned for a user device and a contact address of the user device"。

Ⅱ. US8719617B2 独立权利要求中技术特征"restoration data""restoring data"

原告华为通过对比 US8719617B2 与 US8069365B2 的权利要求，认为 US8719617B2 中的"restoration data""restoring data"与 US8069365B2 中的"necessary data"应该具有相同的含义，且在 US8719617B2 说明书第 7 栏第 28~40 行也给出了"necessary data"具体的定义，应当按照"necessary data"具体的定义来解释"restoration data""restoring data"。

被告 T-mobile 认为其应该根据其在权利要求中的具体语境进行普通的解释，而不能采用原告认为的采用说明书中具体实施例来解释。

法院通过具体分析专利文件，认为在说明书第 7 栏第 28~40 行中给出的是"necessary data"的具体定义，并且也没有任何证据可以证明 US8719617B2 中的"restoration data""restoring data"与 US8069365B2 中的"necessary data"具有相同的含义，因此，法院采纳了被告的观点，将"restoration data""restoring data"按照其在权利要求中的具体语境进行常规的字面解释。

2）基于法院决定对权利要求进行解读

基于上面原告和被告对独立权利要求中相关技术特征解释的争论以及法院对技术特征解释的确定，下面将对独立权利要求（主要是针对方法权利要求）进行解读。

US8069365B2：方法权利要求 1 要求保护一种实现互联网协议多媒体子系统 IMS 容灾的方法，主题是一种容灾方法，主要应用在 IMS 系统中。在容灾方法中，主要包括下面几个步骤：①S-CSCF 接收用户注册并将必要数据备份到网络中的存储实体中；②I-CSCF 在收到用户请求时如果发现当前为用户服务的 S-CSCF 发生故障，则为用户分配新的 S-CSCF；③I-CSCF 向新分配的 S-CSCF 转发服务请求；④S-CSCF 向存储实体查询签约数据和原 S-CSCF 备份的数据，并根据这些数据恢复用户的服务。根据权利要求 1 的记载，其主要的技术手段是 S-CSCF 将必要数据备份到存储实体中，以便新分配的

S-CSCF可以在存储实体上直接查询必要数据进行用户服务恢复。另外，权利要求1也对必要数据进行了限定，其主要是用于注册用户业务的数据，至少包含P-CSCF的SIP URL和用户设备的联系地址。通过上面的技术领域、技术主题、方法涉及的步骤以及对特殊关键词的解释，就可以确定出该权利要求的具体保护范围。权利要求27的方法，大致与权利要求1相同，这里就不再进行重复分析。

US8719617B2：方法权利要求1也是要求保护一种实现互联网协议多媒体子系统IMS容灾的方法，主要包括下面几个步骤：①当I-CSCF接收到用户服务请求时，在判断之前的S-CSCF无法为用户提供服务的情况下，I-CSCF将服务请求转发给S-CSCF；②S-CSCF发送请求，请求获取在存储实体中的用户数据和恢复数据；③S-CSCF接收到用户数据和恢复数据，并基于这些数据恢复用户的服务。在权利要求1中的恢复数据的具体含义是权利要求1对其具体的限定，即恢复数据是被之前的S-CSCF存储的用于恢复失败服务（restoration data … used for restoring the service that failed to the user, wherein the restoration data is stored by the previous S-CSCF）。

（4）专利与标准的对应性

对ETSI披露的专利与标准之间的信息进行检索，获得如表4-22所示的声明情况。

表4-22 专利US8069365B2和US8719617B2的声明情况

涉案专利	US8069365B2/US8719617B2	中国同族	CN101170553A
标准	TS 23.380		

根据上述结果可以看出，专利US8069365B2和US8719617B2仅与一个标准相关。从3GPP网站对标准TS 23.380进行查询，结合披露信息选择版本v13.2.0，公开时间为2016年3月16日。

结合前述对权利要求（主要是针对方法权利要求）的分析，发现与专利相关的内容位于标准TS 3.380的第4章，即采用第4章的内容与权利要求进行比对。考虑到在后申请US8719617B是在先申请US8069365B2的延续，则以在先申请US8069365B2为例进行关联性分析。

表4-23显示了专利US8069365B2与标准的对应关系。不难看出，权利要求1的内容全部记载在标准中，属于强对应关系，该专利是标准必要专利。

表 4-23 专利 US8069365B2 与标准的对应性

权利要求	标准 TS 23.380	是否一致
1. A method for realizing an Internet protocol multimedia subsystem (IMS) disaster tolerance, comprising:	IMS	是
receiving, by a serving call session control function (S-CSCF), a user registration, and backing up necessary data which is required when a user service processing is restored on a storage entity in a network	S-CSCF 接收 UE 注册，S-CSCF 在初始注册过程中在 HSS 备份数据	是
receiving, by an interrogating CSCF (I-CSCF) of the user's home domain, a service request of the user, and if it is found that the S-CSCF currently providing a service for the user fails, assigning a new S-CSCF to the user, and forwarding the service request to the newly assigned S-CSCF; and	S-CSCF 发生故障，根据 S-CSCF 能力重新选择其他 S-CSCF 后，I-CSCF 应将业务请求转发给新的 S-CSCF	是
interrogating and acquiring, by the newly assigned S-CSCF, subscription data of the user and the necessary data backed up by the original S-CSCF from the storage entity, and then restoring the user serviceprocessing according to the subscription data and the necessary data	S-CSCF 将注册数据连同签约数据一起作为一个 S-CSCF 恢复信息发送给 HSS 备份，新的 S-CSCF 与 HSS 执行 S-CSCF 与 HSS 的工作	是

4.4.5.3 US8867339B2

（1）审查过程介绍

表 4-24 给出了专利 US8867339B2 的在美审查过程。可以看出，审查员在 2013 年 9 月 13 日发出的非最终核驳中指出权利要求 1、9~10、12~14、16~17、19~20 不具备创造性，采用了两篇对比文件进行评述，其中包括 3GPP 标准——3GPP TR 23.809（v0.3.0）。2013 年 12 月 11 日，申请人对权利要求进行修改，将权利要求 2、11、15、18 的附加技术特征分别加入对应的独立权利要求中并进行适应性修改，同时，针对权利要求 3~8，将原权利要求 3 和原权利要求 1 合并形成独立权利要求，其与原引用权利要求 3 的从属权利要求 4~8 一起，构成新的一组权利要求。

2014 年 3 月 14 日，审查员以权利要求 1、9~10、12~14、16~17、19~20 仍不具备创造性为由，驳回该专利申请。2014 年 5 月 30 日，申请人提出意见陈述，未继续修改申请文件。2014 年 6 月 12 日，该申请授权处理，授权文本为 2014 年 9 月 11 日提交的文本。

表 4-24　专利 US8867339B2 在美审查过程

时间	角色	交互过程	相关文件	权利要求
2013.09.13	Examiner	Non-Final Rejection	3GPP TR 23.809 US20002061141A1	1、9~10、12~14、 16~17、19~20
2013.12.11	Applicant	Applicant Arguments	Amendment	
2014.03.14	Examiner	Final Rejection	No change	1、9~10、12~14、 16~17、19~20
2014.05.30	Applicant	Applicant Arguments	No Amendment	
2014.06.12	Examiner	Notice of Allowance		
2014.09.11	Applicant	Applicant Arguments	Amendment	

（2）整体技术方案解析

专利 US8867339B2 涉及 3 项独立权利要求，其中权利要求 1 是方法权利要求，权利要求 11、权利要求 14 是产品权利要求。产品权利要求 11 是采用结构模块的方式撰写的与权利要求 1 方法权利要求相对应的产品权利要求，产品权利要求 14 是采用系统网元的方式撰写的与权利要求 1 方法权利要求相对应的产品权利要求。

在该专利背景技术记载的现有技术中，在 One Tunnel 的架构下，用户面的数据隧道只有一段，建立在 RNC 和 GGSN 之间。当 RNC 异常，如复位，会导致相关的 RNC 和 GGSN 之间的下行数据隧道失效，释放用户的空口资源和上下文，用户需要重新激活 PDP 建立 IP 承载来恢复数据传输，影响了用户恢复数据传输的速度；此外，由于重新激活 PDP 建立的 IP 承载的 IP 地址无法保证不变，应用程序也将因为 IP 地址的改变而中断。基于此，本发明所要解决的技术问题是如何快速处理 RNC 和 GGSN 间的下行数据隧道失效。基于此，该发明在下行数据隧道失效后，核心网用户面锚点不释放对应 PDP 上下文，而是通知核心网控制面重新建立下行数据隧道。通过该方案，明显加快了在下行数据隧道失效后恢复数据传输的速度，避免了 PDP 需要重新激活对数据传输恢复的不利影响；同时，核心网用户面锚点不释放对应的 PDP 上下文，则 PDP 上下文中为用户分配的用户面 IP 地址没有变化，从而防止了应用程序因为 IP 地址的改变而发生中断。

图 4-14 给出了下行数据隧道失效后的处理流程。从图中可以看出，在步骤 402 中，RNC 定位用户面上下文失败后，向 GGSN 发送错误提示消息，在 GGSN 收到 RNC 返回的错误提示消息后，并不是直接释放 PDP 上下文，而是

发送用户面建立请求给相应的 SGSN，请求更新 PDP 上下文，以恢复 GGSN 和 RNC 之间的下行数据隧道。

```
RNC                         SGSN                        GGSN
 |                            |                            |
 |  401.下行数据(DownLink Data)                            |
 |<───────────────────────────────────────────────────────│
 |                            |                            |
 |  402.错误指示(Error Indication)                         |
 |───────────────────────────────────────────────────────>│
 |                            |                            |
 |                            | 403.用户面建立请求          |
 |                            | (User Plane Setup Request) |
 |                            |<───────────────────────────│
 |                            |                            |
 |                            | 404a.更新PDP上下文请求[单隧道标识]
 |                            | (Update PDP Context Request[One Tunnel Flag])
 |                            |───────────────────────────>│
 |                            | 404b.更新PDP上下文响应      |
 |                            | (Update PDP Context Response)
 |                            |<───────────────────────────│
 |                            |                            |
 | 405a.无线接入承载指派请求    |                            |
 | (RAB Assignment Request)    |                            |
 |<───────────────────────────│                            |
 | 405b.无线接入承载指派响应    |                            |
 | (RAB Assignment Request)    |                            |
 |───────────────────────────>│                            |
 |                            | 406a.更新PDP上下文请求[单隧道标识]
 |                            | (Update PDP Context Request[One Tunnel Flag])
 |                            |───────────────────────────>│
 |                            | 406b.更新PDP上下文响应      |
 |                            | (Update PDP Context Response)
 |                            |<───────────────────────────│
```

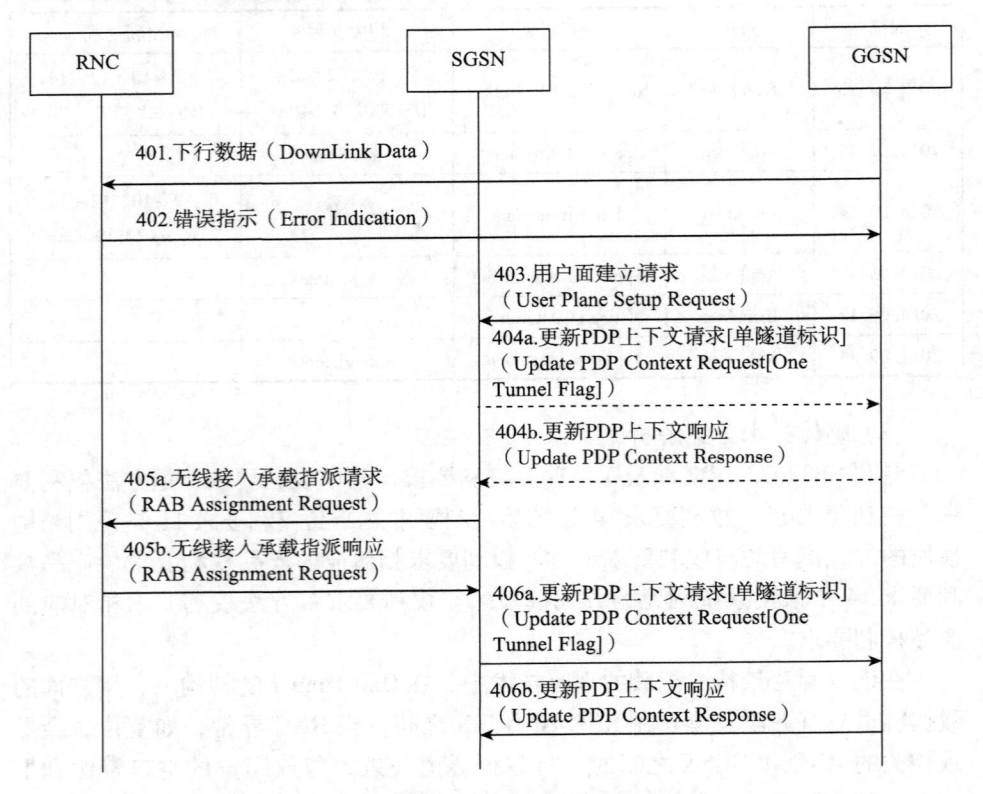

图 4-14 下行数据隧道失效后的处理流程

（3）权利要求解读争论焦点

下面给出了 US8867339B2 的独立权利要求。

1. A method for processing an invalidation of a downlink data tunnel between networks, comprising:

　　receiving, by a core network user plane anchor, an <u>error indication</u> of a data tunnel from an access network device;

　　<u>notifying</u>, by the core network user plane anchor, a core network control plane to recover a downlink data tunnel if a user plane corresponding to the <u>error indication</u> uses a One Tunnel technology;

　　receiving by the core network user plane anchor, an update packet data protocol (PDP) context request from the core network control plane; and

updating, by the core network user plane anchor, a corresponding PDP context according to the update PDP context request.

9. A communication device, comprising:

a receiving unit and a sending unit, wherein

the receiving unit is configured to receive an <u>error indication</u> of a data tunnel from an access network device, and

the sending unit is configured to instruct a core network control plane to recover a downlink data tunnel if a user plane corresponding to the <u>error indication</u> uses a One Tunnel technology, and wherein

the receiving unit is further configured to receive an update packet data protocol (PDP) context request from the core network control plane, and wherein

the device further comprises a storage unit configured to update a corresponding PDP context according to the update PDP context request.

14. A communication system, comprising: a core network user plane anchor and a core network control plane, wherein

the core network user plane anchor is configured to receive an <u>error indication</u> of data tunnel from an access network device, and <u>notify</u> a core network control plane to recover a downlink data tunnel if a user plane corresponding to the error indication uses a One Tunnel technology, and

the core network control plane is configured to recover the downlink data tunnel after receiving a <u>notification</u> sent by the core network user plane anchor, and wherein

the core network control plane is further configured to send an update packet data protocol (PDP) context request to the core network user plane, and

the core network user plane anchor is further configured to update a corresponding PDP context according to the update PDP context request sent by the core network control plane.

1) 分析

Ⅰ. US8867339B2 独立权利要求中技术特征 "notification" "notify"

原告华为认为其应当解释为指示（instruct），理由如下：权利要求 1 中记载了"<u>notifying</u>, by the core network user plane anchor, a core network control plane to recover a downlink data tunnel if a user plane corresponding to the error indication uses a One Tunnel technology", 而相应的权利要求9中记载了"the sending unit is configured to instruct a core network control plane to recover a downlink data tunnel if a user plane to recover a downlink data tunnel if a user plane corresponding to the error indication users a One Tunnel technology", 根据这两项权利要求的记载，应当将"notify"解释为"instruct"。

法院认为"notification""notify"对应于说明书附图5中的步骤603"User Plane Setup Request"，说明书第9栏第9~16行对步骤603进行了描述（In Step 603, the GGSN receives the error indication message returned by the RNC and sends a user plane setup request to a corresponding SGSN⋯），因此，"notification"是核心网控制面的请求，应当将"notification"解释为"request"。

Ⅱ. US8867339B2独立权利要求中技术特征"error"

关于该技术特征，双方均同意其在权利要求书和说明书中未进行定义，无任何具体的含义，争论点在于是否可以由法院对该技术特征进行更正。

原告华为认为该词主要是语法问题，建议由法院更正为"invalid"，理由如下：在说明书第2栏第30~32行（the present invention is directed to a method for processing an invalidation of a downlink data tunnel between networks）、第3栏第24~25行（Once the downlink data tunnel becomes invalid, the core network⋯）、第5栏第6~7行（once the downlink data tunnel between the RNC and the GGSN is invalid, the GGSN may⋯）中明确记载了恢复下行数据隧道的原因是用户面的下行数据隧道失效（invalid），同时在说明书第3栏第15~21行（the core network user plane anchor receives the error indication of data tunnel from a access network device, and notifies a relevant core network control plane to request recovering the downlink data tunnel after determining that the user plane corresponding to the error indication users the One Tunnel technology）发送错误指示的目的也是通知核心网侧回复下行数据通道，因此，结合上面两部分内容，可以确定发送错误指示（error indication）目的就是为了通知下行数据隧道失效，即可以将"error"更正为"invalid"。

被告T-mobile认为根据权利要求书的记载，"error"可以有多种更正方式，不能确定其具体唯一的更正方式。

法院认为：首先，根据Group One, Ltd. v. Hallmark Cards, Inc., 407 F.3d 1297, 1303 (Fed. Cir. 2005)一案中相关判决"The district court can correct an error only if the error is evident from the face of the patent"，联邦地区法院可以对权利要求书中的错误进行更正。其次，联邦地区法院进行更正必须满足

两个条件："（1）基于权利要求书和说明书的内容，进行更正不会引起合理的争议；（2）在专利申请过程中并未提出对权利要求有不同解释"，这两个条件来源于 Novo Indus., L. P. v. Micro Molds Corp., 350 F. 3d 1348, 1357（Fed. Cir. 2003）一案的判决。就华为诉 T – mobibe 案而言，根据专利的主题名称"recovering invalid downlink data tunnel"、说明书第 2 栏第 30 ~ 32 行（the present invention is directed to a method for processing an invalidation of a downlink data tunnel between networks, which is capable of improving the speed of recovering a data transmission after the downlink data tunnel becomes invalid）、第 3 栏第 24 ~ 25 行（Once the downlink data tunnel becomes invalid）、第 5 栏第 6 ~ 7 行（once the downlink data tunnel between the RNC and the GGSN is invalid）可以确定，"error"更正为"invalid"可以从说明书中得到支持，没有与权利要求书或说明书记载的内容相违背，即更正的第一个条件满足；并且，在审查和诉讼过程中也没有对权利要求中"error"给出其他的解释，其具体含义是一直不变的，例如在 2013 年 12 月 11 日针对通知书的答复（Dkt. No. 126 – 3 at 5, Reply to Office Action）中"error"也一直被认定为是"invalid"，因此，更正的第二个条件也满足。综上所述，在更正的两个条件均满足的情况下，结合说明书第 2 栏第 30 ~ 32 行、第 3 栏第 15 ~ 21 行、第 3 栏第 24 ~ 25 行、第 5 栏第 6 ~ 7 行记载的内容（"error indication of data tunnel"是由于"invalidation of a downlink data"产生的），可以将权利要求书中没有具体含义的"error"更正为"invalidation"。

2）基于法院决定对权利要求进行解读

基于上面原告和被告对独立权利要求中相关技术特征解释的争论以及法院对技术特征解释的确定，下面将对独立权利要求（主要是针对方法权利要求）进行解读。

US8867339B2 方法权利要求 1 要求保护一种网络间下行数据隧道失效的处理方法，主要包括下面几个步骤：①核心网用户面锚节点接收来自接入网络设备的失效指示；②在确定失效指示对应的用户面采用单隧道技术的情况下，核心网用户面锚节点通知核心网控制面请求恢复下行数据隧道；③核心网用户名锚节点接收到核心网控制面发送的更新 PDP 上下文请求，并对相应的 PDP 上下文进行更新。在这些步骤中，主要涉及接入网设备、核心网用户面锚节点和核心网控制面之间的信息交互，这些信息主要包括接入网设备与核心网用户面锚节点之间的失效指示、核心网用户面锚节点与核心网控制面之间的恢复下行数据隧道请求。另外，在权利要求 1 中还存在一个判断条件，即失效指示对应的用户面是否采用单隧道技术。在采用单隧道技术的情况下才存在后续的核心网用户面锚节点与核心网控制面之间的消息交互、核心网用户面锚节点对 PDP

上下文的更新。

(4) 专利与标准的对应性

对 ETSI 披露的专利与标准之间的信息进行检索，获得如表 4-25 所示的声明情况。

表 4-25 专利 US8867339B2 的声明情况

涉案专利	中国同族	标准
US8867339B2	CN101128041A	TS 23.060、TS 23.007

根据上述结果可以看出，专利 US8867339B2 与两个标准相关。从 3GPP 网站对标准 TS 23.060、TS 23.007 进行查询，结合披露信息选择版本 v13.6.0、v13.4.0，公开时间分别为 2016 年 3 月 7 日和 2016 年 3 月 16 日。

结合前述对权利要求（主要是针对方法权利要求）的分析，阅读发现 TS 23.060 仅涉及网络触发服务请求过程，TS 23.007 与该专利相关度最高，因而主要分析专利与 TS 23.007 标准的关联性。具体地，与专利相关的内容位于标准 TS 23.007 的第 21~22 章，即采用第 21~22 章的内容与权利要求进行比对。

表 4-26 显示了专利 US8867339B2 与标准的对应关系。不难看出，权利要求 1 的内容大部分记载在标准中，个别特征没有明确记载，该专利属于标准必要专利的可信度较低。

表 4-26 专利 US8867339B2 与标准的对应性

权利要求	标准 TS 23.007	是否一致
1. A method for processing an invalidation of a downlink data tunnel between networks, comprising:	下行链路错误	是
receiving, by a core network user plane anchor, an error indication of a data tunnel from an access network device	从 eNodeB 接收到针对承载上下文的 GTP 错误指示	是
notifying, by the core network user plane anchor, a core network control plane to recover a downlink data tunnel if a user plane corresponding to the error indication uses a One Tunnel technology	向 MME 发送下行数据通知消息，重建用户面链路	部分
receiving by the core network user plane anchor, an update packet data protocol (PDP) context request from the core network control plane; and	核心网发送请求	是
updating, by the core network user plane anchor, a corresponding PDP context according to the update PDP context request	重新激活 PDP 上下文	是

第五章 标准必要专利的许可与技术转移

> **本章提示**：本章简要介绍标准必要专利相关的 3 个议题：默示许可、专利池和技术转移，其中默示许可是专利法修改中的热点议题，专利池是标准必要专利许可的主要途径之一，技术转移是科研院所实现标准必要专利相关的成果转化的重要渠道。

5.1 默示许可

5.1.1 法律法规

2011 年 11 月，国家知识产权局启动《专利法》"特别修改"工作，形成了《专利法修订草案（送审稿）》，并于 2013 年 1 月上报国务院。在广泛征求社会各界意见之后，国家知识产权局进一步补充和完善了上述 2013 年《专利法修订草案（送审稿）》，形成了新的《专利法修订草案（送审稿）》。国务院法制办公室于 2015 年 12 月 2 日公布该送审稿，征求社会各界意见，以便进一步研究、修改后报请国务院审议。在国家知识产权局关于《专利法修订草案（送审稿）》的说明中指出，这次修改的主要内容之一是"促进专利的实施和运用，实现专利价值"，其中具体包括"为处理好标准与专利的关系，规定标准必要专利默示许可制度"，即在草案的第 85 条（新增）规定："参与国家标准制定的专利权人在标准制定过程中不披露其拥有的标准必要专利的，视为其许可该标准的实施者使用其专利技术。许可使用费由双方协商；双方不能达成协议的，由地方人民政府专利行政部门裁决。当事人对裁决不服的，可以自收到通知之日起三个月内向人民法院起诉。"

我国《国家标准涉及专利的管理规定（暂行）》里要求专利权人在制定标准过程中披露信息，但是如果不披露的话，对专利权人的法律责任没有相应明确的规定。而《标准化法》和《专利法》之间的衔接就是通过标准必要专利权人披露信息，对专利权人不披露在《专利法》上应当承担什么样的法律后果应作出相应的规定，专利权人既要有权利，也要承担相应的义务。

标准必要专利的默示许可制度在域外已经得到较为广泛的运用。以下我们从3个经典案例来看域外如何运用该制度解决涉及未披露的标准必要专利的侵权问题，可供借鉴。

5.1.2 经典案例

（1）案例1：Wang公司诉Mitsubishi公司案（涉及SIMMs标准的标准必要专利）

1982年，计算机内存组件体积庞大，价格昂贵，而且难以升级。1983年春，一位名叫James Clayton的工程技术人员开发出了一种被称为单边直线内存模块（Single In-line Memory Modules，SIMMs）的计算机内存组件，该产品具有体积小、成本低、可替换的优点。1983年6月，包括James Clayton在内的Wang公司的一组员工在一次新闻发布会上向计算机工业协会的成员介绍了SIMMs技术。Wang公司员工在行业协会会议上说，希望借此技术推动整个行业的进步，但是Wang公司不会生产SIMMs；为了鼓励其他公司生产SIMMs，Wang公司将会购买其他公司生产的SIMMs，并将购买的SIMMs用于Wang公司的其他产品上，当时已经有一些公司准备生产SIMMs。在回答其他厂商提出的问题时，Wang公司员工说，Wang公司不会就SIMMs技术寻求专利保护，想要生产SIMMs产品的公司也无须从Wang公司获得许可，而且SIMMs产品的生产商也可以将其产品出售给任何第三方。Wang公司员工总结了Wang公司的目标，那就是通过市场的快速扩张和产量的提升，降低SIMMs的售价，Wang公司作为SIMMs的购买者最终将会从中受益。

1983年9月，Wang公司从James Clayton处受让了该技术，并提出了专利申请。此后，Wang公司不断游说电子产业标准化组织JEDEC（Joint Electronic Device Engineering Council，联合电子设备工程委员会），要求将SIMMs采纳为技术标准，但是没有告诉JEDEC其正在为SIMMs申请专利的事实。1986年6月，JEDEC最终将SIMMs采纳为行业标准。在这期间，一些与Wang公司合作的厂商开始大规模生产和销售SIMMs。正如在1983年那次新闻发布会上Wang公司所预测的，SIMMs的市场获得迅速扩张，而且Wang公司成为该产品的主要采购者。

1983年12月，被告Mitsubishi公司就SIMMs产品的生产问题第一次和Wang公司接洽。在会谈中，Wang公司向Mitsubishi公司提供了SIMMs产品的图纸和其他细节，并且一再要求Mitsubishi公司生产SIMMs产品。Mitsubishi公司研究了为Wang公司生产SIMMs产品的可行性，但是在当时没有继续推进该项目。在Mitsubishi公司开始制造256K的内存芯片之后，Mitsubishi公司决定生产集成256K芯片的SIMMs，并将256K SIMMs出售给Wang公司和其他人。在1985年的一次会谈中，Wang公司和Mitsubishi公司讨论了Mitsubishi公司生产的256K SIMMs，并希望Mitsubishi公司对其新产品进行一些改进。Mitsubishi公司接受了Wang公司的建议，开始量产新式256K SIMMs。从1987年开始，Wang公司开始采购Mitsubishi公司生产的产品。Wang公司从未告知Mitsubishi公司其就SIMMs技术所进行的专利申请以及所获得专利的情况，也没有向Mitsubishi公司表达过其有就SIMMs技术发放许可或者收取使用费的意图。Wang公司于1987年和1988年就SIMMs技术获得了2件专利授权。

1989年12月，Wang公司向Mitsubishi公司发函称，Mitsubishi公司侵犯了其有关SIMMs技术的2件专利。1992年6月，Wang公司向Mitsubishi公司提起了侵权诉讼。

审理该案的美国联邦地区法院认为，基于衡平法禁止反言原则，原告Wang公司的行为表明其已经授予了被告Mitsubishi公司实施SIMMs专利技术的默示许可。该法院更进一步指出，即使专利权人没有正式地授予许可，也不必然表示不会产生许可的效果。专利权人所使用的任何语言或所实施的任何行为，如果致使他人能够合理地推论出专利权人已经同意其制造、销售、许诺销售或使用专利产品或实施专利方法，则基于专利权人的这些语言或行为，就会导致默示许可的成立，从而使得专利权人不能向对方主张专利权。地区法院认为，在判断是否存在默示许可的过程中，一般而言，法院会首先寻找是否有导致禁止反言发生的任何事实。如果他人侵害专利权的行为是由专利权人的行为所引起的，则对整个行为过程之性质的分析取决于衡平法上的禁止反言原则。然而，对衡平法上的禁止反言原则的认定并非成立默示许可这个法律结果的先决条件，更确切地说，禁止反言原则只是作为指导原则。该原则主要关注专利权人是否存在误导他人的行为，致使他人合理信赖专利权人将不会主张其专利权。具体到该案，地区法院认为，Wang公司在与Mitsubishi公司互动的过程中，主动提供了产品设计图，一再劝导Mitsubishi公司生产其专利产品，并且购买了Mitsubishi公司生产的256K SIMMs，这一切足以导致Mitsubishi公司可以信赖Wang公司已经同意其制造和销售涉案专利产品。基于衡平法上的禁止反言原则，地区法院确认该案存在默示许可，被告的行为不构成对专利权的侵害。美国联邦巡回上诉法院以基本相同的理由维持了地区法院的裁决。

该案中 Wang 公司未向标准组织 JEDEC 披露其拥有的标准必要专利，但是美国法院并非仅依此认定默示许可。基于衡平法禁止反言原则，美国法院还考虑到 Wang 公司的行为致使他人能够合理信赖专利权人不会主张其专利权，从而推定构成默示许可。

(2) 案例2：Rambus 案（涉及 SDRAM 与 DDR DRAM 标准的标准必要专利）

JEDEC 是一个以促进电子元器件及其相关产品的发展为目的的标准制定组织。自 20 世纪 90 年代初，JEDEC 开始为电脑存储新一代技术制定标准 SDRAMs 和 DDR SDRAMs。Rambus 主要通过专利授权作为基本的商业模式，并不生产存储器产品。Rambus 在 1992 年加入 JEDEC，并参与了上述标准的制定。同时 Rambus 利用它在标准制定组织中了解到的相关信息，进一步修改其专利申请，使其专利覆盖正在制定中的标准。Rambus 在 1996 年退出了 JEDEC。在其控制的存储器私有标准 Direct Rambus DRAM（DR DRAM）在市场上失败之后，Rambus 开始了专利侵权的诉讼，宣称拥有 SDRAM 与 DDR DRAM 标准相关的专利权，要求所有标准的实施者缴纳专利授权费用。

2000 年，Rambus 正式向美国弗吉尼亚州里士满市（Richmond）联邦地区法院起诉，指控 7 家大型存储器厂商侵犯 SDRAM 与 DDR DRAM 标准相关的 4 项专利权，同时威胁说："那些期望通过反诉解决问题的公司将要比直接支付授权费用的公司付出更多的专利使用费"，并且对于"在诉讼中失败的公司不授予专利使用权"。从 2000 年 6 月开始，包括东芝、日立、索尼在内的多家日本公司开始让步，申请从 Rambus 处获得 SDRAM 技术的专利授权，但是很多公司也强烈反对 Rambus 的这种做法，并开始积极反诉。❶ 这就是著名的 Rambus 案。

2002 年 5 月，在 Rambus 案中，美国联邦贸易委员会（FTC）指控 Rambus 采用"非公平"的方法，企图垄断内存芯片市场。FTC 的主要理由有两点：一是 Rambus 在标准制定过程中有义务披露它涉及的专利，但是它没有披露；二是它在制定标准的过程中故意修改专利申请覆盖标准中可能涉及的专利。2006 年 8 月 2 日，FTC 最终裁定认为 Rambus 的目的是误导 JEDEC 成员相信 Rambus 不持有也没有申请实施该标准生产的产品会涉及的有关专利，这是"通过欺骗的手段误导 DRAM 内存标准，企图通过锁定内存产业，以实现垄断的目的"，因此 Rambus 的行为构成《联邦贸易委员会法》第 5 条项下的欺诈行为，而且，这种排他性的欺骗行为同时违反《谢尔曼法》第 2 条。2007 年 2

---

❶ 丁蔚. Rambus 专利侵权诉讼与标准中知识产权的管理[J]. 电子知识产权, 2007 (2): 45–46.

月 5 日，FTC 限制了 Rambus 在 SDRAM 和 DDR SDRAM 产品上的授权费用，并敦促 Rambus 必须遵守标准化组织的专利政策，以保证 Rambus 相关专利和专利申请在其参加的标准化组织中加以披露。❶

Rambus 上诉至哥伦比亚特区巡回上诉法院。该法院于 2008 年 4 月 22 日作出判决，推翻了 FTC 的裁决。法院的质疑主要集中在 Rambus 的行为是否构成反垄断意义上的违法，是否满足《谢尔曼法》第 2 条所要求的"不正当获取垄断地位"这一前提。FTC 认为，Rambus 由于未尽披露义务这一欺骗性行为而取得了在相应标准技术市场上的垄断地位。但是法院指出，FTC 的裁决中写道，如若 Rambus 事前进行了披露，可能导致两种结果，一是 JEDEC 这一标准组织决定不再使用 Rambus 披露的专利技术；二是 JEDEC 要求 Rambus 同意以 FRAND 条款许可其专利，而 JEDEC 依然将其专利纳入标准。如果能够证明第一种结果是必然成立的，那么可以认定，Rambus 事后取得的垄断地位完全是由于其"欺诈"行为导致的，属于"不正当获取垄断地位"。但是问题在于，FTC 没有办法证明这一点。第二种结果存在的可能性依然很大，在这种情况下，Rambus 依然有可能取得垄断地位。因此，法院认为，不能认定 Rambus 垄断地位本身是"不正当获取"的，而 Rambus 依据这一地位索要较高的许可费用，也不能被认定为违反了反垄断法。❷

此外，Infineon 公司和 Micro、Hynix 公司一起反诉 Rambus 在参与 JEDEC 标准化组织会议时，没有按照知识产权政策的要求披露其在 SDRAM 标准关键技术的已有专利和正在申请的专利。2001 年 5 月，美国弗吉尼亚州联邦法院判决 Rambus 败诉，并撤销其中 3 项指控。但是，Rambus 在败诉之后继续上诉。2003 年 1 月，上诉法院推翻了弗吉尼亚州联邦法院关于 Rambus 欺诈的裁决，裁定 Rambus 没有欺诈行为。美国联邦巡回上诉法院认为：①JEDEC 仅仅鼓励成员披露专利而不是强制成员披露专利；②JEDEC 专利政策仅仅要求公司披露已经获得的专利，而没有要求披露正在申请的、尚未获得的专利；③Rambus 没有违反 JEDEC 专利政策，因为该政策仅仅鼓励自愿披露标准中必要专利；④即使政策是强制性的，JEDEC 也没有说明未披露专利的处罚措施。2003 年 10 月，根据上诉法院的要求，该案返回弗吉尼亚州联邦法院重新审理。2005 年 3 月，Rambus 控告 Infineon 专利侵权案件达成协议，Infineon 同意

---

❶ FTC. FTC Issues Final Opinion and Order in Rambus Matter [EB/OL]. (20017 – 02 – 05). https://www.ftc.gov/news – events/press – releases/2007/02/ftc – issues – final – opinion – and – order – rambus – matter.

❷ 522F. 3d456, 380 U. S. App. D. C. 431. 转引自：刘晓春. 标准化组织专利披露政策相关规则在美国的新发展：解读高通诉博通案[J]. 电子知识产权, 2009 (2)：30 – 34.

每 3 个月支付 590 万美元作为授权费用。作为回报，双方撤销全部针对对方的诉讼。❶

该案中 Rambus 未向标准组织披露其拥有的标准必要专利，美国法院均未将该行为认定为"默示许可"，而是认定是否属于"欺诈行为"。并且，对于该行为是否构成垄断行为也是根据个案的特定事实情况判断，非常谨慎。

(3) 案例3：高通诉博通案（涉及 H.264 标准的标准必要专利）

美国联邦巡回上诉法院在 2008 年 12 月 1 日颁布了高通诉博通专利侵权纠纷案的二审判决，对于标准化组织成员的专利披露义务再次表明了立场。在一审过程中，尽管高通一再坚决否认自己参与了 JVT 的标准化活动，最后法院查明高通早在 2002 年 1 月就已经参与到 JVT 的活动中去，而且，高通在 H.264 标准发布之前，一直没有向 JVT 披露自己拥有的美国 5452104 号和 5576767 号这两件专利。一审判决认为，高通未披露上述两件专利的行为违反了其应承担的披露义务，因此构成了权利放弃（waiver），判决高通的这两项专利对世不可实施（unenforceable against the world）。❷高通将案件上诉到美国联邦巡回上诉法院。二审要解决的问题有 4 个：第一，是否存在披露义务；第二，披露义务的范围；第三，如何判断是否违反了披露义务；第四，法律救济，或者说是法律责任。一审法院基于权利放弃这一衡平法上的救济形式，判决高通的两件专利对世不可实施，这一点遭到美国联邦巡回上诉法院的改判。美国联邦巡回上诉法院在认定高通的行为构成"默认权利放弃"之后，又进一步指出，权利放弃所导致的衡平法上的责任应当"公平、公正、能够衡平地反映不当行为（的程度）"。在该案中，由于高通的不当行为仅限于 H.264 标准制定过程之中，因此其权利放弃后果也应当仅限于所有实施 H.264 标准的产品。也就是说，高通的两件专利仅针对实施 H.264 标准的产品而不可实施，这就大大缩小了法律责任的范围。❸

该案中高通未向标准组织 JVT 披露其拥有的标准必要专利，美国法院未将该行为认定为"默示许可"，而是认定为"默认权利放弃"。

---

❶ 丁道勤. 从 Rambus 案看标准化中专利权滥用的法律规制[J]. 法律适用，2012（4）：114.
❷ Qualcomm Incorporated v. Broadcom Corp., No. 05 CV 1958, 2007 U.S. Dist. LEXIS 28211, at 34 (S.D. Cal. Mar. 21, 2007).
❸ 刘晓春. 标准化组织专利披露政策相关规则在美国的新发展：解读高通诉博通案[J]. 电子知识产权，2009（2）：30-34.

5.2 专利池

5.2.1 专利池与技术标准

专利池（Patent Pool，也可译为专利联盟、专利联营、专利集营等）是指两个或两个以上专利所有人之间达成协定，用于相互之间或向第三方许可使用其一件或多件专利，专利池允许感兴趣的当事人在一处即可收集所有必要的工具来实践某种技术，而不是单独从每个专利所有者获得许可，[1]也就是我们通常所说的一站式授权许可。专利池通常是由某个技术领域内掌握核心专利技术的各个企业通过协议组成联盟，各个成员企业拥有的核心专利通常是其进入专利池的必要条件。

根据专利池是否对外许可，可以将专利池分为开放式专利池、封闭式专利池和复合式专利池。专利池可由专利池成员来协定专利池的相应类别。

(1) 开放式专利池

开放式专利池是指两个或多个专利所有人联合起来组成专利池后，向第三方提供一站式专利许可，收取的许可费用通常由专利池内的专利所有人根据其对专利池贡献的必要专利的数量进行分配。一般而言，向第三方进行专利许可是专利池成立的重要目的之一。此类开放式专利池是目前专利池类型中最为常见的一种，其通过汇集专利，"打包"专利、专利许可、收取专利许可费和分配专利许可费，来联结专利权人和被许可人。

(2) 封闭式专利池

封闭式专利池是指两个或者多个专利所有人联合起来组成专利池后，在专利池内的专利所有人之间进行的专利权交叉许可。封闭式专利池是以分享专利权为目的的专利池。在这样的专利联盟中不存在第三方，许可和被许可关系均存在于组织内部成员之间，因此，封闭式专利池可不必公开。封闭式专利池的主要工作有：汇集专利、打包专利或者分配专利、签订免费使用专利合约或者专利使用费定价合约、履行合约。封闭式专利池的模式有两种，即免费分享模式和相互支付许可费模式。在开放式模式中，池内专利的价值往往相近；在封闭式模式中，专利价值通常会相差较大。

---

[1] https://www.uspto.gov/about-us/news-updates/uspto-issues-white-paper-patent-pooling.

(3) 复合式专利池

复合式专利池是指两个或者多个专利所有人联合起来组成专利池后，不仅在专利池内专利权人之间进行专利许可，还对第三方提供专利许可。复合式专利池实际是封闭式专利池和开放式专利池的综合，其主要工作也是封闭式专利池和开放式专利池的复合。组建复合式专利池的目的大多是为了解决"专利丛林"问题。现实中很少有绝对的开放式专利池或封闭式专利池，大多数专利池都采用复合式。

专利池采用开放式专利池、封闭式专利池或者复合式专利池是由许多因素决定的，最重要的一个因素就是专利所有人组建专利池的目的，即专利所有人加入专利池的动机。如果专利所有人组建专利池的目的是降低与对手之间的竞争程度，通过把可替代专利打包许可给下游产品供应商以获取更高的利润，这种情况下的专利池主要是开放式专利池。如果专利池的组建只是为了便于相互之间实施专利，实现专利共享，这样的专利池便可以是封闭式的，同时也不必公开。而组建复合式专利池的目的则是前述两者的结合，即为了相互之间实施专利，又能够降低与对手之间的竞争程度。产业技术标准化催生了专利池。在全球一体化的大背景下，技术标准成了产业发展必不可少的因素。伴随着技术标准网络效应的影响，近年来产业技术标准的作用和地位愈加凸显。现代产业技术标准往往同专利结合在一起，例如 LTE 技术标准及其标准必要专利、蓝牙通信技术标准及其标准必要专利，以及光纤通信技术标准及其标准必要专利等，技术标准的形成过程也伴随着专利池的形成过程。一项技术标准一旦确立，标准中所含大量专利的所有人将会获利。技术标准的提案发起人会尽其所能将其与布局的专利相应的提案写入标准，使其布局的专利能够成为该标准的必要专利。也就是说，技术标准的竞争已成为世界产业竞争的制高点。但标准必要专利的许可问题可能变得错综复杂，成为标准推广的绊脚石。此时，相关专利权人结成专利池是解决这一问题的最佳方式。

5.2.2 通信领域专利池现状

本节以通信领域为例，选取部分具有代表性的标准专利池和专利池平台进行介绍。

(1) AVS 专利池

数字音视频编解码技术标准 AVS 是我国牵头创制的音视频信源编码标准，是高清晰度数字电视、宽带网络流媒体、移动多媒体通信、激光视盘等数字音视频产业群的共性基础标准。数字音视频编解码技术标准工作组（Audio and Video coding Standard Workgroup of China，AVS 工作组）2002 年由原信息产业部科学技术司批准成立。AVS 工作组组织制定的《信息技术 先进音视频编码》国家标准是数字音视频产业的共性基础标准。AVS 标准具有先进、自主、开放的特点。作为中国牵头创制的第二代信源编码标准，AVS 标准达到了当前国际先进水平。AVS 知识产权政策综合考虑了专利权人和用户的共同利益，是国际知识产权和标准领域的重要创新。AVS 标准制定过程对国内外企业和相关单位完全开放，从而为国内外产业界创造最大发展机会。

为便于产业界对 AVS 技术标准的采用，工作组支持 AVS 专利池的建立。AVS 专利池管理机构是在中国注册的非营利组织，其指导与决策机构是 AVS 专利池管理委员会，具体执行机构是 AVS 专利池管理中心。AVS 专利池管理中心是国内第一个建立并正式启动运作的专利池管理机构。AVS 专利池管理机构的使命是把实施 AVS 标准所需的必要专利组织成 AVS 专利池，并进行"一站式"许可。AVS 专利池管理委员会共由 19 位理事组成，包括：实施 AVS 标准所需必要专利所有人代表、AVS 标准用户代表、有政府工作背景的代表公共利益的专家以及 AVS 工作组组长和 AVS 专利池管理中心主任。

AVS 工作组在 2006 年 9 月发布了关于 AVS 专利池许可的规定，在 2012 年 6 月发布了关于 AVS2 专利池许可的规定。二者均包括 6 项规定：①收费对象；②打包许可或菜单许可的模式；③年费封顶；④许可的地域性；⑤专利许可遵循非强制性原则；⑥关于专利池管理机构在专利许可协议中的身份。其中关于收费对象，AVS 专利池许可规定指出：内容提供商或运营商在应用符合 AVS 标准的技术将内容提供给用户的时候，可不予以缴纳专利费；而 AVS2 专利池许可规定中并未记载相应内容。也就是在内容提供商或运营商在应用符合 AVS2 标准的技术将内容提供给用户的时候，不排除需要收取许可费的可能。关于许可的地域性，AVS 专利池许可规定中指出：原则上，在中国为使用 AVS 标准的消费者级编解码器提供的专利许可的费用为人民币 1 元/台；而 AVS2 专利池规定还未记载相应内容，仍需根据实际情况协商。其余的规定条款大同小异。

AVS 专利池还具有比较明细的专利池管理规定，AVS 工作组称之为"关于 AVS 专利池管理的建议性规定"，共有 7 项，包括：①包容原则；②诚实信用原则；③自愿原则；④非排他授权原则；⑤AVS 专利池入池；⑥许可的范围；⑦专利授权管理。

其中，第⑤项专利池入池规定具体包括：

（ⅰ）进入 AVS 专利池的专利应该尽可能是独立、客观和开放的。虽然 AVS 工作组并不要求提案者对于所提出技术的独立与客观性进行检索，也不要求提案者对于提案的技术侵权行为承担相应的法律责任，但是工作组仍然希望提案者的提案应该尽可能地清晰、独立。

（ⅱ）AVS 授权管理实体将聘请独立技术专家和独立法律（专利）专家审核提交的技术专利是否为可以放入 AVS 专利池的核心专利。评估专家通过书面评估报告表述评估意见。

（ⅲ）在最初创建专利池的时候，AVS 授权管理实体将邀请潜在必要专利权人至少提交一件专利进行评估。在确认潜在必要专利权人之后，AVS 授权管理实体将就具体许可条款的协商进行协调。

（ⅳ）每件希望入池的专利必须单独提出申请。在 AVS 专利池许可活动启动之后，评估和入池的整个过程应当在 3 个月内完成。

其中，第⑦项专利授权管理规定具体包括：

AVS 工作组需要选择和委托单一授权管理实体来执行 AVS 专利池的管理。

（ⅰ）AVS 专利池管理委员会是 AVS 专利池管理机构的决策机构，设主任 1 人，副主任 1 人。主任和副主任由全体委员会推选。委员每届任期 2 年，可以连任。

（ⅱ）AVS 专利池管理委员会由 19 位委员组成，其中 5 位委员是从国家相关部委邀请技术和管理专家（相关部委包括：工业和信息化部、科学技术部、国家广播电视总局、国家发展和改革委员会、国家标准化管理委员会、国家知识产权局、商务部等），6 位 AVS 用户委员来自采用 AVS 标准的企业，6 位专利许可人委员来自 AVS 专利池许可人。另外 2 位委员是 AVS 工作组的组长和 AVS 专利池管理执行机构的主任。

（ⅲ）AVS 授权管理实体是 AVS 专利池管理的执行机构，接受 AVS 专利池管理委员会的领导。AVS 授权管理实体应该是在中国本土注册的和信誉可靠的非营利法人实体。

（ⅳ）授权管理实体可以获得的管理费用包括不高于 10% 的专利授权费。

（ⅴ）授权管理实体的责任：

a. 发现和寻求可能的被授权者和专利池成员；

b. 管理专利池成员的资格，包括选择一位专利池独立评估专家，做好专利池独立评估专家和专利池成员及潜在专利池成员的沟通协调工作等；

c. 为准备和修改专利池许可文件提供帮助；

d. 在专利池许可谈判、许可执行和许可管理方面为潜在专利池用户提供协助；

e. 按照专利池成员同意的协议，收取、汇报和分发专利费；

f. 对专利池成员提供市场对专利授权项目运行情况的反馈；

g. 对专利池成员的专利实施和保护提供可能的帮助。

(vi) 授权管理实体的能力要求：

a. 对 AVS 的市场有彻底的了解，包括家电、计算机、广播、物理媒体（光盘等）、内容提供商等；

b. 在标准有关的专利许可方面有成功的市场推广能力；

c. 建立专利授权费的收取和发放运作；

d. 能够通过利用内部或外部的法律专家解决专利池运作和许可过程中出现的问题。

根据上述 AVS 专利池管理规定，其明确了专利池内成员的权利和义务，同时也表明 AVS 专利池的类型是复合式专利池，管理模式采用独立于专利池内所有专利所有人之外的管理机构对专利池进行管理的专利池管理模式。AVS 专利池中大部分专利由中国会员贡献，且 AVS 专利池管理中心是国内第一个建立并正式启动运作的标准专利池管理机构。AVS 专利池具有比较明细的专利池规定和专利池管理规定，包括加入专利池、对第三方的许可等详细的规定条款，在国内具有较强的影响力和代表性，同时也对其他国内标准专利池起到标杆作用。

(2) 闪联专利池

2003 年 7 月，在原信息产业部的支持下，由联想、TCL、康佳、海信、长城等大企业发起的"信息设备资源共享协同服务标准工作组"正式成立，负责制定与推广"信息设备资源共享协同服务（闪联）标准"。

信息设备资源共享协同服务标准（Intelligent Grouping and Resource Sharing，IGRS），即闪联标准，是新一代网络信息设备的交换技术和接口规范，在通信及内容安全机制的保证下，支持各种 3C（Computer, Consumer Electronics & Communication Devices）设备智能互联、资源共享和协同服务，实现"3C 设备＋网络运营＋内容/服务"的全新网络架构，为未来的终端设备提供商、网络运营商和网络内容服务提供商创造出健康清晰的赢利模式，为用户提供高质量的信息和娱乐服务。

闪联标准于 2005 年 6 月正式获批成为国家推荐性行业标准，成为中国第一个"3C 协同产业技术标准"。2007 年 2 月，闪联标准被原建设部采纳为建筑及居住区数字化技术国家标准。2010 年 2 月，闪联标准由国际标准化组织中央秘书处正式发布，成为全球 3C 协同领域的第一个国际标准。2012 年 2 月，国际标准化组织/国际电工委员会通过其官方网站向全球正式发布了闪联《音视频应用框架》《基础应用》《服务类型》和《设备类型》4 项标准，加上之前发布的《基础协议》《文件交互应用框架》和《设备验证》3 项国际标准，闪联 1.0 全部 7 项标准成为中国 3C 协同领域首个完整国际标准化组织国际标准体系,并通过国际标准化组织在其官方网站发布。

闪联产业联盟(闪联标准工作组/闪联信息产业协会)是孵化于中关村、立足于中关村,辐射全国乃至全球的标准组织和产业联盟,致力于闪联标准的制定、推广和产业化。

在闪联的知识产权管理办法中,其第四章记载了有关闪联专利池的规定:

①闪联标准工作组支持拥有必要权利要求的专利权人在自愿的基础上建立专利池,根据专利权人的委托来管理会员及其关联者所拥有的或非会员的第三方所拥有的包含一个或多个必要权利要求的专利。

②闪联专利池的管理应采用"一站式"的打包许可方式。

③闪联专利池提供的专利许可及其管理应当遵循以下原则:(ⅰ)公平非歧视性原则;(ⅱ)专利许可模式简易可行的原则;(ⅲ)有竞争力的许可费用原则。

闪联专利池和 AVS 专利池同为国内主导的专利池,两者之间也有相互合作的战略协议。闪联专利池内成员的权利和义务也与 AVS 专利池相近,闪联专利池由闪联标准工作组接受专利权人的委托来管理专利池,与 AVS 专利池均为采用独立于专利池内所有专利所有人之外的管理机构对专利池进行管理的专利池管理模式。同时,闪联专利池的类型也是复合式专利池。

(3) Sisvel 专利池许可平台

Sisvel 是一家独立的知识产权运营企业,没有任何下游市场的股东参股。Sisvel 在促进创新和管理知识产权方面起步较早,处于世界领先地位,是一家全球性的公司。Sisvel 通过组织研发和管理许可计划来支持技术产业的发展,旨在为创新中的投资带来知识产权的价值,同时也帮助潜在被许可人通过专利池许可的方式简化获得新专利技术许可的程序。Sisvel 在知识产权许可领域拥有超过 35 年的经验,重点技术领域是无线通信、数字视频技术、音频和视频编码。Sisvel 管理第三方拥有的专利、Sisvel 研发活动所产生的专利和通过受让获得的专利。Sisvel 认为,管理知识产权意味着支持创新。

Sisvel 管理的专利池包括:LTE、WiFi、3G 等无线网络技术专利池,MPEG、H.264 等音视频编解码技术专利池,DVB、ATSS、WSS 等数字视频显示技术专利池,DSL 等宽带技术专利池,以及 LBS 技术专利池等。

Sisvel 拥有自己的专利,包括自行申请和购买的方式获得。对于专利池内包含 Sisvel 专利的部分专利池运营模式涉及专利池内某一专利所有人作为管理机构对专利池进行管理的管理模式,而其他不涉及 Sisvel 专利的专利池则属于独立于专利池内所有专利所有人之外的管理机构对专利池进行管理的管理模式。就目前 Sisvel 管理运营的专利池来说,均属于复合式专利池。

(4) VIA 专利池许可平台

VIA 是杜比实验室的一家独立管理子公司，虽然与台湾威盛电子的英文名称相同，但其是一家知识产权运营企业，与台湾威盛电子没有任何法律关系。VIA 与世界各地的技术公司、娱乐公司和大学合作，利用知识产权促进和支持创新。VIA 也是全球较为领先的加强创新型知识产权计划和商业解决方案提供商。自 2002 年以来，超过 800 个专利所有人及厂商加入 VIA 的专利池，主要涉及音视频处理以及无线通信领域。

VIA 管理的专利池包括：AAC、MPEG 等音视频处理技术专利池，以及 LTE、WCDMA、802.11 等无线通信技术专利池。

由于 VIA 是杜比实验室的子公司，对于专利池内包含杜比实验室专利的部分专利池运营模式涉及专利池内某一专利所有人设立子公司作为管理机构对专利池进行管理的管理模式，而对于其他不涉及杜比实验室专利的专利池则属于独立于专利池内所有专利所有人之外的管理机构对专利池进行管理的管理模式。VIA 管理运营的专利池同样也属于复合式专利池。

(5) MPEG LA 专利池许可平台

MPEG LA 是 1996 年在美国成立的知识产权运营公司，虽然从名称上看与 MPEG 标准组织相近，但实际上与 MPEG 标准组织没有任何法律关系。其与 MPEG 技术有关。MPEG LA 在 1997 年启动了 MPEG-2 所涉及的专利许可代理业务，当时由 8 家 MPEG-2 标准专利所有人持有的专利组成的专利池，成为第一个现代专利池解决方案。

MPEG LA 管理的专利池包括：MPEG、HEVC、DisplayPort、H.264 等音视频处理技术专利池等。

MPEG LA 所管理的专利池类型为复合式专利池，其管理模式为独立于专利池内所有专利所有人之外的管理机构对专利池进行管理的管理模式。

(6) AVANCI 专利池许可平台

AVANCI 是 2016 年由 KPN、爱立信、高通、中兴和 InterDigital 联合推出的一个新的无线专利授权平台，旨在使全球物联网企业能够"一站式"在其连接设备中嵌入通信技术。Avanci 现阶段侧重于针对全球互联汽车和智能电表的 2G/3G/4G 通信技术授权，未来则将涉及其他更广泛的物联网产品领域。

AVANCI 处于成立初期，目前还没有公布具体的专利池信息。

在通信领域中，专利池中的专利通常需要是相应标准的必要专利，但这也只是专利所有人声明其所拥有的相应专利为标准必要专利，但核实、谁来核实以及核实的权威性一直难以确定。通信领域专利池多以复合式专利池的类型存在，同时以独立于专利池内所有专利所有人之外的管理机构对专利池进行管理的管理模式为主。将专利池交给第三方来管理运营,已是通信领域专利池运营的主流选择。

5.3 技术转移

5.3.1 技术转移的概念

"科技成果"是一个具有中国特色的词汇,其代表一种重要的无形资产,一般指人们在科学技术活动中通过复杂的智力劳动所得出的具有某种学术意义或经济价值的知识产品。在我国,"科技成果转化"一词较为常用,而国外学者通常采用"技术转移"(Technology Transfer)来表达科技成果的转移转化问题。

技术转移,指技术从一个地方以某种形式转移到另一个地方,包括国家、地区之间的技术转移,也包括从技术产出部门(研发机构)向技术使用部门(企业或商业经营机构)的转移,当然也可以是使用部门之间的转移。转移的内容涉及科技成果、信息、能力、专利等,而转移的目的在于通过转让、移植、引进、交流和推广等方式,使得上述内容得到运用。

涉及标准必要专利有一类特殊的创新主体——高校、科研院所,它们从事标准相关的研究工作(如东南大学尤肖虎教授为第一完成人的"分布式移动通信系统信息容量与效能优化"项目获得国家自然科学奖二等奖提名,其中分布式移动通信已列入中国5G白皮书,成为4G向5G演进的核心技术),申请大量标准相关专利(如北京邮电大学、东南大学等)并获得授权,甚至加入国内外的标准组织(如北京邮电大学是CCSA成员,也是3GPP成员),这类创新主体的科技成果资本化、产业化是一大难题。技术转移应运而生,试图促进科技与经济的紧密结合,提升整体的创新效能。

5.3.2 标准必要专利的技术转移现状

在标准必要专利中,联合申请/声明属于技术转移方式的一种具体表现形式。本节主要从这个角度分析标准必要专利的技术转移现状。以LTE领域在华申请为例,ETSI披露数据显示,目前已披露的标准必要专利中部分属于企业间联合申请,也有部分属于科研机构、高校与企业联合申请。不考虑母公司与子公司合作的情况,属于联合申请的标准必要专利共有37件,其中1件处于驳回状态,2件处于撤回状态。联合申请双方归属区域如图5-1所示。

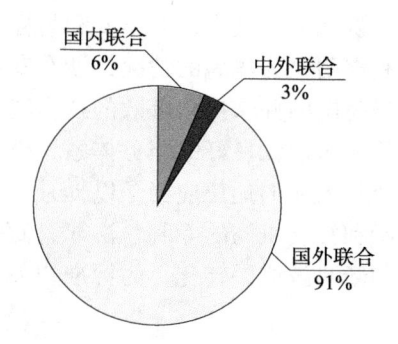

```
         国内联合
          6%      中外联合
                    3%



               国外
               联合
               91%
```

图 5-1　LTE 领域 ETSI 披露数据中联合申请双方归属区域

可以看出，技术转移作为一种行之有效的标准相关专利布局手段，在国际上已经得到了一定程度的运用，而国内占比较低，处于起步阶段，仍需大力加强技术转移手段的宣传和联合，提高技术转移转化率。同时，国家间联合的情况更为少见，这可能与国家间技术研发的独立性有关。涉及技术转移的具体企业及机构如表 5-1 所示。

表 5-1　LTE 领域 ETSI 披露数据中涉及技术转移的具体企业及机构

声明人	联合申请人	数量/件
韩国电子通信研究院	三星电子株式会社、SK 电信有限公社、株式会社 KT、客得富移动通信股份有限公司、哈纳逻电信株式会社	8（联合声明 6 件）
三星电子株式会社	韩国电子通信研究院、韩国科学技术院、延世大学校、普渡研究基金会	16（联合声明 6 件）
皇家飞利浦电子股份有限公司	夏普株式会社	6
夏普株式会社	国立大学法人大阪大学、独立行政法人情报通信研究机构	7
日本电气	NTT 都科摩	3
索尼	清华大学	1
华为	东南大学	1
	北京邮电大学（专利/标准独立申请人）	1

可以看出，国外方面，韩国电子通信研究院与三星强强联手，并分别与其他多个企业或院校进行合作，充分利用技术转移的优势。国内方面，华为作为龙头企业，适时借助国内优秀院校的科研资源，更有利于双方在专利申请和标

准推进过程中的参与度和认知度。其中，对于专利与标准的独立申请人为北京邮电大学、但其相关专利声明人为华为的情况，涉及专利的申请日较早，这种情况的出现可能是由于当时国内并未提出有效的技术转移手段和机制导致。

  目前，国内技术转移还未形成良好的服务体系，鼓励、激励机制仍需进一步健全，技术转移中心及其人才的地位应当予以提升。技术转移作为一种集体行为，在高校、科研院所和社会机构的专利、法律、商务等专业人员共同推进下，可以更有效地促进创新科技成果转化，为标准相关专利布局打下基础。

附录 A 关键概念思维导图

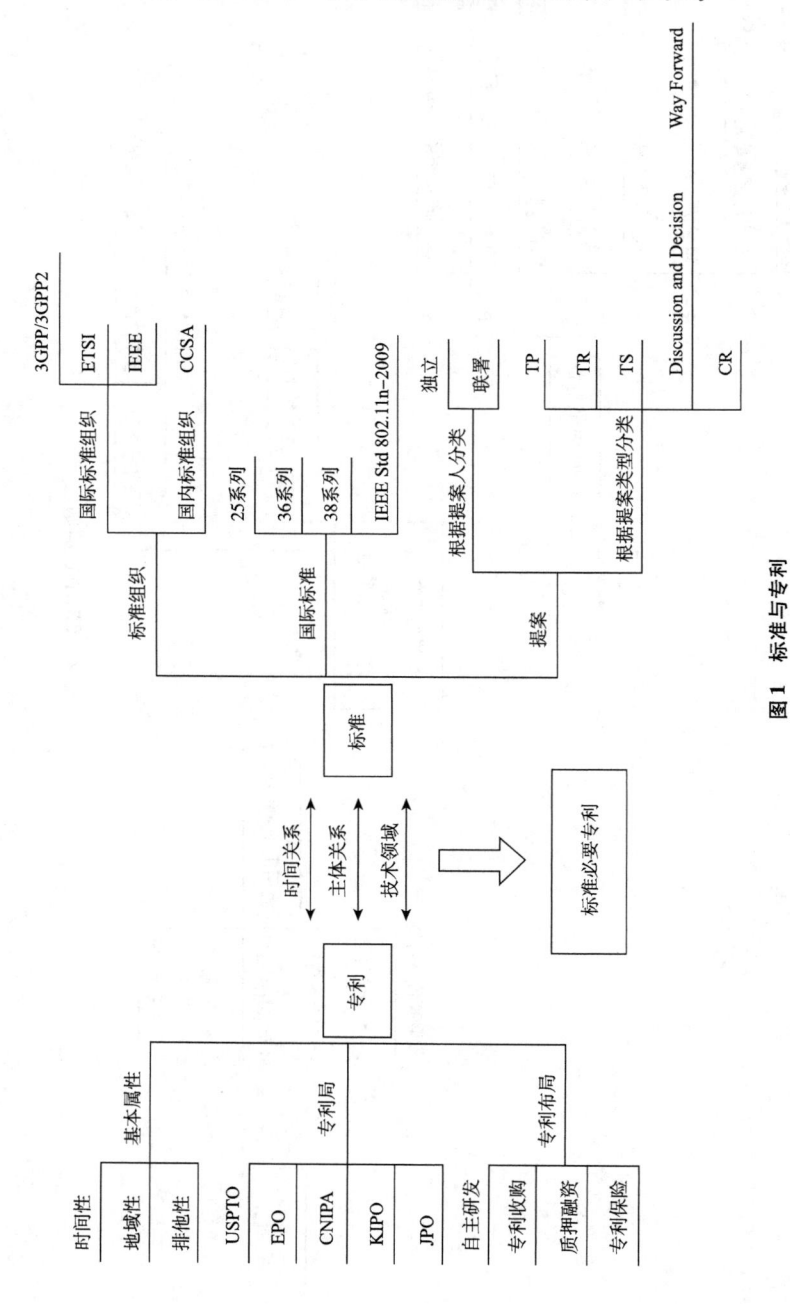

图 1 标准与专利

图 2 FRAND 原则

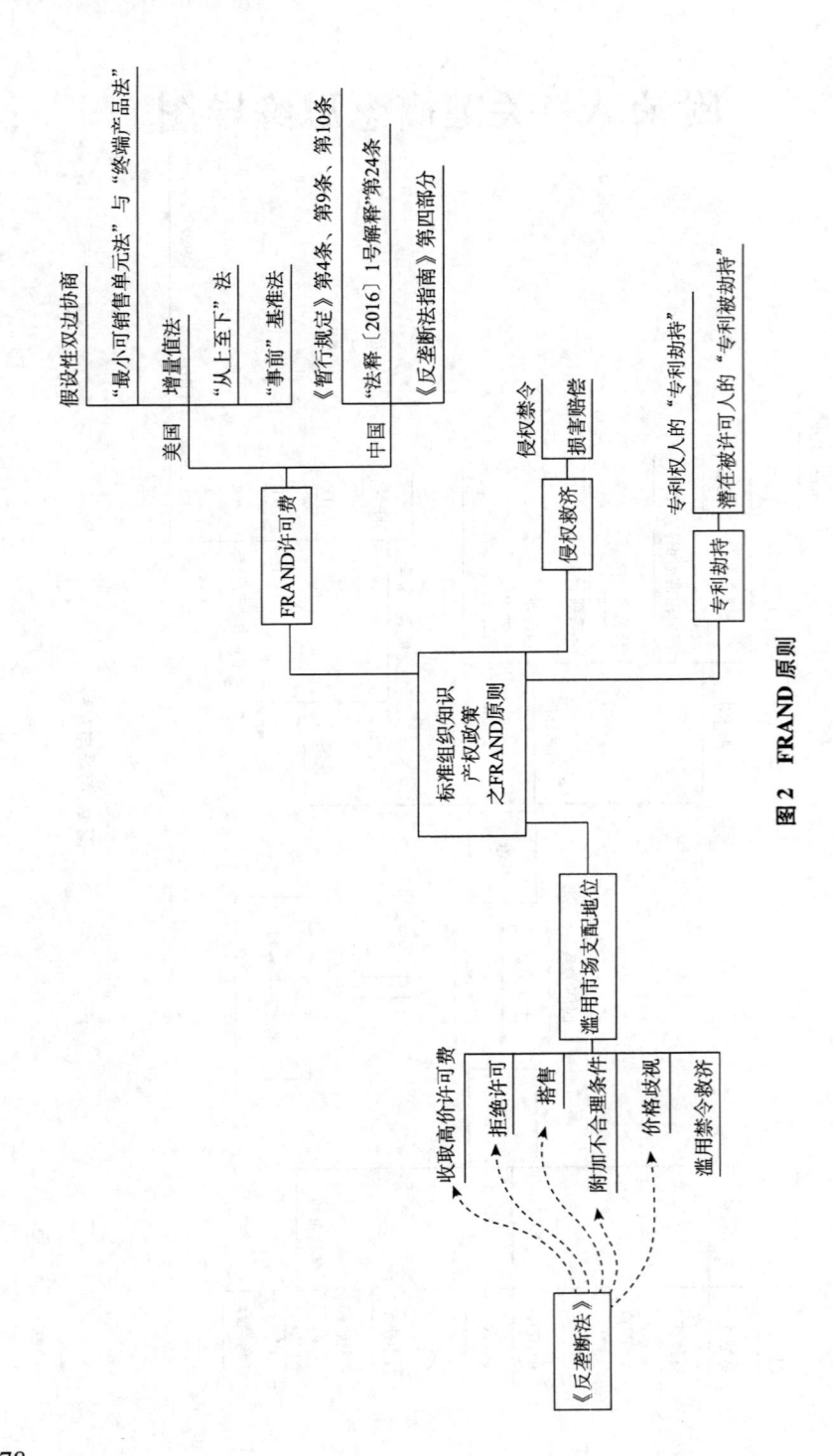

附录 A 关键概念思维导图

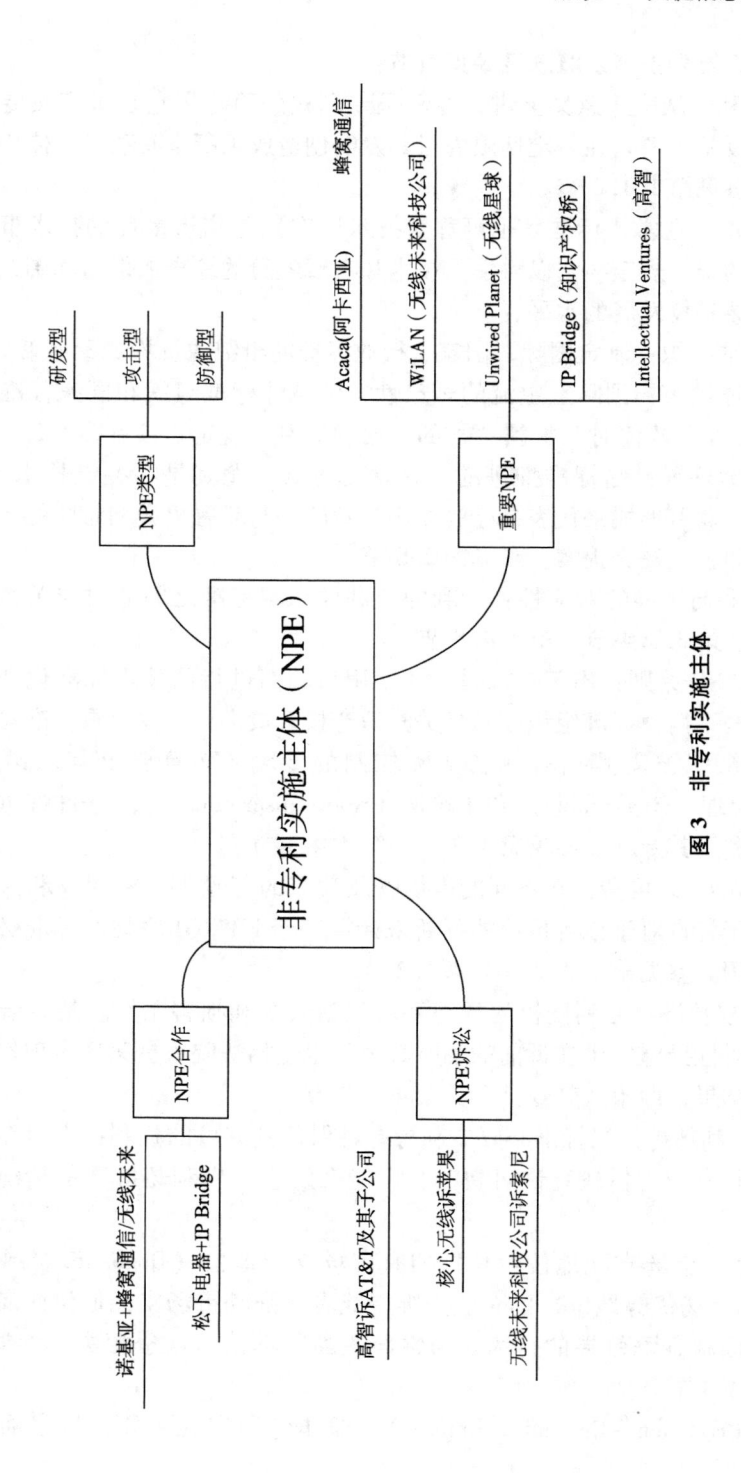

```
                            ┌─ 研发型
                            │
               ┌─ NPE类型 ───┼─ 攻击型
               │            │
               │            └─ 防御型
               │
               │                         ┌─ Acaca(阿卡西亚)      蜂窝通信
               │                         │
               │            ┌─ 重要NPE ──┼─ WiLAN（无线未来科技公司）
               │            │            │
   非专利实施主体（NPE）─────┤            ├─ Unwired Planet（无线星球）
               │            │            │
               │            │            ├─ IP Bridge（知识产权桥）
               │            │            │
               │            │            └─ Intellectual Ventures（高智）
               │
               │                         ┌─ 诺基亚+蜂窝通信/无线未来
               ├─ NPE合作 ───┤
               │            └─ 松下电器+IP Bridge
               │
               │            ┌─ 高智诉AT&T及其子公司
               │            │
               └─ NPE诉讼 ───┼─ 核心无线诉苹果
                            │
                            └─ 无线未来科技公司诉索尼
```

图 3 非专利实施主体

279

注：思维导图涉及概念及参见章节：

1. 专利：从法律意义上讲，专利是专利权的简称，它是国家按专利法的有关规定授予申请人在一定期限内对其发明创造成果所享有独占、使用和处分的权利。参见第 1.1.2 节。

2. 标准：通常，标准（也可称为技术标准）是指重复性的技术事项在一定范围内的统一规定，它以科学、技术和实践经验的综合成果为基础，反映了当时该领域科技发展的水平。

3. 标准组织：制定国际、国家、行业标准的组织或机构。参见第 1.2 节。

4. 披露政策：国际上主流的全球性、区域性标准组织和国家标准组织对"谁"有义务在"何时"披露"谁的"必要专利的规定。参见第 1.2.3 节。

5. 提案联署：是标准推进的一种常规方式，尤其是在关键技术争议时，通常公司以联署形式来代表自己的立场与站队。与联署提案相对应的是独立提案，即公司独立提交提案。参见第 2.6 节。

6. 专利与标准的对应性：专利的权利要求与标准之间的对应关系。参见第 2.5 节、第 3.5.4 节、第 4.4.5 节。

7. FRAND 原则：出于寻求因公共使用目的而进行的技术标准化和专利权保护之间的平衡，标准组织在其相关知识产权政策中，不仅要求标准参与者及时向标准组织披露其拥有或者实际控制的专利，而且要求其承诺以公平（Fair）、合理（Reasonable）和非歧视（Non-discriminatory）条件许可所有标准实施者利用其专利。参见第 1.3 节、第 4.4.1 节。

8. FRAND 许可费：在不同的市场以及政策的背景下，专利权利人以及被许可人基于各自对于市场价值的判断来计算基于 FRAND 原则的标准必要专利的许可费用。参见第 1.3 节、第 4.4.2 节。

9. 侵权救济：专利侵权的救济手段包括禁令和损害赔偿。禁令既包括作为一项暂时性措施发生在诉前的临时禁令，也包括法院根据案情审理作出的永久性裁判结果，即永久禁令。参见第 4.4.3 节。

10. 专利劫持：当标准必要专利持有者保留其许可的权利，直至专利实施者同意为其专利支付较高许可费时，可能会发生"专利劫持"的情况。参见第 1.3 节。

11. 滥用市场支配地位：是指拥有市场支配地位（Dominant Market Position，亦称市场优势地位）的企业为维持或者增强其市场支配地位而实施的具有排除、限制竞争效果的行为。通常与垄断、不正当竞争相关。参见第 1.3 节、第 4.4.4 节。

12. NPE（Non-Practicing Entities）：即非专利实施主体，从字面意思上

看，NPE 是指拥有专利权的主体本身不实施专利技术，即不将技术转化为用于生产流通的产品。参见第 4.3.3 节。

①研发型 NPE：通过进行科技创新来申请发明，并进一步获得专利权，通过专利的转化和运维来维持进一步的研发。参见第 4.3.3 节。

②攻击型 NPE：专利权的来源主要是购买，通过发掘有价值专利后对这些有价值专利进行购买，然后根据购买的专利寻找市场上侵犯其购买的专利的公司，进而对这些公司发起专利诉讼，通过专利诉讼来获得专利侵权赔偿金或诉讼和解费。参见第 4.3.3 节。

③防御型 NPE：与攻击型 NPE 相对的一个概念，这类 NPE 的主要目的并不是通过专利的转化、专利运维、专利诉讼来获利，其主要目的是公司或团体为了防止攻击性 NPE 对自己发起专利诉讼，影响自己的生产经营，基于这样的目的而成立的主体。参见第 4.3.3 节。

13. 重要 NPE：思维导图中示例性列举了通信领域中的重要 NPE，对其概况介绍可参见第 4.3.3 节。

14. NPE 合作：NPE 获得专利权的主要形式，参见第 4.3.3 节。

15. NPE 诉讼：NPE 的主要运营模式之一，典型案例参见第 4.3.3 节。

附录 B 本书分析的诉讼案例清单

编号	案例	相应章节
1	微软 v. 摩托罗拉	第 1.3.2 节、第 4.4.2 节
2	华为 v. 中兴	第 1.3.2 节、第 4.4.3 节
3	华为 v. 交互数字	第 1.3.2 节、第 4.4.2 节、第 4.4.4 节
4	三星 v. 苹果	第 1.3.2 节
5	高智 v. AT&T	第 4.3.3 节
6	核心无线公司 v. 苹果	第 4.3.3 节
7	无线未来科技公司 v. 索尼（Sony）	第 4.3.3 节
8	In re Innovatio IP Ventures, LLC Patent Litigation	第 1.3.2 节、第 4.4.1 节
9	Georgia-Pacific. v. United States Plywood	第 4.4.2 节
10	高通反垄断案	第 1.3.2 节、第 4.4.4 节
11	苹果 v. 摩托罗拉案 & 苹果 v. 三星案	第 4.4.3 节
12	华为 v. T-mobile 案	第 4.4.5 节
13	Wang Laboratories, Inc. v. Mitsubishi Electronics America, Inc	第 5.1 节
14	Rambus 案	第 5.1 节
15	高通 v. 博通	第 5.1 节

附录 C　重要图表

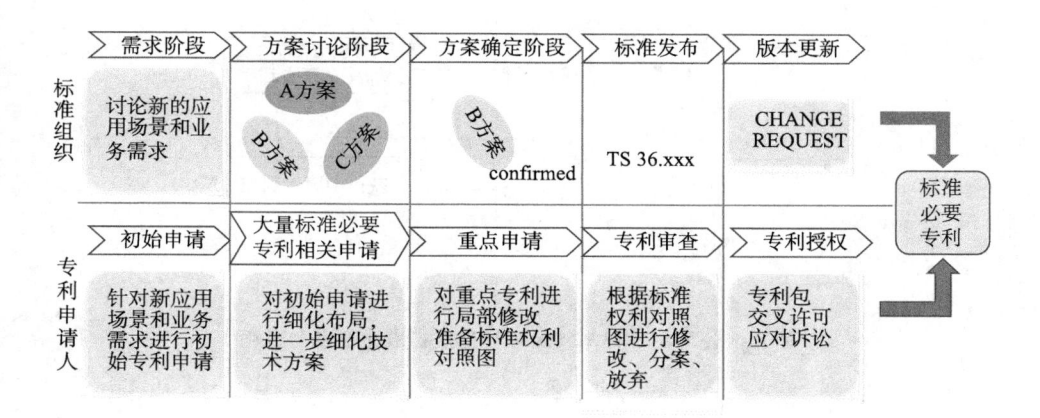

标准必要专利产出过程

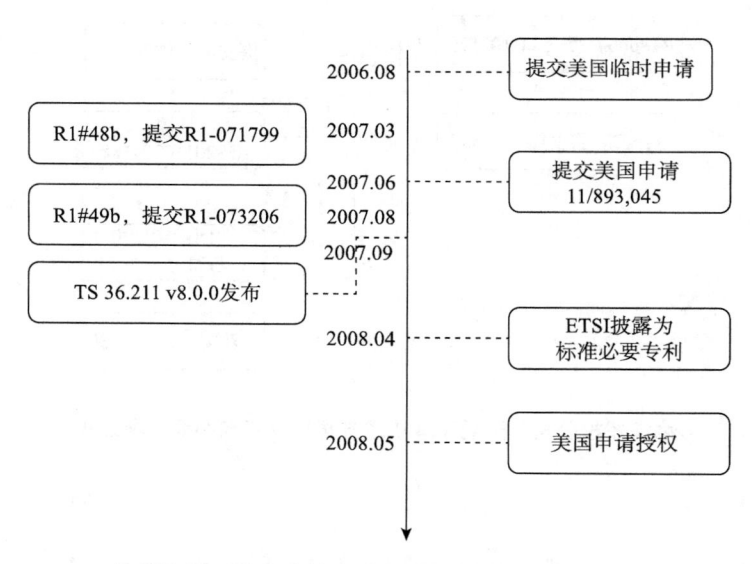

德州仪器 4Tx 码本技术方案形成标准必要专利过程

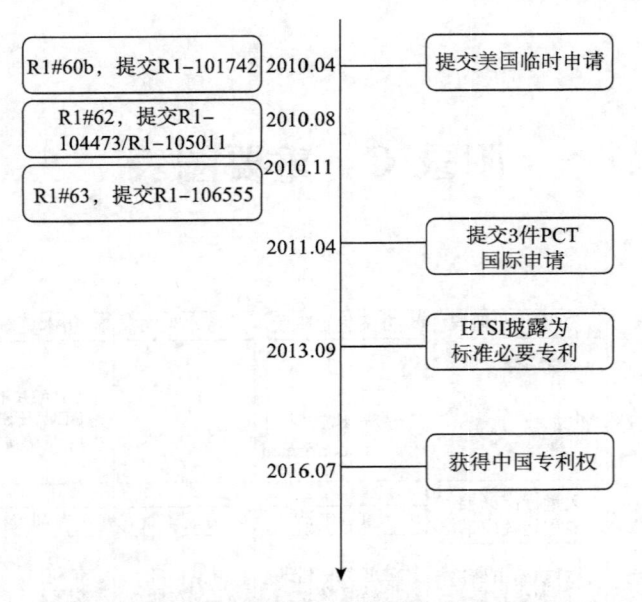

```
R1#60b,提交R1-101742  ── 2010.04 ──  提交美国临时申请
R1#62,提交R1-104473/R1-105011  ── 2010.08
R1#63,提交R1-106555  ── 2010.11
                        2011.04 ──  提交3件PCT国际申请
                        2013.09 ──  ETSI披露为标准必要专利
                        2016.07 ──  获得中国专利权
```

爱立信公司 8Tx 码本技术方案形成标准必要专利过程

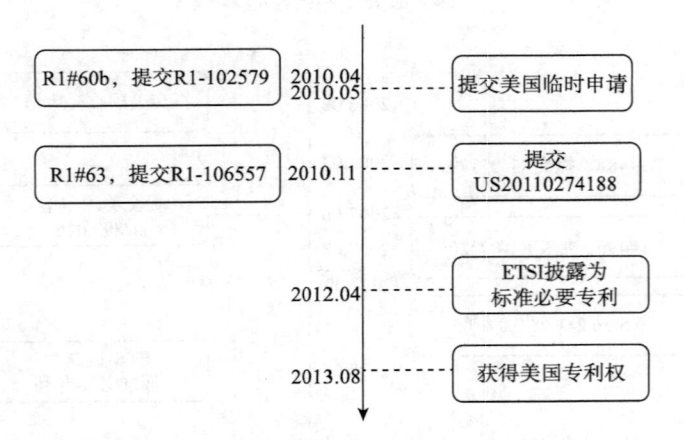

```
R1#60b,提交R1-102579  ── 2010.04 ──  提交美国临时申请
                        2010.05
R1#63,提交R1-106557  ── 2010.11 ──  提交 US20110274188
                        2012.04 ──  ETSI披露为标准必要专利
                        2013.08 ──  获得美国专利权
```

摩托罗拉公司 8 天线码本技术方案形成标准必要专利过程

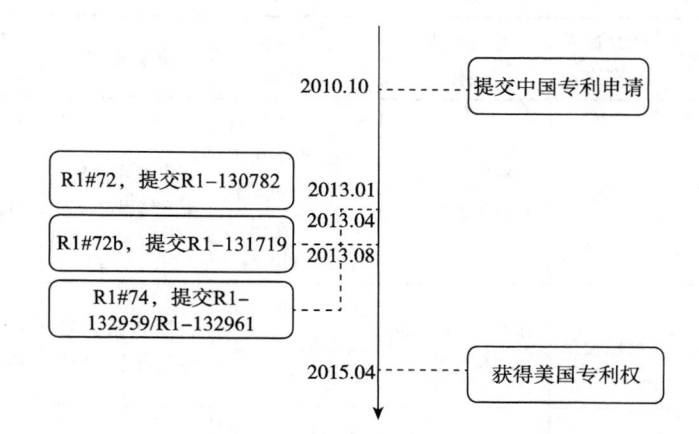

附录 C 重要图表

```
2010.10 ----- 提交中国专利申请

R1#72，提交R1-130782      2013.01
R1#72b，提交R1-131719     2013.04
                          2013.08
R1#74，提交R1-132959/R1-132961

2015.04 ----- 获得美国专利权
```

阿尔卡特朗讯公司 4 天线码本增强技术方案形成标准必要专利过程

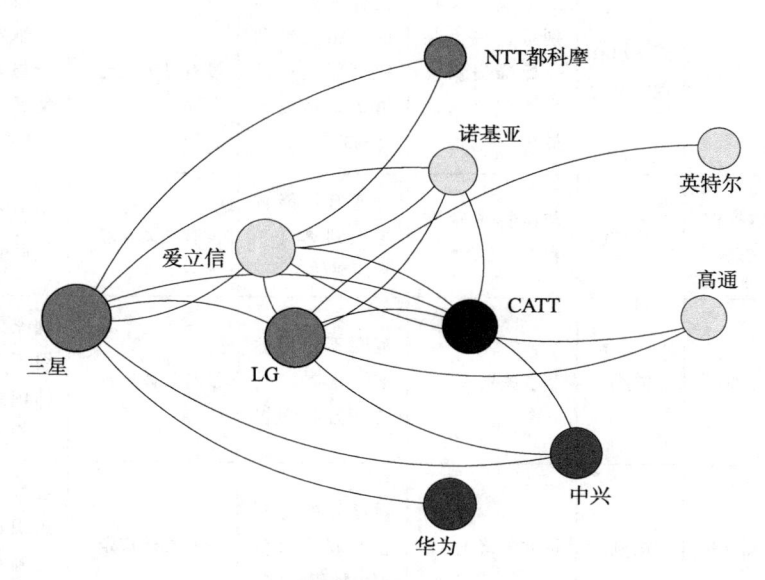

重要提案人联署关系分布

285

标准制定组织的专利信息披露政策

国际标准组织		信息披露态度	信息披露主体	披露内容和范围	披露期间	专利检索和调查政策
ITU/ISO/IEC		鼓励	标准组织成员或其他主体	标准中任何包含必要专利主张的已公开的专利和潜在公开的专利申请	尽早披露,没有具体规定时间	不必负担专利检索和调查义务
美国	ANSI	鼓励披露	标准制定中的所有参与者	以"知悉作为判断标准"来确定	推断包括标准制定整个过程	不必负担专利检索和调查义务
	IEEE	应当披露	所有标准制定的参与者	已经知道的或怀疑其是否实存在的专利	没有具体规定	不必负担专利检索和调查义务
欧洲	ETSI	应当尽合理的努力	所有成员(特别是正在为某一标准提供技术性建议的成员)	在合理的范围内(相关专利权可能使用的情况和相关必要专利的所有人)	没有具体规定	一般由欧洲标准制定机关自行检索,特殊情况由专利权人检索
	CENELEC/CEN	希望披露	与该标准存在利害关系的人	任何有可能被意识到具有专利冲突的	没有具体规定	不必负担专利检索和调查义务
日本	JISC	鼓励	利害关系人	范围不超出标准制定参加人所规范的专利权	没有具体规定	国家标准制定组织负有有限的调查和检索义务
韩国	KATS	鼓励	标准申请人	对已知的专利在专利许可范围内披露	没有具体规定	国家标准制定组织负有有限的调查和检索义务

码本技术相关专利与标准修改情况汇总

授权公告号	权利要求是否修改	提案标准是否一致	是否标准必要专利
US7949064B2	否	是	是
CN102823153B	是	否	否
CN102823154B	是	否	否
CN102823155B	是	否	否
US8509338B2	是	否	否
CN102447501B	是	否	否

收购诺基亚在华LTE标准必要专利的NPE一览

ETSI声明公司	申请人	专利权人	件数
诺基亚	蜂窝通信公司	蜂窝通信公司	3
诺基亚	核心无线许可公司	核心无线许可公司	1
诺基亚	无线未来科技公司	无线未来科技公司	1
诺基亚	诺基亚	蜂窝通信公司	19
诺基亚	诺基亚	核心无线许可公司	4
诺基亚	诺基亚	无线未来科技公司	10
诺基亚、维睿格基础设施	诺基亚	维睿格基础设施	1
诺基亚、西斯威尔国际	诺基亚	西斯威尔国际	1
诺基亚	诺基亚	罗克ND投资	1

蜂窝通信收购的诺基亚在华LTE标准必要专利清单

申请日	申请号	维持年限/年	法律状态	发明名称
2007.09.10	CN201510885751.0	—	公开	封闭订户组的访问控制
2010.10.05	CN201510657495.X	—	公开	信道状态信息测量和报告
2007.11.05	CN201410201996.2	—	公开	缓冲器状态报告系统和方法
2008.09.22	CN201410397749.4	—	公开	用于提供冗余版本的信令的方法和设备
2011.08.15	CN201180072631.9	—	撤回	信令
2011.08.10	CN201280038854.8	—	公开	用于在UE中应用扩展接入等级禁止的方法和装置
2011.01.18	CN201180065273.9	—	撤回	用于上报信道信息的方法和装置
2010.10.05	CN201180048119.0	—	撤回	信道状态信息测量和报告
2010.03.25	CN201080066992.8	2.2	有效	信道信息信令

续表

申请日	申请号	维持年限/年	法律状态	发明名称
2009.10.16	CN200980162642.9	1.9	有效	用于发送物理信号的方法和装置
2008.09.26	CN200880132102.1	3.2	有效	用于提供封闭订户组接入控制的方法、设备和计算机程序产品
2008.09.22	CN200980146400.0	3.3	有效	用于提供冗余版本的信令的方法和设备
2008.06.30	CN200980133571.X	4.8	有效	在正常和虚拟双层ACK/NACK之间选择
2008.06.24	CN200880130857.8	—	撤回	用于小区类型检测的方法、设备、系统和相关计算机程序产品
2008.03.26	CN200980119369.1	—	驳回	功率净空报告的扩展以及触发条件
2007.11.05	CN200880124035.9	3.9	有效	缓冲器状态报告系统和方法
2007.11.26	CN200880125565.5	3.3	有效	指示本地服务在一位置的可用性的设备、方法和计算机介质
2007.10.30	CN200880123540.1	4.1	有效	用于资源分配的方法、设备、系统和相关计算机程序产品
2007.09.14	CN200880116589.4	3.8	有效	启用HARQ的循环带宽分配方法
2007.09.10	CN200880115743.6	2.1	有效	封闭订户组的访问控制
2007.06.20	CN200880103990.4	2.8	有效	功率上升空间报告方法
2005.10.25	CN200680040035.1	5.1	有效	无线通信系统中的同频测量和异频测量

无线未来科技公司收购的诺基亚在华LTE标准必要专利清单

申请日	申请号	维持年限/年	法律状态	发明名称
2008.06.04	CN201310445959.1	—	公开	用于持久/半持久无线电资源分配的信道质量信令
2010.04.01	CN201180027108.4	2.0	有效	使用载波聚合的周期性信道状态信息信令
2009.12.15	CN200980163446.3	2.7	有效	用于决定切换信令方案的方法、设备、相关计算机程序产品和数据结构
2008.12.08	CN200880132786.5	4.3	有效	蜂窝电信系统中的上行链路控制信令
2008.06.04	CN200980120561.2	2.9	有效	用于持久/半持久无线电资源分配的信道质量信令
2008.04.01	CN200980111902.X	3.2	有效	用于域间切换的方法和实体

续表

申请日	申请号	维持年限/年	法律状态	发明名称
2007.06.20	CN200880103764.6	3.3	有效	用于码序列调制的低 PAR 零自相关区域序列
2007.08.22	CN200880112565.1	3.3	有效	用于干扰协调的调度策略的交换
2007.08.03	CN200880110265.X	—	公开	无线网络中移动站的确认和否认的聚集
2007.05.07	CN200880022707.5	3.9	有效	通信网络系统中控制信道
2010.04.01	CN201610085764.4		公开	使用载波聚合的周期性信道状态信息信令

收购松下在华 LTE 标准必要专利的 NPE 一览

ETSI 声明公司	申请人	专利权人	件数
松下	松下	太阳专利信托公司	147
松下	松下	IP Bridge	42
松下、光学无线技术公司	松下	光学无线技术公司	29
松下	松下	光学无线技术公司	11
松下	松下	英伟特 SPE	4
松下	松下	Wi-Fi One	2
松下、Wi-Fi One	松下	Wi-Fi One	1

LTE 领域华为收购夏普专利清单

申请年份	申请号	维持年限/年	法律状态	技术领域
2006	CN200680038892.8	4.25	有效	OFDM
2009	CN200980143300.2	2.33	有效	OFDM、家庭基站
2009	CN200980109499.7	3.08	有效	MIMO、控制信道
2009	CN200980139448.9	1.17	有效	OFDM、MIMO
2008	CN200880008361.3	3.5	有效	随机接入、同步、OFDM
2003	CN03813304.0	5.42	有效	OFDM、干扰抑制
2008	CN200880108594.0	0.58	有效	MIMO、反馈技术
2007	CN200780008158.1	3.33	有效	MIMO、反馈技术
2005	CN200580031925.1	4.17	有效	MIMO、OFDM

续表

申请年份	申请号	维持年限/年	法律状态	技术领域
2006	CN200680035083.1	—	撤回	MIMO、反馈技术
2009	CN200980110548.9	2	有效	MIMO、反馈技术
2008	CN200880023624.8	3	有效	MIMO、HARQ
2008	CN200880112913.5	3.25	有效	随机接入
2008	CN200880007005.X	3.42	有效	MIMO、预编码
2009	CN200980102260.7	—	公开	MIMO、传输模式
2008	CN200680052927.3	4.33	有效	MIMO、反馈技术
2009	CN200880007991.9	1.33	有效	OFDM、随机接入
2007	CN200880017237.3	4.2	有效	随机接入
2005	CN201210567512.7	4.9	有效	随机接入

小米收购的 LTE 标准必要专利清单

申请日	申请号	转让人	法律状态	维持年限/年	发明名称
2010.08.10	CN201010250200.4	大唐	有效	3.8	一种上行控制信息 UCI 传输和接收方法及设备
2010.04.30	CN201010164678.5	大唐	有效	3.9	一种 PDCCH CC 搜索空间的确定方法和设备
2012.01.31	CN201380007610.8	美国博通公司	公开		用于通知 UE 关于接入禁止的方法和装置
2011.10.17	CN201180074213.3	美国博通公司	公开		用于控制网络共享环境中的移动性的机制
2011.04.01	CN201280025339.6	美国博通公司	公开		不同无线电接入技术网络之间的快速重新选择
2011.01.07	CN201280009859.8	美国博通公司	有效	1.1	信道质量指示符报告
2011.01.10	CN201180064581.X	美国博通公司	有效	0.4	支持动态多点通信配置
2010.06.01	CN201080068111.6	诺基亚	有效	2.5	在通信系统中选择波束组和波束子集的装置、方法和计算机程序产品
2010.05.03	CN201180032979.5	诺基亚	有效	2.6	用于无线电间接入技术载波聚合的反馈

续表

申请日	申请号	转让人	法律状态	维持年限/年	发明名称
2009.08.17	CN201080036760.8	诺基亚	有效	3.0	用于在通信系统中初始化和映射参考信号的装置和方法
2008.06.23	CN200980123798.6		有效	3.0	用于提供确认捆绑的方法和设备
2011.04.29	CN201180070520.4		公开		用于重新调整针对具有不同时分双工子帧配置的分量载波的下行链路（DL）关联集合大小的方法和装置
2011.02.09	CN201280017102.3	瑞萨电子株式会社	有效	1.0	针对信道测量时机的优先级测量规则
2011.04.01	CN201280015030.9		公开		用于小区更新过程中安全配置协调的方法，装置和计算机程序产品
2011.02.09	CN201280008242.4		有效	0.6	用于邻居小区通信的方法和装置

联想收购 LTE 标准必要专利情况一览

ETSI 声明公司	申请人	专利权人	件数
爱立信	爱立信	联想	1
Unwired Planet	爱立信	联想	1
日本电气	日本电气	联想	29

LTE 领域 ETSI 披露数据中涉及技术转移的具体企业及机构

声明人	联合申请人	数量/件
韩国电子通信研究院	三星电子株式会社、SK 电信有限公社、株式会社 KT、客得富移动通信股份有限公司、哈纳逻电信株式会社	8（联合声明6件）
三星电子株式会社	韩国电子通信研究院、韩国科学技术院、延世大学校、普渡研究基金会	16（联合声明6件）

续表

声明人	联合申请人	数量/件
皇家飞利浦电子股份有限公司	夏普株式会社	6
夏普株式会社	国立大学法人大阪大学、独立行政法人情报通信研究机构	7
日本电气	NTT 都科摩	3
索尼	清华大学	1
华为	东南大学	1
	北京邮电大学（专利/标准独立申请人）	1

移动通信领域中国主要通信企业在美专利被诉量

公司	诉讼量/件	诉讼占比
HTC	215	34.90%
联想	179	29.06%
中兴	156	25.32%
华为	123	19.97%
华硕	35	5.68%
TCL	35	5.68%
酷派	9	1.46%
小米	4	0.65%
欧珀	2	0.32%
维沃	2	0.32%

国内法院审理的通信领域标准必要专利相关的典型诉讼案件信息

时间	原告	被告	审理法院	涉案标的额
2011 年 12 月	华为	交互数字	深圳市中级人民法院	2000 万元
2015 年 8 月	西电捷通	索尼	北京知识产权法院	3300 余万元
2016 年 4 月	西电捷通	苹果	陕西省高级人民法院	1.5 亿元
2016 年 5 月	华为	三星	深圳市中级人民法院	8000 余万元
2016 年 6 月	高通	魅族	北京知识产权法院	5.2 亿元
2016 年 7 月	三星	华为	北京知识产权法院	1.61 亿元
2016 年 11 月	无线未来科技公司	索尼	南京市中级人民法院	800 万元
2017 年 6 月	迪阿尔西姆科技有限公司	三星	南京市中级人民法院	1100 余万元
2017 年 11 月	美国 L2 移动技术有限责任公司	HTC	北京知识产权法院	250 万元